Heiliger Weihrauch
Olibanum sacrum

Bericht über eine vielschichtige homöopathische Arzneimittelselbsterfahrung mit Fallbeispielen und Träumen

*

von
Carmen und Jörg Wachsmuth

Hahnemann Institut
für homöopathische Dokumentation

Die Deutsche Bibliothek - Nationales ISBN-Zentrum

Heiliger Weihrauch, Olibanum sacrum - Bericht über eine vielschichtige homöopathische Arzneimittelselbsterfahrung mit Fallbeispielen und Träumen

Wachsmuth, Carmen; Wachsmuth, Jörg
Greifenberg: Hahnemann Institut -
Privatinstitut für homöopathische Dokumentation GmbH, 2001
ISBN 3-929-271-18-4

Zum Titelbild:

Die Idee zum Titelbild setzt sich zusammen aus:
Phantasie einer Probandin, die an der Blindverreibung in Augsburg, ausgehend von der C 1, teilgenommen hat. Sie wußte zu keiner Zeit von dem zu verreibenden Stoff: "*Ich sehe vor mir auf einmal ein Wüstenbild, Sanddünen in leuchtenden Gelb- und Brauntönen, von der Sonne beschienen und Schattenbildung. Die Sandberge sind pyramidenartig, klar abgegrenzt, darüber ein tiefblauer Himmel in intensiver Blautönung. Später- das Wüstenbild bleibt: ein Kamel geht im Vordergrund vorbei auf eine kleine Gruppe von Palmen zu.*"
Zusätzlich aus Anregungen in aufgetretenen Symptomen:
Die Pyramiden, die Kirche und die Moschee stehen für die vielen religiösen Gedanken/Bilder, Gefühle, Phantasien und Visionen, die bei auffallend vielen ProbandInnen und auch bei Patienten zum Vorschein gekommen sind. Die Kamelkarawane symbolisiert die Weihrauchstraße: Verbindung von Orient und Okzident.

Krottenkopfstraße 2 - D-86926 Greifenberg
Tel. 08192-93060 / Fax. 08192-7806
E-mail: hahnemann@t-online.de / Internet-Homepage: www.hahnemann.com

Grafik und Design des Buchumschlags: Gerda Graf, Heidelberg.
Fotos: Jörg Wachsmuth.
Satz, Gestaltung und chemische Formeln: Peter Vint
Druck und Herstellung: EOS-Verlag, Erzabtei St. Ottilien
Verlagsnummer: 929271 - ISBN 3-929-271-18-4

Widmung

Wir widmen diese Arbeit von ganzem Herzen
zu seinem 79. Geburtstag.

Herrn Dr. med. Horst Barthel

In unsere besten Wünsche möchten wir auch
seine liebe Frau einschließen.

Herr Dr. Barthel war mein erster
und prägender homöopathischer Lehrmeister.
Außerdem hat er unsere ganze Familie
während unseres langjährigen
Auslandsaufenthaltes gesundheitlich betreut.

Ad multos annos!

Inhaltsverzeichnis

Vorwort

"Blos reine Erfahrungen und gewissenhafte, unbefangene Beobachtungen können und dürfen in einer so wichtigen Angelegenheit, als das Heilen der Krankheiten der Menschen ist, entscheiden"
(Hahnemann, RAL II, S. 359f.) [38]

Als vor einigen Jahren zunächst im Bereich der Phytotherapie - gespeist aus uralten indischen Ayurveda-Quellen - und dann auch in den den alternativen Therapieformen offenen Randbereichen der Schulmedizin zunehmend häufig Berichte über die Anwendungsmöglichkeiten von *Weihrauch*-Präparaten erschienen, waren wir anfangs ziemlich perplex, hatten wir uns doch schon unser halbes Leben lang gerade mit dem *Weihrauch* beschäftigt.

Recht schnell wurde uns klar, daß wir bei diesem Phänomen Zeugen der Entstehung eines morphogenetischen Feldes im *Sheldrakeschen* Sinne wurden. Die Zeit war wohl einfach reif geworden für die Wiedergeburt des *Weihrauches*, dieses uralten Räucher- und Arzneistoffes aus den Zeiten der Morgenröte der uns überlieferten Menschheitsgeschichte.

Nach unseren damaligen ersten Erfahrungen mit selbst verriebenem und selbst potenziertem *Weihrauch* und unseren Beobachtungen an damit behandelten Patienten, wurde uns immer klarer, warum gerade heutigentags diese Wiederbelebung stattfindet: Unsere Umwelt hat inzwischen einen derartigen Verschmutzungsgrad erreicht, daß dessen Auswirkung fast ubiquitär in der gesamten sogenannten natürlichen Nahrungskette, im Trinkwasser und in der Atemluft auf die Menschen zurückschlägt. Am schlimmsten leiden darunter unsere Kinder, die zusätzlich noch durch überzogene Impfprogramme und häufig unnötige Antibiotikabehandlungen geschädigt werden. Ein gehöriger Anteil der immer zahlreicher werdenden Neurodermitiker und Hyperkinetiker ist höchstwahrscheinlich sowohl darauf, als auch auf die immer rücksichtslosere Durch-Chemisierung aller industriellen Nahrungsmittel zurückzuführen. Und gerade für diesen gesamten Komplex künstlicher Krankheiten verspricht der *homöopathisierte Weihrauch* eine bisher kaum absehbare Hilfe zu bringen. Dies übertrifft unsere kühnsten Hoffnungen.

Unser zweites Hauptanliegen, neben der Einführung des *Weihrauches* in die Homöopathie, war der Vergleich verschiedener Selbsterfahrungsmethoden:

- blinde Einnahme einer unbekannten Arznei (C 30)
- bewußte Einnahme des bekannten Mittels in verschiedenen Potenzen (Q 2, C 6, C 12, C 40, C 200, C 220 und XM)

- Gruppenverreibungen
- Einzelverreibungen
- Blinde Gruppenverreibung mit unbekannter C 1-Ausgangssubstanz.

Dabei zeigte sich eine unerwartet deutliche Übereinstimmung der Prüfungs-Symptome in allen Gruppen, was wieder einmal beweist, daß die Streitereien über den allein seligmachenden richtigen Weg, die ja leider so typisch für die Homöopathie sind, eigentlich so überflüssig sind, wie der sprichwörtliche Kropf.

Natürlich war es eine richtige Sisyphusarbeit, die schier unendliche Symptomenfülle der verschiedenen Gruppen alle auszuwerten und schließlich wieder unter "einen Hut" zu bringen. Da war uns das Computerprogramm "ProveIt" der Firma Archibel S.A. (RADAR-System) eine unschätzbare Hilfe, obwohl wir selbst auch damit öfter an unsere Grenzen stießen. In solchen Situationen halfen uns dann Herr Reinhard Rosé und Herr Philipp Santantonio. Entscheidende Hilfestellung gab uns bei der Zuordnung der einzelnen Symptome zu den Synthesis-Rubriken Herr Peter Vint. Allen möchten wir hiermit unseren Dank aussprechen.

Bei der "Fütterung" unseres Computers halfen meiner Frau mit viel Geduld und Ausdauer Frau Martina Nolte und als "Freelancer" und Mann für alle schwierigen Fälle, Herr Udo Scholz; beiden sei erneut ausdrücklich gedankt.

Ebenso möchten wir Frau M. Holm-Hadulla (ärztliche Psychotherapeutin) auf diesem Wege für die zahlreichen Gespräche und Diskussionen über psychologisch-psychotherapeutische Definitionen bei komplexen Gemüts- und Geistessymptomen herzlich danken. Auch allen Prüfern und Verreibern in den zahlreichen Gruppen mit ihren Supervisoren muß an dieser Stelle natürlich unser aufrichtiger Dank ausgesprochen werden, denn ohne sie wäre ja alles gar nicht möglich gewesen.

Schließlich habe ich mich mal wieder in unsere zweite Heimat, den Yemen, abgesetzt, um dieser Arbeit den letzten Schliff an dem Ort zu geben, wo der *Weihrauch* mit seinen Schwingungen noch so allgegenwärtig ist, daß man seinen Duft und Wohlgeruch mit jedem Atemzug aufzunehmen meint. Natürlich möchte ich an dieser Stelle auch nicht vergessen, ja es ist mir eine Ehrenpflicht, unserem langjährigen Freund und Mitstreiter, Herrn Dr. Ahmed Tellha, sowie seiner lieben Frau für ihre unerschöpfbare Gastfreundschaft aufs herzlichste zu danken. Ohne ihre Mithilfe und Unterstützung sowie ihre vielseitigen Informationen über den noch heute üblichen Gebrauch des *Weihrauches* im Yemen, wäre unsere Arbeit noch viel mühseliger gewesen.

Wir können wohl zu Recht sagen, daß uns diese ganze mühevolle Klein- und Kleinstarbeit letztendlich unbeschreiblich bereichert hat, vor allem durch die zahllosen guten und freundschaftlichen zwischenmenschlichen Erfahrungen, die wir mit vielen an dieser Aufgabe Beteiligten machen durften. Auch unsere eigene Beziehung war durch diese Sisyphusarbeit manchem Streß und mancher Zerreißprobe ausgesetzt, ist aber letztlich nur gestärkt, geläutert und vertieft aus allen Stürmen hervorgegangen. Gerade dies macht uns die Prüfung des *Heiligen Weihrauchs* so wundersam wertvoll und unvergeßlich. Es hat sich alles gelohnt!

Sana'a, den 7. 12. 1999
(29. Shaban 1420, einen Tag vor dem
moslemischen Fastenmonat Ramadhan)

Nachtrag: Hätte uns im Monat Ramadhan des letzten Jahres jemand gesagt, daß es nochmals fast ein Jahr dauern würde, bis wir schließlich das endgültige Manuskript zum Druck geben könnten, wären wir wahrscheinlich total entmutigt gewesen. Manchmal wollte es uns erscheinen, als würde die Arbeit nun erst richtig losgehen. Es gab immer wieder Probleme bei der Symptomenzuordnung zu den verschiedenen Rubriken. Die endlosen Kontrollen und Gegenkontrollen kosteten viel kostbare Zeit, in der wir aber immer noch etwas über den *Weihrauch* erfuhren. Deswegen möchten wir mit den Worten des inzwischen 100-jährigen Heidelberger Philosophen *H.-G. Gadamer* schließen: *Verstehen braucht Zeit.*

Heidelberg, den 1. 11. 2000
(Allerheiligen)

Einleitung

Seit nunmehr gut 25 Jahren beschäftigen wir uns mit dem *Weihrauch*, will sagen, er begleitete, durchkreuzte und befruchtete immer wieder und jedesmal eindrucksvoller und unübersehbarer unser beider Lebensweg. Dies ist ja zunächst mal und vordergründig gesehen für evangelische Christen zumindest etwas außergewöhnlich, aber es hatte nun mal seine tiefere Bedeutung.

Der erste intensivere Kontakt zum *Weihrauch* entstand während unserer gemeinsamen Entwicklungshilfe-Arbeit im Zusammenhang mit der großen Hungerkatastrophe 1973/74 in Äthiopien. Damals begegnete uns der *Weihrauch* als unumgänglicher Bestandteil im rituell-religiösen Bereich sowohl der koptischen Christen als auch der zahlreichen muslimischen Volksstämme dieses Vielvölkerstaates.

Wir erinnern uns noch sehr genau, wie wir anläßlich des nächtlichen Besuches der koptischen Kirche an unserem Einsatzort Bati zum dortigen Erscheinungsfest (Epiphanias) von derart massiven Rauchschwaden umgeben waren, daß wir kaum etwas mit unseren Augen wahrnehmen konnten. Dafür wurden unsere Nasen durch den geradezu betäubenden Wohlgeruch des *Weihrauchs* und unsere Ohren durch die fremdartigen, überaus melodischen Gesänge der Gläubigen mehr als entschädigt. Das Ganze war ein für uns ungekanntes Fest der Sinne, das uns immer mehr von unserer Erdenschwere nahm, je länger in die Nacht hinein dieser Gottesdienst dauerte. Wir ertappten uns dabei, wie wir nach einer gewissen Weile mitklatschten und sogar mitsangen, obwohl wir doch kein einziges Wort wirklich verstanden. Als dann nach und nach immer mehr Kerzen aufflammten, waren wir total gefangen von diesem Ereignis, bei dem nun also auch noch unsere Augen zu ihrem Recht gekommen waren. Die ganze Erschöpfung nach der schweren Tagesarbeit in unserem Hungerlager war wie verflogen und hatte einem zunehmend rauschartigen Trancezustand Platz gemacht, der sich überaus angenehm anfühlte. Wir befanden uns in einer synästhetischen Ekstase, in der wir das Gefühl hatten, mit unseren Augen hören, mit unseren Ohren riechen und mit unseren Nasen sehen zu können. Ja, wo alle unsere Sinne gar zu einem einzigen allumfassenden, alles erfassenden, zur Transzendenz befähigten plasmagleichen Organ zusammengeschmolzen zu sein schienen. Unsere Seelen schwammen in diesem wohlig warmen, weich wogenden, ewig-wabernden Ozean der Gnade, spürten ganz fest ihre Unsterblichkeit in diesem Augenblick der Göttlichen Epiphanie. Durchaus im Sinne der tiefen Weisheitsworte des *Angelus Silesius*:

> "Die Sinne sind in Gott all ein Sinn und Gebrauch.
>
> Wer Gott beschaut, der schmeckt, fühlt, riecht und hört ihn auch."

Diese zutiefst ergreifende, aber auch zutiefst realistische Erfahrung damals in Äthiopien, im Land des schreienden Hungers und der beschämenden Armut, aber auch der frohgemuten Religiosität und demütigen Gottergebenheit, hat uns seither als unvergängliche, unveräußerliche Seelenwahrheit stets begleitet und geleitet.

War es nicht eigentlich diese Art von Seelenerfahrung gewesen, die wir damals am Ende der 60er Jahre, als sogenannte "Blumenkinder", im Süden Marokkos durch die Schluchten des Sahara-Atlas streifend, mit Hilfe von Marihuana so sehnlichst gesucht, aber doch höchstens andeutungsweise wirklich gefunden hatten? Einige Züge der äthiopischen *Weihrauch*-Initiation erinnerten uns ansatzweise an die marokkanischen Marihuana-Erlebnisse, die jedoch nur ein allzu billiger Abklatsch der erstgenannten Erfahrung waren.

Wir sind inzwischen überzeugt, daß auch die unzähligen jungen Menschen, die sich heute in Discos oder auch auf Massenveranstaltungen bis hin zur umstrittenen "Love-Parade" in Berlin mit ohren- (und die anderen Sinne) betäubender Musik zudröhnen und dabei meist bis zur totalen Erschöpfung tanzen, dann zusätzlich noch "Ecstasy" oder andere Drogen einwerfen, um diesem Streß länger gewachsen zu sein, mit aller Gewalt genau das sehnsüchtig suchen, was uns damals im Äthiopien geschenkt wurde: die Erfahrung einer sinnenverschmelzenden, transzendentalen Ekstase, die ihnen den Weg eröffnet zur Erkenntnis der Unsterblichkeit ihrer Seelen. Dies bedeutet aber, daß sie (uneingestandenermaßen!) auf einem Sehnsuchts-Trip nach der Göttlichen Epiphanie sind. Es ist also keineswegs ein verrückter "Tanz ums Goldene Kalb" oder sonst eine diesseitsorientierte "Show", die da abgeht, wie oft von kopfschüttelnden Erwachsenen gemutmaßt wird. Nein, im Gegenteil, diese jungen Menschen sind auf der Suche nach dem tieferen Sinn des Lebens, so unglaublich uns dies auch vorkommen mag. Der "Tanz ums Goldene Kalb" wird allein von den Mutmaßern aufgeführt und findet am perfektesten und geschliffensten in den vornehmen Führungsetagen unserer Weltkonzerne statt. Unsere jungen Leute haben ein sehr viel besseres Verständnis, von dem unseligen Begriff des "shareholder value" und seinen Folgen, als wir Älteren denken; kriegen sie diese doch als Lehrstellenmangel und Jugendarbeitslosigkeit direkt und hautnah zu spüren.

Doch lassen Sie uns nach dieser, nur vordergründig unsinnigen Abschweifung in die aktuelle Gegenwart, wieder ins Äthiopien von 1974 und unseren *Weihrauch*-Gottesdienst zurückkehren. Noch Tage nach dieser wundervollen Festnacht bewegten wir uns wie auf Wolken in einem Zustand der Verklärung. Dies war sicher unser *Weihrauch*-Schlüsselerlebnis gewesen. Denn von heute aus zurückblickend und mit den Erfahrungen und Erlebnissen während unserer jetzigen *Weihrauch*-Selbsterfahrung im Kopf, müssen wir feststellen, daß wir damals sicherlich eine akute *Weihrauch*-Intoxikation hatten. Denn der *Weihrauch* ist nach all unseren bisherigen vielschichtigen Erfahrungen mit Sicherheit in seiner materiellen Form und auch noch in der niedrigen C 6-Potenz (siehe später die dazu aufgeführten Symptome) eine potente Droge. Aber sicher nicht im Sinne einer Bewußtseinsveränderung, sondern im Sinne einer Bewußtseinserweiterung. Er ist eine Droge der Klarheit und Wahrheit, eine weiße, weise und göttliche Droge und nach unseren bisherigen vielversprechenden Ergebnissen gerade deswegen in der Lage, bei der Bekämpfung der schwarzen, dämonischen Drogensüchte sehr hilfreich zu sein. Nun wird wohl auch unsere vorherige ausführliche Abschweifung verständlich. Aber erneut zurück nach Äthiopien.

In den Monaten und Jahren danach erfuhren wir auch immer mehr über die volksheilkundlichen, arzneilichen Anwendungsmöglichkeiten des *Weihrauchs* bei allen in unserem Einzugsgebiet lebenden Ethnien. Schließlich hatten wir den Eindruck, als sei er ein richtiges Allheilmittel, eine echte Panacee. Aber unser westlich-naturwissenschaftliches Denken, das damals noch recht ausgeprägt war, hinderte uns daran, dies wirklich ernst zu nehmen oder gar zu glauben. Dazu bekamen wir dann reichlichere Gelegenheit, als wir ab Anfang der 80er Jahre für fast 10 Jahre im damals noch separaten Nordyemen arbeiteten und lebten. Was Wunder, waren wir doch nun mitten im uralten Land des *Heiligen Weihrauchs* angelangt. Sozusagen im Nachfolge-Land der frühen, sagenumwobenen südarabischen Königreiche Ausan, Qataban, Ma'in, Shabwa und Saba, die teils nebeneinander, teils nacheinander existierten. Vieles an der tatsächlichen Geschichte dieser Reiche liegt allerdings noch immer im Dunkeln und wartet auf seine archäologische Erforschung und Aufklärung. Am bekanntesten bei uns in Europa ist immer noch das Königreich von Saba, wiewohl auch darüber unser Wissen kaum über die nach wie vor namenlose "Königin von Saba" hinausgeht - doch über sie soll erst später mehr gesagt werden. In der Bibel heißt ihr Reich auch "Reicharabien", was wohl auf den sagenhaften Reichtum durch den Handel mit *Weihrauch* und anderen Spezereien hinweisen soll. Bei den Römern hieß dieses Land dann "Arabia felix" (= glückliches Arabien), wohl aus den gleichen Gründen. In jedem Fall waren wir nun im Yemen auch an der weltberühmten *Weihrauchstraße* angekommen, übrigens wohl die älteste Handelsstraße der Welt [s. Abb. 1]. Während unserer Arbeit beim Aufbau eines ländlichen Basisgesundheitsdienstes konnten wir sehr schnell feststellen, daß der *Weihrauch* im Yemen auch heute noch eigentlich tagtäglich als Räucher- und Aromastoff, sowohl im religiösen als auch im häuslichen Bereich angewendet wird.

Die Weihrauchstraße

Aber auch als volksmedizinische Arznei wurde er, zumindest draußen auf dem Land, von den arabischen Naturärzten und Heilern noch in großem Maßstab eingesetzt, woran sich bis heute kaum etwas geändert hat. Wenn wir uns noch richtig erinnern, waren die Hauptindikationen für eine *Weihrauch*-Behandlung ziemlich identisch mit denen, die wir Jahre zuvor auf der anderen Seite des Roten Meeres in Äthiopien mitgeteilt bekommen hatten. Dieses Mal waren wir über die Breite der Indikationen, die den *Weihrauch* auch im Yemen fast zu einem Allheilmittel machen, auch nicht mehr so überrascht wie damals. Eine Aufstellung der wichtigsten Anwendungsgebiete finden Sie am Ende des Kapitels "Arzneiliches über den Weihrauch".

Jedenfalls war und ist der *Weihrauch* und sein Gebrauch in den verschiedenen geschilderten Bereichen im ganzen Yemen allgegenwärtig und dies faszinierte uns täglich mehr. Daß diese Feststellung tatsächlich für den gesamten Yemen stimmt, konnten wir verifizieren, als wir endlich - nach der Wiedervereinigung des Nord- und Südyemen - Anfang der 90er Jahre zum ersten Mal auch den südlichen Landesteil mit dem weltberühmten Wadi Hadhramaut und später auch das mythische Mahra-Land an der Grenze zur omanischen Provinz Dhofar bereisen konnten. Ja, wir stellten fest, daß dort die Anwendung sogar noch verbreiteter ist, weil die Menschen zum einen noch naturverbundener leben, zum anderen nicht so wohlhabend sind, um sich chemische Medikamente zu kaufen. Und schließlich waren wir ja nun auch in der wirklichen Heimat des *Weihrauchbaumes* angekommen, dem in früheren Jahrhunderten streng abgeschirmten, ja richtig geheimgehaltenen Produktionsgebiet unseres kostbaren und damals Reichtum bringenden Räucher- und Arzneistoffes. Endlich waren wir damit also am Ursprung der *Weihrauchstraße* angelangt. Wir waren am Ziel unserer langjährigen Faszination.

Wenn wir eingangs von den über 25 Jahren unserer Beschäftigung mit dem *Weihrauch* sprachen, so kommt einem dies natürlich für ein Menschenleben schon recht lange und eindrucksvoll vor, aber im Vergleich zur schier endlosen kulturhistorischen Zeitspanne, in der diese Droge ununterbrochen die Menschheit in ihrem Bann gehalten hat und nun neuerlich in ihren Bann zieht, ist es doch realistischerweise nur wie ein Lidschlag. Dies werden Sie im Kapitel "Kulturhistorisches über den Weihrauch" bestätigt finden.

Kulturhistorisches über den Weihrauch

"Und meine Seele spannte / Weit ihre Flügel aus,
Flog durch die stillen Lande, / Als flöge sie nach Haus."
(Aus "Lied der Sehnsucht" von Joseph von Eichendorff)

Allgemeines

Wahrscheinlich war die Räucherung seit Urzeiten die Hauptverwendung des *Weihrauchs.* Und wohl auch schon Jahrhunderte oder gar Jahrtausende bevor uns schriftlich fixierte Bestätigungen dafür aus dem alten Babylonien und alten Ägypten vorliegen, wurde mit *Weihrauch* ein reger und auch einträglicher Handel im gesamten Gebiet der damals bekannten Antiken Welt betrieben. Bei archäologischen Ausgrabungen hat man bei den alten Ägyptern deutliche Beweise dafür gefunden, daß er schon sehr früh, also bereits zu Zeiten des "Alten Reiches", hauptsächlich für kultische Rauchopfer reichliche Verwendung fand. Aber auch bei den Babyloniern, Assyrern, Persern und Juden und später dann bei den Griechen und Römern war der *Weihrauch* vor allem für religiös-kultische Zwecke überaus begehrt, ja eigentlich unentbehrlich [49]. Diese Tatsache hat natürlich immer seinen Preis sehr hoch, teilweise sogar in schwindelerregender Höhe gehalten, denn das Angebot war ja durch die Grenzen, die die Natur gebot, eingeschränkt. Jedenfalls sind die Meinungen von Historikern durchaus ernst zu nehmen, die besagen, daß *Weihrauch* in manchen Jahren mit Gold aufgewogen werden mußte. Und damit kann man sich ausmalen, welche geradezu sagenhaften Reichtümer sich in den Erzeugergebieten, den südarabischen Königreichen, die wir eingangs erwähnten, im Laufe der Zeit angehäuft haben. Verwunderlich ist dabei nur, daß diese Reiche und vor allem die eigentlichen *Weihrauch*-Produktionsregionen anscheinend nie von den damals beherrschenden Großmächten erobert wurden - jedenfalls soweit unser bisheriges Wissen reicht.

Dies hatte wohl verschiedene Gründe: Zum ersten haben die Produzenten es von Anfang an sehr geschickt verstanden, den tatsächlichen Ursprungsort zu verheimlichen und ihn zum zweiten durch gezielte Desinformation und Gerüchte zu einem lebensgefährlichen Gebiet hochzustilisieren. Heißt so doch z.B. "Hadhramaut" übersetzt in etwa "nahe am Tode". Noch der griechische Geschichtsschreiber *Herodot,* der sonst für seine überraschend präzisen Angaben berühmt ist, kann nur eine recht vage Lokalisation nennen und schreibt: "Im Süden ist das äußerste Land der Erde Arabien. Und in keinem anderen Lande als in Arabien wachsen *Weihrauch* und Myrrhen, Kassia, Kinamon und Ledanon. Alle diese Dinge mit Ausnahmen der Myrrhen werden von den Arabern nicht ohne Mühe gewonnen. Um den *Weihrauch* zu gewinnen, verbrennen sie

Storax, der von den Phoinikern nach Hellas eingeführt wird. Die *Weihrauchbäume* nämlich werden von geflügelten Schlangen bewacht, die klein und buntfarbig sind und sich in Mengen in der Nähe jedes einzelnen Baumes aufhalten. Es sind dieselben, die die feindlichen Züge nach Ägypten unternehmen. Nichts anderes vertreibt sie von den Bäumen als der Rauch des Storax" [44]. Zum dritten ist es ja tatsächlich so, daß dieses Gebiet von der Landseite her durch die große arabische Wüste und von der Seeseite her durch eine überaus unwegsame und unwirtliche Gebirgslandschaft abgeschottet ist. Jedenfalls ist es auch in späterer Zeit noch nicht einmal dem damaligen unaufhaltbaren Welteroberer, *Alexander dem Großen*, gelungen, diese Region einzunehmen. Und dies, obwohl er dafür einen ganz dringenden persönlichen Grund gehabt hätte: hatte ihn doch sein Erzieher, der Philosoph *Leonidas*, als er in seinem jugendlichen Leichtsinn mit vollen Händen den kostbarsten *Weihrauch* auf das Holzkohle-Räucherbecken warf, mit der Ermahnung zurechtgewiesen, dies könne er sich erst leisten, wenn er dermaleinst das Land erobert habe, wo der *Weihrauch* wachse. In Ermangelung dessen schickte *Alexander,* allerdings nur nach der Eroberung von Ghaza, dem Endpunkt der *Weihrauchstraße* am Mittelmeer und phönikischen Handels- und Stapelplatz zur Verschiffung nach Griechenland und in andere westlich liegende Länder, an seinen Lehrer *Leonidas* 500 Talente besten *Weihrauchs* sowie 1000 Talente Myrrhe. Wenn man bedenkt, daß 1 Talent etwa 26 kg waren, kann man sich leicht ausrechnen, was für ein wahrhaft königliches Geschenk *Alexander* damit seinem ehemaligen Erzieher machte; er schrieb ihm dazu: "Hier schicke ich dir *Weihrauch* und Myrrhen die Fülle, damit du aufhörst, gegen die Götter zu knausern" [Plutarch, Alex. 25]. Derart versucht also ein guter Schüler, seinen alten Lehrer im Nachhinein zu erziehen! Allerdings haben Sie gerade sehen können, was für ein ausgesprochenes Schlitzohr *Alexander,* bei all seinen geschichtlich verbrieften großartigen Erfolgen auch sein konnte, eben ein richtiger "Phosphoriker" mit vielen Licht-, aber eben auch ein paar Schattenseiten. Denn er hatte ja gerade nicht die *Weihrauch*-Erzeugergebiete erobert, sondern eben nur den westlichsten Punkt der *Weihrauchstraße* mit der Stadt Ghaza.

Aber selbst diese Abschweifung - und wir machen Sie schon jetzt darauf aufmerksam, daß davon noch einige kommen werden, weil es einfach so viel Interessantes über den *Weihrauch* zu berichten gibt - hat uns wieder gezeigt, was für eine imposante Rolle dieser "göttliche Räucherstoff" selbst noch zu den relativ modernen Zeit eines *Alexander des Großen* spielte. In den älteren Zeiten der Antiken Welt war diese Rolle zwar nicht so imposant (das heißt aber auch auf äußerlichen Eindruck erpicht), aber dafür bedeutungsträchtiger, inniger und tiefer empfunden. War doch der *Weihrauch* in allen Religionen der alten Antike vor allem ein Inbegriff für den "göttlichen Wohlgeruch" (diese eminent wichtige

Metapher wird noch mehrfach bei der Betrachtung der einzelnen Religionen auftauchen), in dem die Gläubigen immer "ein Merkmal göttlichen Lebens, ein Zeichen göttlicher Nähe und eine Form der göttlichen Offenbarung [= Epiphanie]" [63] gesehen haben. Und wir möchten hinzufügen, nach den Erfahrungen, die wir während der *Weihrauch*-Selbsterfahrung machen konnten und auch für die Jahrhunderte nach Christi Geburt, in denen der *Weihrauch* in allen orthodoxen und koptischen Kirchen der Welt, aber schließlich auch in der katholischen Kirche Verwendung fand und noch findet, daß dieser "göttliche Wohlgeruch" auch ein Zeichen der *göttlichen Liebe und der göttlichen Gnade* ist.

Hierzu schreibt der bekannte Autor und Pater *Anselm Grün*: "Als ich auf dem Berg Athos war, hat mich der eigenartige Geruch des dortigen Weihrauchs fasziniert. Die Kirchen atmen diesen Duft. Da entsteht sofort ein Gefühl von Geheimnis, von Daheimsein, von Geborgenheit, von Sehnsucht und Liebe. Der Weihrauch ist längst aufgestiegen, aber er hinterläßt im ganzen Raum einen eigenartigen Geruch. Ich atme ihn bewußt ein und fühle mich angerührt vom göttlichen Geschmack [...]. Da rieche ich förmlich die geheimnisvolle Gegenwart Gottes, da nehme ich sie mit dem ganzen Leib wahr." [35]

Im Alten Ägypten

Am weitesten zurück ins Altertum führen uns die Hinweise und Berichte über den intensiven *Weihrauchgebrauch* im alten Ägypten. Dorthin muß er seit Urzeiten nicht nur über den schon mehrfach erwähnten Landweg, die berühmte *Weihrauchstraße* [59] gelangt sein, sondern nachgewiesenermaßen fuhren bereits frühzeitig ziemlich regelmäßig auch ägyptische Handelsflotten übers Rote Meer ins sagenumwobene Land *Punt,* um neben anderen aromatischen Essenzen natürlich vor allem *Weihrauch* nach Ägypten zu holen, wo dafür schon immer ein riesiger Bedarf bestanden haben muß. Die ersten belegten Schiffsexpeditionen nach *Punt* fanden in der Regierungszeit des Pharao *Sahuré* (5. Dynastie, ca. 2455 - 2443 v. Chr.) statt und waren wohl danach (aber vielleicht auch davor) im "Alten Reich" eine Dauereinrichtung [21, 62]. Über die genaue geographische Lage von *Punt* haben die Altertumswissenschaftler bis zum heutigen Tage keine Einigkeit erreicht [5, 20]. Wahrscheinlich ist aber jedoch, daß es eine gemeinsame Bezeichnung war für die Küstenregionen westlich (= heutiges Eritrea und Djibouti) und östlich (= heutiger Yemen) des Südteils des Roten Meeres bis zur Meerenge von "Bab al-Mandeb" (= Tor der Tränen). Aber auch die Küstenzone Südarabiens bis hin nach Dhofar, sowie das südlich des Golfes von Aden sich erstreckende Gebiet (= heutiges Nordsomalia), bis hin zum Horn von Afrika und wohl auch die Insel Soqotra im Indischen Ozean gehörten mit zum Lande *Punt.* Jedenfalls war es für die Ägypter das große Fabelland, aus dem sie all das importierten, was es bei ihnen nicht gab. Die bekanntesten Fahrten sind in diesem Zusammenhang sicherlich die, die von der berühmten Königin *Hatschepsut* (18. Dynastie, um 1505 v. Chr.) veranlaßt worden waren. Sie sind auf wunderschön erhaltenen Reliefs in ihrem Terrassentempel (= Dar al-Bahari) westlich von Luqsor sehr eindrucksvoll dargestellt. Die dortigen Hieroglyphen-Inschriften sagen ungefähr folgendes dazu:

> "Das Belasten der Transportschiffe mit einer großen Menge von herrlichen Produkten Arabiens, mit allerlei kostbaren Hölzern des heiligen Landes, mit Haufen von Weihrauchharz, mit grünen Weihrauchbäumen [...] Niemals ist gemacht worden ein Transport gleich diesem von irgendeiner Königin seit Erschaffung des Weltalls." [78]

Überhaupt scheint *Hatschepsut* eine Lieblingskönigin der Ägypter gewesen zu sein [100]. Sie war die Tochter des Pharaos *Thutmose* und seiner Gattin *Ahmose.* Über ihre Zeugung, die natürlich göttlichen Ursprungs sein mußte, gibt es folgende typische Darstellung, die wir bei *Lohmeyer* [63] aufgezeichnet finden: "Auf den Wänden des Tempels zu Dar al-Bahari ist eine himmlische Szene zwischen dem Gott Amon und der Königin Ahmose dargestellt. Die beiden Gestalten sitzen einander im Himmel gegenüber, dessen Zeichen von zwei Gottheiten getragen wird. Der Gott reicht der Königin das Lebenssymbol in Gestalt des Henkelkreuzes [= *anch* = auch Unsterblichkeitssymbol]". Die beigestellte Hieroglyphen-Inschrift erklärt den Sinn dieser Szene etwa folgendermaßen:

> "[*Amon*] verwandelte sich in die Gestalt der Majestät ihres Gemahls [*Thutmose*] des Königs von Ober- und Unterägypten; sie [*Amon und Thot*] fanden sie, wie sie ruhte in der Schönheit ihres Palastes. Sie erwachte von dem Geruche des Gottes; sie lächelte seiner Majestät zu [...] Sie freute sich, seine Schönheit zu sehen, seine Liebe ging in ihren Leib, [der Palast] war überflutet von dem Geruch des Gottes; alle seine Düfte waren [Düfte] von Punt" [d.h. *Weihrauchdüfte*] [6].

In typisch altägyptischer Weise kommt es hier zu einer vollständigen Vermischung zwischen Gott und Pharao, was durchaus gewollt ist, wurde doch der Pharao gleichzeitig als Gott verehrt. [19, 82] Also mußte er auch von einem Gott gezeugt sein - so auch hier *Hatschepsut*, die ja später Pharaonin werden sollte [79]. Überaus bezeichnend in dieser Zeugungs-Szene ist auch, daß die Königin bei der Annäherung des Gottes geweckt wird von seinem Wohlgeruch, der wiederum das Zeichen seiner Epiphanie ist. Im Umkehrschluß wird dann dieser göttliche Wohlgeruch natürlich auf den lebendigen Gott auf Erden, den Pharao übertragen [63]. So heißt es denn von der Königin *Hatschepsut:*

> "Köstliche Myrrhe ist auf ihren Gliedern, ihr Wohlgeruch ist himmlischer Tau, ihr Duft ist gemischt mit [den Düften von] Punt." [6]

Punt ist eben für die Ägypter das duftgeschwängerte *Weihrauch-* und somit auch Gottesland; "meine Stätte des Vergnügens" [6], wie *Hatschepsut* es genannt haben soll.

Überhaupt hat es unseres Wissens auf diesem Planeten nie eine Hochkultur gegeben, die derartig intensiv mit dem *Weihrauch* verwoben war, wie die altägyptische. Und zwar von den allerersten Anfängen an, zu denen wir die ägyptische Kultur- und Religionsgeschichte zurückzuverfolgen in der Lage sind, bis in die Endzeit unter römischer Herrschaft - selbst *Kleopatra* war noch vom *Weihrauch* geprägt.

All dies in einem fast taoistisch anmutenden Sinne, ohne wirkliche Unterscheidung von oben und unten, innen und außen, Göttern und Pharaonen, Diesseits und Jenseits, Leben und Tod, Zeit und Ewigkeit - das eine war das Sinnbild des anderen und beides vom Wohlgeruch des *Weihrauchs* erfüllt, ja durch ihn repräsentiert.

"Ob der Ritus des Weihrauchopfers der Grund war, aus dem sich die Vorstellung vom göttlichen Weihrauchduft bildete, oder diese Vorstellung der Grund für das Weihrauchopfer", wie es *Lohmeyer* so treffend formuliert, erscheint auch uns nicht klärbar zu sein; aber eigentlich auch gar nicht klärungsbedürftig, da es uns vorkommt wie die zwei Seiten einer Medaille.

Ein beredtes Zeugnis dieser Mentalität gibt eines der ältesten uns überkommenen Gedichte aus den uralten Pyramidentexten, das vom *Weihrauchopfer* für einen verstorbenen Pharao erzählt:

> "Das Feuer ist angelegt, das Feuer leuchtet,
> der Weihrauch ist aufs Feuer gelegt, der Weihrauch leuchtet.
> Dein Duft kommt zu dem König Unis, o Weihrauch.
> Der Duft des Königs Unis kommt zu Dir, o Weihrauch.
> Euer Duft kommt zu dem König Unis, ihr Götter.
> Der Duft des Königs Unis kommt zu Euch, ihr Götter.
> König Unis ist mit Euch, ihr Götter.
> Ihr seid mit König Unis, ihr Götter.
> König Unis lebt mit Euch, ihr Götter.
> Ihr lebt mit König Unis, ihr Götter.
> König Unis liebt Euch, ihr Götter.
> Ihr liebt ihn, ihr Götter." [6]

Dieses Gedicht, das uns Heutigen wohl ein wenig sonderbar vorkommen kann, zeigt in seiner doch unsterblich anmutenden, man ist versucht zu sagen, duftenden Poesie, so wunderschön einfach die Entwicklung, ja Steigerung vom rein äußerlichen Ritual des *Weihrauchopfers* zum tief (oder hoch) dahinter (oder darunter oder auch darüber) sich verbergenden (oder sich enthüllenden) Symbolismus dieses Tuns; und entschleiert uns damit gleichzeitig die *tiefe Essenz von Weihrauch:*

Liebe und Unsterblichkeit - und die unendliche Sehnsucht nach beidem.

Im Alten Babylonien

Auch im zweiten Großreich der alten Antike, in Babylonien, waren *Weihrauch* und andere Räucherstoffe von großer Bedeutung. Im Sippur der Zeit des *Hamurapi* (ca. 2250 v. Chr.) müssen die Händler für Drogen und andere Spezereien wohl in einer eigenen Gasse angesiedelt gewesen sein. Jedenfalls fanden Archäologen dort auf einer Tontafel eine typische Keilschrift - Bestellung eines babylonischen Händlers an seinen ausländischen Lieferanten über: "10 Shekel Cypressenöl, 3 Shekel Myrrhenöl und 5 Shekel Zedernöl" [81]. Daß in diesem Falle der *Weihrauch* nicht erwähnt ist, scheint unserer Erfahrung nach eher ein Zufall zu sein; denn wo Myrrhe erwähnt wird, ist der *Weihrauch* nie weit, da sie aus der gleichen Erzeugerregion kommen und meist auch von den gleichen Großhändlern verschickt und verkauft wurden.

Aus derselben Quelle ist zu erfahren, daß schon in uralten Zeiten die Drogen zur Bereitung von Wohlgerüchen, wie *Weihrauch*, Myrrhe, Bdellium, Narde und andere, aus Arabien herbeigeschafft wurden; teilweise, wie wir heute wissen, waren dabei die Araber nur Zwischenhändler, die die Waren aus den Ursprungsländern (z.B. Indien) weiterbeförderten.

Nicht umsonst wohl gab es einen eigenen Abzweig der *Weihrauchstraße,* der direkt vom Ursprungsgebiet durch die "Rub al-Khali" (= leeres Viertel) nach Gerrha (am arabisch-persischen Golf) und von dort an diesem entlang (über das heutige Kuwait) nach Mesopotamien führte.

Wahrscheinlich jedoch hatte der *Weihrauch* im Babylonischen Reich und in Assyrien nie diesen extrem bedeutenden Stellenwert wie im alten Ägypten. Allerdings sind auch die Keilschrift-Zeugnisse noch bei weitem nicht so intensiv erforscht worden wie die Hieroglyphen-Texte; und vielleicht ist in Bezug auf *Weihrauch* und andere Drogen in Zukunft noch manche Entdeckung fällig. Jedenfalls ist bei *Herodot* [44] noch nachzulesen, daß alleine dem Hauptgotte *Baal* zu Ehren jährlich 1000 Talente (= 26 000 kg) *Weihrauch* verräuchert worden sein sollen.

Denn auch in Babylonien war der von uns immer wieder erwähnte Begriff des *Wohlgeruchs* im Zusammenhang mit dem religiösen Kultus von Anbeginn an eminent wichtig. So heißt es in einer alten babylonischen Inschrift [68]: "Die Götter lieben die Wohlgerüche: sie öffnen ihren Mund." Und auch in der mythologischen Erzählung über die Sintflut (die von allen Völkern des vorderen und mittleren Orients tradiert wird) finden wir im assyrisch-babylonischen *Gilgamesch-Epos* eine sehr schöne Schilderung wie *Utnapaschtim* (bei den Israeliten heißt er *Noach*, bei den Sumerern *Ziusudra*, bei den Altbabyloniern *Atram-Hasis*) nach der Sintflut die Götter mit Wohlgerüchen (erwähnt sind mehrere aber diesmal nicht der *Weihrauch*) zu versöhnen und einen guten Neuanfang zu machen versucht. In unserer Quelle [68] lesen wir es so: "da rochen die Götter den Duft, rochen den lieblichen Duft und sammelten sich wie Fliegen über dem Opferer."

Auch war der Gebrauch von *Weihrauch* in Babylonien wohl über Jahrhunderte, ja Jahrtausende fast genauso zählebig - was ja auch für seine Wichtigkeit spricht - wie in Ägypten. Denn noch "beim Einzug Alexanders [des Großen] in Babylon war der ganze Weg mit Blumen und Kränzen bestreut; zu beiden Seiten des Weges waren silberne Altäre aufgestellt, die mit Weihrauch und allen möglichen Wohlgerüchen überhäuft waren" [68].

Aber auch bei den übrigen Völkern des mittleren Orients war der *Weihrauch* sehr beliebt und geschätzt: so mußten die Araber dem Großkönig Darius von Persien (521 - 485 v. Chr.) als Tribut 1000 Talente *Weihrauch* zollen [44] und ebensoviel die Gerrhäer dem König Antiochus III. (ca. 205 v. Chr.) neben 500 Talenten Silber und 200 Talenten Balsam, damit ihnen ihre Freiheit erhalten blieb.

Der persische Oberbefehlshaber Datis soll nach seinem Sieg über die Flotte der Griechen bei Salamis (480 v. Chr.) im Apollon-Tempel zu Delos 300 Talente *Weihrauch* verräuchert haben, um den Göttern seinen Dank auszudrücken [44].

Im Judentum

Die Juden waren schon seit den antiken Zeiten große Verehrer von *Weihrauch* und anderen Duftstoffen [42]. Allerdings war von Anbeginn an gerade der Gebrauch des *Heiligen Weihrauchs* sehr restriktiv geregelt. Es mußten dafür sogar ganz spezielle Altäre benutzt werden, an denen die Räucheropfer nur von Priestern zelebriert werden durften. Der allgemeine, profane Gebrauch war strikt untersagt. So lesen wir im 2. Moses 30, 34 - 36:

> "Und der Herr sprach zu Mose: Nimm zu dir Spezerei: Balsam, Stakte, Galban und *reinen Weihrauch* und mache Räucherwerk daraus, nach der Kunst des Salbenbereiters gemengt, daß es *rein und heilig* sei! Und sollst es zu Pulver stoßen und sollst davon tun vor das Zeugnis in der Hütte des Stifts, wo ich mich Dir bezeugen werde. Das soll euch ein *Hochheiliges* sein."

[Hervorhebungen, auch in den Bibeltexten, durch die Autoren]

Daß tatsächlich die Verwendung des *Heiligen Weihrauchs* dem gemeinen Volk verboten war, erkennt man eindeutig aus den beiden daran anschließenden Versen; 2. Moses 30, 37 f:

> "Und desgleichen Räucherwerk sollt ihr euch nicht machen, sondern es soll dir *heilig* sein dem Herrn. Wer ein solches machen wird, daß er damit räuchere, der wird ausgerottet werden von seinem Volk."

Dies bedeutet aber, daß der *Weihrauch* bei den Israeliten einen anderen Stellenwert hatte als bei den Ägyptern, Babyloniern und den anderen Völkerschaften der antiken Welt [72]. Man kann vielleicht sagen, daß er höher als alle anderen Räucher- und Duftstoffe angesiedelt war, nämlich gewissermaßen bei Gott direkt. Und er durfte, wie schon gesagt, nur auf dem Räucheraltar im Heiligtum des Herrn dargebracht werden - und nur von den Priestern. Von den zahlreichen Opferarten wie Brandopfer, Sündopfer, Dankopfer oder Schuldopfer, die der jüdische Ritus vorsieht, hatte alleine das Speiseopfer eine Verbindung zur *lebonah*, wie *Weihrauch* auf Hebräisch heißt.

Abbildung der hebräischen Schriftzeichen für ***lebonah***

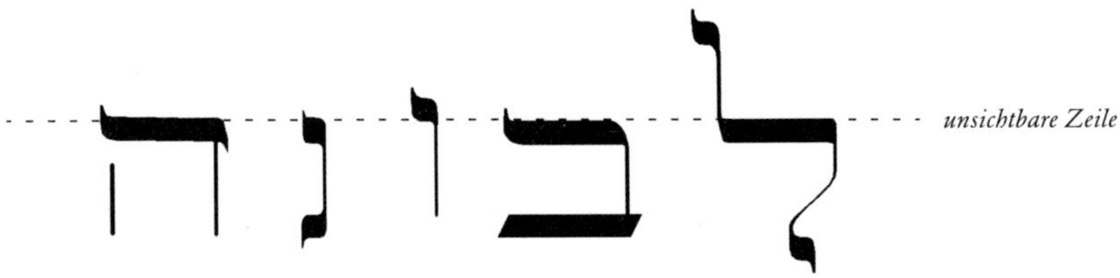

He *Nun* *Wau* *Beth* *Lamed*

(5) *(50)* *(6)* *(2)* *(30)*

Lebonah ist weiblich und zwar nicht nur durch die feminine Endung - *ah*, sondern auch im tieferen Sinne durch seinen Wortstamm *lbn*, was einerseits *links* und andererseits *Mond* bedeutet. Nach diesem ursprünglichen Wortsinn müßten wir also eigentlich von *die Weihrauch* sprechen. Nach unseren bisherigen Behandlungserfahrungen ist es wirklich ein Mittel, das vor allem die linke Körperseite bevorzugt und als *weibliches Mittel* sehr gut bei emotionalen Blokkierungen bei *männlichen Patienten* wirkt. Die Summe der Buchstabenzahlenwerte von *lebonah* ergibt 93 und die theosophische Quersumme die *Zwölf*. *Lamed* ist übrigens das einzige hebräische Zeichen, das sich *oberhalb* der Grenze der Erscheinungen manifestiert.

Das weiter oben erwähnte Speiseopfer finden wir im 3. Moses 2, 1 - 3 beschrieben:

"Wenn eine Seele dem Herrn ein Speiseopfer tun will, so soll es von Semmelmehl sein, und sie soll Öl darauf gießen und *Weihrauch* darauf legen und es also bringen zu den Priestern, Aarons Söhnen. Da soll der Priester seine Hand voll nehmen von dem Semmelmehl und Öl, samt dem ganzen *Weihrauch* und anzünden zum Gedächtnis auf dem Räucheraltar. Das ist ein Feuer zum süßen Geruch des Herrn. Das übrige aber vom Speiseopfer soll Aarons und seiner Söhne sein. Das soll ein *Hochheiliges* sein von den Feuern des Herrn."

Wohl hat dies damit zu tun, daß das Speiseopfer eine intime Art des Opferns war, die nur zwischen einem Menschen und seinem Gott direkt stattfand, ohne daß dabei eine Untat oder ein sonstiges Vergehen zu sühnen gewesen wäre. Dies konnte dann im Innern des Tempels auf dem Räucheraltar geschehen und dann durfte auch der *Weihrauch* verwendet werden. Sobald es aber darum ging, eine Schuld abzutragen und Gott zu versöhnen, fand das entsprechende Opfer nicht im, sondern vor dem Heiligtum statt und dann durfte *kein Weihrauch* verwendet werden, wie es nochmals deutlich im 3. Moses 5, 11 beschrieben wird:

"Vermag er aber nicht zwei Turteltauben oder zwei junge Tauben, so bringe er für seine Sünde als sein Opfer ein zehntel Epha Semmelmehl zum Sündopfer. Er soll aber kein Öl darauf legen noch *Weihrauch* darauf tun; denn es ist ein Sündopfer."

Um dieses Thema der verschiedenen Opferarten - die uns Heutigen sowieso nicht mehr so zugänglich sind - und der dazu benutzten Altäre abzuschließen, möchten wir noch die Ausführungen darüber in der "Encyclopaedia Judaica" [18] zitieren; Originaltext in Englisch, von den Autoren übersetzt:

"**Altar**: (Hebr. *mizbe'ah,* abgeleitet von der Wurzel *zbh*, was "schlachten (als Opfergabe)" bedeutet; ursprünglich der Ort, an dem Schlachtopfer ausgeführt wurden (z.B. die Opferung Isaaks, 1. Mos. 22). Jedoch war zu biblischen Zeiten dieser Brauch bereits verschwunden. Tieropfer wurden nie auf dem Altar ausgeführt, sondern in seiner Nähe. Darüber hinaus war der Altar nicht auf Tieropferungen beschränkt. Was immer die ursprüngliche Bedeutung des Wortes "Altar" war, sie wurde dahingehend erweitert, daß damit der Ort für alle Opfergaben bezeichnet wurde."

Etwas weiter unten im Text wird dann noch der Unterschied zwischen den beiden Altar-Arten erläutert, die wir zuvor schon erwähnt haben, und zwar bezugnehmend auf die Ur-Geschichte der Israeliten, auf ihrem Exodus aus Ägypten:

"**Das Tabernakel:** Israels Wüsten-Heiligtum hatte zwei Altäre: den Bronze- oder Brandopfer-Altar, der im Vorhof stand und den Gold- oder Weihrauch-Altar, der sich innerhalb des Zeltes befand. Der Vorhof-Altar war für Opfe-

> rungen da. Die Bezeichnung Bronze stammt von seinem Beschlag, denn eigentlich war er aus Akazienholz hergestellt [...] Das wichtigste Merkmal des Bronze-Altars waren seine "qeranot", d.h. Hörner [...] Flüchtlinge, die Asyl suchten, ergriffen diese Altarhörner. [Ist dies eine der Ur-Wurzeln unseres heute noch praktizierten Kirchenasyls?] [...] Die Hörner waren ein wesentliches Element alter Altäre im Jerusalemer Tempel. Der Ursprung dieser Hörner ist noch unbekannt."

Vielleicht sollten wir darauf hinweisen, daß ebensolche Hörner - meistens von Widdern, wilden Bergziegen, aber auch von Stieren oder in entsprechenden Regionen sogar von Gazellen - selbst heute noch in weiten Teilen des ländlichen Yemen, ja sogar an traditionellen Häusern in der Hauptstadt Sana'a, an allen vier Ecken an der obersten Mauerkante angebracht sind. Wir kennen dies auch von anderen Ländern des Orients - und mancher von Ihnen wird sich nun vielleicht auch daran erinnern - wie's in Israel damit aussieht, können wir nicht beurteilen.

Jedenfalls sollen diese vier Hörner im Yemen das Haus vor dem Einfluß von Dämonen oder anderen schlechten Geistern schützen, es unter göttliche Obhut stellen. Daß dies ein uralter, mystischer Brauch aus längst vergangenen vorislamischen Zeiten ist, stört auch streng-gläubige yemenitische Muslime nicht im geringsten.

Die Teams des Deutschen Archäologischen Institutes im Yemen haben z.B. bei ihren Ausgrabungen in Marib ganze Friese mit ornamentalen Widderköpfen gefunden, die früher rundherum die Oberkante der Tempel geschmückt haben. Diese wunderschönen Fundstücke, teilweise in Alabaster gehauen, sind heute im Nationalmuseum in Sana'a zu bewundern.

Unstrittig ist, daß all die Tiere, deren Hörner oben erwähnt wurden, seit Urzeiten im gesamten antiken Orient als bevorzugte Opfertiere im religiösen Ritus dargebracht wurden. So tat es ja auch Abraham in der bereits erwähnten Isaak-Opferszene, 1. Moses 22, 13:

> "Da hob Abraham seine Augen auf und sah einen Widder hinter sich in der Hecke mit seinen Hörnern hängen und ging hin und nahm den Widder und opferte ihn zum Brandopfer an seines Sohnes statt."

Damit wären wir wieder bei den alten Israeliten angelangt. Und wir möchten Ihnen zum Abschluß dieses Themenkreises doch noch die Beschreibung des rituellen *Weihrauch-* Altars übermitteln - wiederum zitiert aus der "Encyclopaedia Judaica" in unserer Übersetzung:

> "**Weihrauch-Altar:** Alle biblischen Berichte über das Heiligtum sprechen nicht nur von einem Opfer-Altar, sondern auch von einem Weihrauch-Altar innerhalb des Gebäudes des Heiligtums [...] Wie der Opfer-Altar hatte auch er Hörner, Ringe und Löcher zum Tragen und war aus Akazienholz gefertigt. Allerdings unterschied er sich dadurch von ihm, daß er mit Gold beschlagen war, nicht mit Bronze; auch zog sich der [Gold-] Beschlag bis zum Oberteil hinauf, denn er war stabil gebaut und hatte ein Dach im Gegensatz zum Opferaltar. Sein Platz war direkt vor dem Vorhang [zum Allerheiligsten], flankiert von den beiden anderen Goldgegenständen, dem Kandelaber und dem Tisch. Weihrauch wurde auf ihm zweimal täglich zur Zeit des tamid, oder täglichen Opfers, verbrannt. Kein anderes Opfer als der vorgeschriebene Weihrauch war erlaubt." [18]

Damit wollen wir es nun doch bewenden lassen, um Ihre Geduld nicht über die Maßen zu strapazieren und unsere Schilderung nicht zu beschwerlich und schwer verdaulich zu gestalten. Zumal wir durchaus, nach unseren bisherigen *Weihrauch*-Erfahrungen, der Meinung sind, daß dieser unbedingt auch seine schönen, fröhlichen und beschwingenden Aspekte hat. Und nicht nur diese höchst vergeistigte, aller diesseitigen Sinnlichkeit entkleidete, nur am Jenseits orientierte Ausdrucksform, wie im alten jüdischen Ritus. Dies hat allerdings auch heute noch seine Auswirkungen, wie uns Prof. *Krochmalnik* von der Hochschule für Jüdische Studien in Heidelberg klar machte: "seit der Zerstörung des Jerusalemer Tempels durch die Römer wird im Judentum kein Weihrauch mehr im Kultus verwendet und zwar solange, bis ein neuer Tempel errichtet sein wird". Der *Weihrauch* ist und bleibt für die Juden ein *Hochheiliges* - dies wollten wir darstellen.

Es gibt jedoch auch Stellen in der Bibel, an denen über den *Weihrauch* (insgesamt wird er 22 mal erwähnt) in einem sehr liebevollen und zartfühlenden Ton geschrieben wird. Durchaus in einer ganz diesseitigen, lebensbejahenden Form, so wie wir es durch unsere Prüfungen auch bestätigt fanden. Hier gibt es vornehmlich im *Hohenlied* (oder *Lied der Lieder*) *Salomos* ein paar wunderhübsche Verse, die wir Ihnen natürlich nicht vorenthalten wollen. Dabei geht es um die Schilderung der Liebe *Salomos* (was übersetzt in etwa der *Vollkommene* aber auch der *Friedfertige* heißt, aus der hebräischen Wurzel *shlm*, aus der sich auch das Wort *Shalom* ableitet) zur unbeschreiblich schönen *Sulamith*, deren Name aus derselben Wurzel stammt und eigentlich nur die weibliche Form von *Salomo* ist, was bedeutet, daß sie die *Vollkommene* ist. Zwischen beiden entfaltet sich ein wunderschöner Dialog, teilweise ein regelrechtes Spiegel-Gedicht. Hören wir zunächst, wie *Sulamith* versucht, ihre Liebe zu *Salomo* zu beschreiben (Kap. 3):

"Des nachts auf meinem Lager suchte ich,
den meine Seele liebt. Ich suchte,
aber ich fand ihn nicht [...]
Als ich ein wenig an ihm vorüber war,
da fand ich, den meine Seele liebt.
Ich hielt ihn und ließ ihn nicht los,
bis ich ihn brachte in meiner Mutter Haus,
in die Kammer derer, die mich geboren hat.
Ich beschwöre euch ihr Töchter Jerusalems,
bei den Gazellen, oder bei den Hinden auf dem Felde,
daß ihr die Liebe nicht aufweckt und nicht stört,
bis es ihr selbst gefällt.
Was steigt da herauf aus der Wüste wie ein gerader Rauch,
wie ein Duft von Myrrhe, Weihrauch und allerlei Gewürz des Krämers?
Siehe es ist die Sänfte Salomos; sechzig Starke sind um sie her
von den Starken in Israel [...]
Der König Salomo ließ sich eine Sänfte machen aus Holz vom Libanon.
Ihre Säulen machte er aus Silber, ihre Lehnen aus Gold,
ihren Sitz mit Purpur bezogen, ihr Inneres mit Ebenholz eingelegt.
Ihr Töchter Jerusalems, kommt heraus und sehet,
ihr Töchter Zions, den König Salomo mit der Krone,
mit der ihn seine Mutter gekrönt hat am Tage seiner Hochzeit,
am Tage der Freude seines Herzens."

Salomo versucht dann seinerseits die Schönheit und den Liebreiz *Sulamiths* in Worte zu fassen; teilweise mit Metaphern, die uns heute etwas fremdartig und sonderbar vorkommen, weil wir den Kontext nicht kennen oder die Analogien nicht mehr verstehen, teilweise aber auch mit Umschreibungen und Vergleichen, die von geradezu zeitloser, ergreifender Schönheit und einer fast schwerelosen Duftigkeit sind, die uns auch heute noch begeistern können. Doch entscheiden Sie selbst (Kap. 4):

"Siehe meine Freundin, du bist schön! Siehe, schön bist du!
Deine Augen sind wie Taubenaugen hinter deinem Schleier.
Dein Haar ist wie eine Herde Ziegen,
die herabsteigen vom Gebirge Gilead [...]
Deine Lippen sind wie eine scharlachfarbene Schnur,
und dein Mund ist lieblich.
Deine Schläfen sind hinter deinem Schleier
wie eine Scheibe vom Granatapfel.
Dein Hals ist wie der Turm Davids, mit Brustwehr gebaut,
an der tausend Schilde hangen, lauter Schilder der Starken.

Deine beiden Brüste sind wie junge Zwillinge von Gazellen,
die unter Lilien weiden.
Bis der Tag kühl wird und die Schatten schwinden,
will ich zum Myrrhenberge gehen und zum Weihrauchhügel.
Du bist wunderbar schön, meine Freundin, und kein Makel ist an dir.
Komm mit mir, meine Braut, vom Libanon, komm mit mir vom Libanon,
steig herab von der Höhe des Amana, von der Höhe des Senir und Hermon,
von den Wohnungen der Löwen, von den Bergen der Leoparden!
Du hast mir das Herz genommen, meine Schwester, liebe Braut,
du hast mir das Herz genommen mit einem einzigen Blick deiner Augen,
mit einer einzigen Kette an deinem Hals.
Wie schön ist deine Liebe, meine Schwester, meine Braut!
Deine Liebe ist lieblicher als Wein,
und der Geruch deiner Salben übertrifft alle Gewürze.
Von deinen Lippen, meine Braut, träufelt Honigseim.
Honig und Milch sind unter deiner Zunge,
und der Duft deiner Kleider ist wie der Duft des Libanon.
Meine Schwester, liebe Braut, du bist ein verschlossener Garten,
eine verschlossene Quelle, ein versiegelter Born.
Du bist gewachsen wie ein Lustgarten von Granatäpfeln,
mit edlen Früchten, Zyperblumen mit Narden, Narden und Safran,
Kalmus und Zimt, mit allerlei Weihrauchsträuchern,
Myrrhe und Aloe, mit allen feinen Gewürzen.
Ein Gartenbrunnen bist du, ein Born lebendigen Wassers,
das vom Libanon fließt.
Steh auf, Nordwind, und komm, Südwind, und wehe durch meinen Garten,
daß der Duft seiner Gewürze ströme.
Mein Freund komme in seinen Garten und esse von seinen edlen Früchten."

Wir haben deswegen so ausführlich aus dem *Hohenlied Salomos* zitiert, weil sich uns die gesamte Melodie dieses Gedichtes, mit seinen wohlriechenden Versen, seinen feinklingenden Wortspielereien, seinen phantasiegeladenen Bilderkaskaden zu einem geradezu synästhetischen Klanggemälde zu vereinigen scheint, indem doch in jedem einzelnen Wort der warme Geschmack, der wohlige Geruch, die wogende Harmonie der reinen Liebe mitschwingt. Und insofern ist für uns das gesamte *Hohelied* eine vollkommene Verschmelzung der *Weihrauch*-Symptomatik, wie wir sie in unseren zahlreichen Selbsterfahrungen erleben durften. Will sagen, das *Lied der Lieder Salomos* und *Sulamiths* (= der beiden Vollkommenen) ist in seiner Kernaussage ein *Weihrauch*-Lied, denn nach unserer Erfahrung ist die Quintessenz von *Weihrauch* die *Liebe* und die nie endende *Sehnsucht* nach ihr.

Friedrich Weinreb hat versucht, den Begriff der *Sehnsucht* mit ihren tieferen Wurzeln aufzusuchen [99]. Dabei stieß er einerseits auf das Wort *shuk*, bestehend aus den Buchstaben *shin* (= 300) und *koph* (= 100) - was zusammen 400 ergibt. Nach der altjüdischen Überlieferung endet die Welt der Erscheinungen (= das Diesseits) mit der Zahl 400, weil der Buchstabe *tau*, der letzte des hebräischen Alphabets den Wert 400 trägt; bis hierhin gehen die menschlichen Ausdrucksmöglichkeiten auf dieser Welt. Dies bedeutet allerdings, daß diese Art von *Sehnsucht*, zwar an der Grenze, aber noch im Diesseits, angesiedelt ist und am ehesten mit *Begehren*, *Trieb*, oder *Verlangen* zu übersetzen ist. *Weinreb* drückt dies so aus: "Dieses Verlangen ist also fast eine Art biologisches, hormonales Sehnen, ein instinktives. Ein Trieb, könnte man sagen, es treibt etwas nur zur Vervollkommnung hier im Dasein." Andererseits bietet uns *Weinreb* das Wort *tikkun* an, das aus den Buchstaben *tau* (= 400), *koph* (= 100) und *nun* (= 50), also zusammen 550, besteht. Aus dem Vorhergesagten wird klar, daß dieses Wort nicht mehr nur im Diesseits, sondern auch schon im Jenseits verwurzelt ist. Auch der Baum des Lebens, heißt es in der jüdischen Überlieferung, habe den Umfang von 500, genauso wie die Entfernung von der Erde zum Himmel. *Weinreb* beschreibt es so: "*Tikkun* ist eine ganz andere Art des Sich-sehnens, eine Sehnsucht, kann man sagen, nach Vollkommenheit, wo *alles* dazugehört.[...] *Tikkun* also wäre das Wort, das wir suchen, und *tikkun* schließt mit dem oder der Geliebten die ganze Welt ein, das *Ganze* ist einbezogen. Eine alles andere ausschließende Liebe ist Sucht. [...] Dies Verlangen [*shuk*] sollten wir nun von dem trennen, was wir *tikkun* nennen. Wunder der Sprache: *shin-koph* [400] , als Verlangen, als Lust, als Sucht und *tau-koph* [- *nun:* 550], als echtes Sich-Sehnen nach Gott, immerwährende Sehnsucht." [99] Zum Themenkomplex *Sehnsucht - Verlangen - Sucht* möchten wir hier schon auf unsere weiteren Ausführungen dazu im Kapitel "Versuch eines Arzneimittelbildes" hinweisen; sie fußen auf diesen grundsätzlichen Überlegungen.

Nach diesem Exkurs zu Liebe und Sehnsucht, nochmal kurz zurück zum Lied der Lieder (hebräisch *shir ha shirim),* das übrigens auch *Goethe* in seinen Noten und Abhandlungen zu besserem Verständnis des "West-östlichen Divans" [33] mit fast überschwenglichen Worten als eine der schönsten Liebesgeschichten der Weltliteratur herausgestellt hat: "Wir verweilen sodann einen Augenblick bei dem Hohen Lied, als dem Zartesten und Unnachahmlichsten, was uns von Ausdruck leidenschaftlicher, anmutiger Liebe zugekommen. [...] Durch und durch wehet eine milde Luft des lieblichsten Bezirks von Kanaan; [...] Das Hauptthema jedoch bleibt glühende Neigung jugendlicher Herzen, die sich suchen, finden, abstoßen, anziehen, unter mancherlei höchst einfachen Zuständen. Mehrmals gedachten wir aus dieser lieblichen Verwirrung einiges herauszuheben, aneinander zu reihen; aber gerade das Rätselhaft-Unauflösliche gibt den wenigen Blättern Anmut und Eigentümlichkeit."

Im Alten Süd-Arabien

Nun müssen wir Ihnen - nach dem Versuch, die *Weihrauch*-Schwingungen im *Hohen Lied* aufzuspüren - aber auch noch, wie bereits angekündigt, die mythologische Geschichte der *Königin von Saba* erzählen. Denn obwohl sie, zumindest in unserem Kulturkreis, noch nicht einmal einen Namen hat, ist sie bei uns wohl die bekannteste Gestalt aus den alten südarabischen Königreichen. Und sicherlich die märchenhafteste, schillerndste, umworbenste, aber auch umstrittenste Persönlichkeit darüber hinaus. Für die einen (die Araber) ist sie die *weiße Königin des Morgens* und für den Islam eine aufrechte Muslima. Für die anderen (die Äthiopier) ist sie *Makeda, die kaffeebraune Königin des Südens* und für die koptische Kirche eine fromme Christin. Für die dritten (die Juden) ist sie, als Vertreterin des Matriarchats, zumindest halbdämonischer Herkunft: mit einem menschlichen Vater und einer Dschinna als Mutter; Dschinnen sind gute (manchmal aber auch böse) Geistwesen. Jedenfalls war sie für die Juden eine Heidin, die noch dem Mond- und Sonnenglauben anhing und deswegen durch die Begegnung mit Salomo, als Inbegriff der patriarchalichen Königswürde und Weisheit, bekehrt werden mußte. In außerbiblischen jüdischen Schriften geht die Dämonisierung sogar soweit, daß man ihr eine stark behaarte untere Körperhälfte, ausgestattet überdies mit Esels- oder Bockshufen, andichtet. Salomo habe sich, nachdem er sie über eine Spiegelfläche in seinem Thronsaal schreiten ließ (wodurch er sich Einblick in die Verhältnisse unter ihrem langen Rock verschaffte) und die Vermutungen mit den schwarzbehaarten Beinen bestätigt fand, sogar zu einer ungalanten Bemerkung hinreißen lassen. Man sieht wieviel Ideologisches hier mit hinein spielt. Dadurch wird allerdings der väterlich weise Salomo zu einem voyeuristischen Lustgreis herabgestuft.

Die Begegnung der beiden Herrschergestalten wird in der Bibel an zwei Stellen mit fast identischem Wortlaut erzählt: Im 1. Buch der Könige, 10. Kapitel, Verse 1-10 und 13 und in der 2. Chronik, 9, 1-9 und 12. Wer diese Stelle nachliest, wird allerdings keine heiße Love-story vorfinden. Im Gegenteil, das klingt eher wie die nüchtern - trockene Verlautbarung des Hofpressesprechers. Aber immerhin mit der klaren Tendenz, die damaligen Verhältnisse in Israel in möglichst postitivem Licht darzustellen: zum Ruhme Salomos, seines Reichtums und seiner Weisheit. In einem regelrechten Besuchsprogramm wird der *Königin von Saba* alles gezeigt: Die Neubauten, die Versorgung mit Speisen, Getränken und Kleidung bis hin zu den Brandopfern für Jahwe. Eben der Traum vom guten Leben in politischem, sozialem und religiösem Wohlergehen, gekrönt durch Recht und Gerechtigkeit. Die Königin scheint so beeindruckt durch diese

Glücksphantasie, daß sie nicht mehr an sich halten kann: Salomo und seinen Gott lobpreist und ihn mit ihren Geschenken überhäuft. Neben einer riesigen Menge Gold vor allem aber mit soviel Spezereien - was ja immer auch *Weihrauch* und Myrrhe bedeutet - wie man sie nie vorher und nachher in Jerusalem gesehen hat.

Also alles in bester Ordnung? Nein, muß man schon sagen, denn in diesem trockenen Bericht in der Heiligen Schrift wird ja anscheinend die Hauptsache verschwiegen oder ausgeklammert: Die Entwicklung einer persönlich gefärbten, ja erotischen Beziehung, die Beschreibung von Zuneigung oder sogar Liebe zwischen diesen beiden Exponenten, besser vielleicht Antipoden der damaligen Welt. Schon sehr früh haben Dichter und Künstler, aber vor allem auch das einfache Volk, dieses als Mangel empfunden. Aber natürlich steckt, wie meist in der Bibel, der tiefere Sinn auf einer ganz anderen Ebene, wozu wir später noch kommen.

Im Koran, wo über die Geschichte von *Bilqis* (wie die Königin von Saba bei den Yemeniten heißt) in der "Sura von der Ameise" berichtet wird, geht es nicht viel erotischer zu als in der Bibel. Auch hier wird *Bilqis* als Heidin und Fehlgeleitete geschildert. Erwähnt wird aber immerhin der "Hudhud", der Wiedehopf, der als Liebesbote die Phantasie vieler Dichter (unter anderem auch Goethes) beflügelt hat. Bei *Heinrich Heine* [43] liest es sich folgendermaßen:

"Ihren Scharfsinn zu erproben, / Schickten sie einander Rätsel,
Und mit solcherlei Depeschen / Lief Hud-hud durch Sand und Wüste.
Rätselmüde zog die Kön'gin / Endlich nach Jeruscholayim,
Und sie stürzte mit Erröten / In die Arme Salomonis.
Dieser drückte sie ans Herz, / Und er sprach: Das größte Rätsel,
Süßes Kind, das ist die Liebe - / Doch wir wollen es nicht lösen!"

Was die immer wieder auftauchende Bezeichnung von *Bilqis* als Heidin angeht, erfahren wir vor allem in Verbindung mit den äthiopischen Wurzeln des Mythos bei *G. Wachsmuth* [96] folgende interessante Querbeziehungen: "Die Königin von Saba war also die Repräsentantin der früheren, der Menschheit seither verlorengegangenen Hellsichtigkeit. Da sie sowohl in den Evangelien [vor allem Matthäus 12, 40- 42], als in der Vorgeschichte des abessinischen Urchristentums eine Rolle gespielt hat, müssen wir uns hier kurz mit ihrer sagenumkleideten Persönlichkeit beschäftigen." *G. Wachsmuth* vertritt weiter die Auffassung, daß *Bilqis* nur deswegen von der jüdischen Priesterschaft immer wieder mit heidnischen, bösen Mächten bis hin zur Identifizierung mit *Lilith*, der Mutter alles Bösen, in Verbindung gebracht wurde, um sie anzuschwärzen und ihre Überlegenheit über *Salomo* zu verschleiern. Weitere Ausführungen, gerade zum letzten Thema, findet man im umfassenden Buch von *R. Beyer* [2] und mit noch mehr technischen Details (auch über *Salomo*) bei *J. B. Pritchard* [75]. Etwas poetischer ist es dann wieder in dem schönen Märchenbuch von *Inge Diederichs* [12] und bei *G. de Nerval* [71] (dem französischen Novalis), der sich sehr sensibel, fast hellsichtig mit *Bilqis* und *Salomo* beschäftigt. In dem Bildband von *E. M. Bührer* [8], finden sich wunderschöne Abbildungen, wovon besonders das Gemälde von *Piero della Francesca* (1416-1492) sehr eindrucksvoll das wahre Verhältnis zwischen *Bilqis* und *Salomo* auszudrücken scheint.

Nachdem wir uns so viele Seiten und Meinungen über *Salomo* und *Bilqis* angeschaut haben, sind wir zu der Überzeugung gelangt, daß die Wahrheit über das Wesen ihrer Beziehung auf einer ganz anderen Ebene zu suchen ist. Diese Zugangsebene erscheint zunächst vordergründig, scheint ganz an der Oberfläche zu liegen, weil sie mit dem Namen der *Königin von Saba* zusammenhängt. *Saba* oder auch *Sheba* hat eine sehr ähnliche Schreibweise wie die *Sieben: sin-ba-alif-hamza* = Saba und *sin-ba-ain-ta marbuta* = Sieben. *Bilqis* ist somit die Königin aus dem Reich der *Siebenheit.* Das heißt, mit anderen Worten, aus dem Reich der vollendeten Schöpfung, der vollkommenen Diesseitigkeit. Die Siebenzahl ist in fast allen Kulturen eine Heilige Zahl. *Bilqis,* die *Weihrauch*-Königin aus dem *Siebenreich*, kommt zu *Salomo*, der ein Sinnbild für die *Eins* ist. Im Enneagramm [80] heißt es dazu: "Einser sind IdealistInnen, die von einer tiefen Sehnsucht nach einer Welt der Wahrheit, Gerechtigkeit und moralischen Ordnung angetrieben werden.[...] Nur wenn sie ganz bei sich selbst sind, können sie langsam lernen, [...] auf das allmähliche Wachsen des Guten (des Reiches Gottes) zu vertrauen." Die Verbindung zwischen *Bilqis (7)* und *Salomo (1)* ist eine *Heilige Hochzeit*, eine *Hierogamie zur Acht*, die ihren Zielpunkt im Jenseitigen hat.

Bei den alten Griechen und Römern

Die ältesten Griechen haben höchstwahrscheinlich auch schon geräuchert oder ihren Göttern Rauchopfer der verschiedensten Formen dargebracht. Man kann annehmen, daß sie diesen Brauch aus ihrer indogermanischen Urheimat bei ihren Völkerwanderungszügen nach Westen mitbrachten. Ganz zu Anfang, äußert jedenfalls *Theophrastos* [89], seien dabei vor allem Gräser, wilde Feldkräuter, aber auch Getreide verbrannt worden. Wichtig war dabei anscheinend immer, daß es möglichst stark qualmte und roch. Manchmal muß es sogar richtig gestunken haben; jedenfalls schreibt *Eitrem* [17]: "Ganz besonders waren natürlich die mit starkem Rauch und ausgeprägtem Geruch verbrennenden Stoffe wie Schwefel, Pech, Harz, Asphalt u.a. für Rauchopfer geeignet, [...]." Diese Äußerung steht allerdings in ziemlichen Widerspruch zu den ganz am Anfang dieses Kapitels zitierten Gedanken von *Lohmeyer* [63] hinsichtlich des *Wohlgeruchs*, den die Götter einerseits um sich verbreiten und den sie andererseits lieben. Aus diesem Grunde glauben wir, daß die erwähnten stinkenden Räucherstoffe eher zum Abschrecken und Vertreiben böser Geister und Dämonen gedacht waren. Das Andere, der *göttliche Wohlgeruch*, entspricht viel mehr dem griechischen Empfinden und der griechischen Götterverehrung: "Wie die Gottheit sich menschlichem Auge und Ohr in Bild und Wort, in Licht und Klang offenbart, so auch dem Geruch, dem dritten und letzten der höheren Sinne des Menschen, im Duft, so daß der ganze leibliche Mensch mit allen diesen geöffneten Sinnen das göttliche Dasein auf Erden erlebt. Der Duft ist das zarteste Symbol der göttlichen Nähe" [63]. Über die hier angedeutete Einteilung und Bedeutung der menschlichen Sinnesorgane - die letztendlich auf *Aristoteles* zurückgeht - kann man noch einiges Interessante bei *Zeller* [102] nachlesen, was hier zu weit führen würde. In jedem Fall war es den alten Griechen (und später genauso den Römern) bei ihren Opferriten sicher ein Hauptanliegen, angenehme *Wohlgerüche* zu verbreiten, wenn sie ihre Götter anriefen. Warum sonst hätten sie in späteren Zeiten (nach der Gras- und Kräuterperiode) vor allem wohlriechende Holzarten verräuchern sollen? Bei *von Fritze* [24] finden wir unter anderem erwähnt: Zeder, Lorbeer, Ölbaum, Myrte, Thyon und Zypresse. Bei *Theophrastos* zusätzlich noch: Efeu, Feigenbaum, Platane, Terebinthe, Weide, Weinstock, Weiß- und Schwarzpappel, ja sogar Mandel- oder Kirschbäume. Wir denken, daß die Vielzahl der angegebenen Holzarten einen pragmatischen Grund hat, nämlich das Holz zu verwenden, das gerade in der Nachbarschaft wuchs. Es gab nämlich die Tendenz, fürs Rauchopfer möglichst einheimische Kräuter oder einheimisches Holz zu verwenden. *Platon* soll gefordert haben, keine importierten Stoffe für Räucherungen zu benutzen [17]. Dennoch muß der *Weihrauch* schon relativ früh mit dem griechischen Kulturkreis in Verbindung gekommen sein: Denn *Evans* fand bei seinen Ausgrabungen in Knossos in einer spät-minoischen Totengruft einen kleinen Opferaltar aus Ton und daneben einige *Weihrauch*-Stücke, die selbst nach über 3400 Jahren beim Verbrennen ihren charakteristischen Duft verströmt haben sollen. Wir wissen heute, daß intensive Handels- und Kulturverbindungen vom kretisch-minoischen Reich ins alte Ägypten bestanden und insofern die Kenntnis über Gebrauch und Bedeutung von *Olibanum* von dort beeinflußt worden sein kann. Andererseits existierten ähnliche Verbindungen von Kreta ins alte Palästina und damit zum bereits mehrfach erwähnten Endpunkt der *Weihrauchstraße* in Ghaza. Es gab also mehrere Möglichkeiten, mit diesem uralten orientalischen Räucherstoff in Kontakt zu kommen. Anfangs fand man ihn nur im Königspalast, später breitete sich der Gebrauch auf immer weitere Bevölkerungsschichten aus. Dies geschah parallel zur wirtschaflichen Entwicklung im Lande, denn *Weihrauch* war schon immer teuer, aber deswegen umso beliebter. Allerdings war das nicht nur im frühen Kreta so, sondern in allen Ländern, mit allen Gesellschaftsformen und zu allen Zeiten - selbst heute noch gilt dieser ökonomische Urzusammenhang. Relativ bald muß sich der *Weihrauch*-Gebrauch von Kreta nach Norden ausgebreitet haben, denn der kretisch-minoisch-mykenische Kulturverbund ist ja inzwischen nachgewiesen. In Mykene war er nun auf dem Peleponnes, einem der kulturellen Kernlande der Griechen, angekommen. Leider fehlt immer noch ein zeitlich genau fixierbarer Beweis für seine Anwendung als Räucherstoff im frühen Griechenland. Selbst bei *Homer* finden wir weder in der *Ilias* noch in der *Odyssee* seine eindeutige Erwähnung, obwohl er öfter von Räucherungen berichtet. Zum Beispiel an der Stelle in der *Odyssee* als *Hermes* der Götterbote die Nymphe *Kalypso* auf ihrer Insel *Ogygia* aufsucht, um die Freilassung des *Odysseus* zu erreichen.

Eitrem schreibt schließlich: "Der orientalische Weihrauch wurde, wie es scheint, unter den Griechen erst im 8.oder 7. Jahrhundert allgemeiner bekannt." An anderer Stelle, auch etwas vage: "Im geschichtlichen Griechenland hat man Weihrauch verbrannt zu Ehren der Toten und der Götter, und auch im eigenen Haus hat man den Wohlgeruch eingeatmet."

Immer wieder tauchen im Zusammenhang mit *Weihrauch* auch andere, echte Drogen auf: "Die Menschen selbst haben übrigens die mächtige, dämonische Natur des Rauchs leicht feststellen können. Die ekstatische Wirkung des Haschischrauches kannten sowohl Thraker wie Skythen: Sie warfen Samenkörner des Hanfs, der *Cannabis indica*, aufs Feuer oder auf glühende Steine und berauschten sich am Rauche" [17]. Daß hier gerade die anerkannten Raufbolde des griechischen Kulturkreises erwähnt werden, ist zwar verständlich, aber greift vielleicht doch etwas zu kurz und zwar in mehreren Beziehungen. Erstens haben nicht nur die erwähnten Volksstämme in Kriegen Drogen genommen und zweitens auch nicht nur Haschisch, sondern auch andere Stoffe wie Opium oder Stramonium, um nur die wichtigsten zu nennen. Nur Haschisch war eben auch schon im Altertum am einfachsten und reichlichsten erhältlich.

Das Drogenthema hat auch hier nur indirekt etwas mit dem *Weihrauch* zu tun. Er selbst ist im Gegenteil tatsächlich eher eine der besten Anti-Drogen, die wir bisher kennengelernt haben. Selbst intensive Untersuchungen und Forschungen, wie sie unter anderem ausführlich von *Martinetz et al.* [65] dargestellt werden, konnten die Vermutung nicht bestätigen, wenigstens bei der Verbrennung von *Weihrauch* würde THC (= Tetrahydrocannabinol, der Hauptwirkstoff von Haschisch) durch Pyrolyse entstehen. Folgerichtig taucht *Weihrauch* weder bei *Rätsch* [76] noch in *Martinetz'* anderem Buch [66] als echte Droge auf, sondern nur als psychoaktive Substanz. Als solche ist sie auch immer bei den alten Griechen und in gleicher Weise, nur noch intensiver, bei den Römern angewandt worden. So soll zum Beispiel *Nero* (laut *Plinius*), in der ihm eigenen Verschwendungssucht, während der Begräbnisfeierlichkeiten für seine Frau *Popaea,* die arabische *Weihrauch*-Ernte eines ganzen Jahres verräuchert haben. Für die Griechen allerdings blieb dieser Räucherstoff immer ein *hieron pneuma,* ein *Heiliger Hauch.*

Zum Abschluß soll nochmals *Eitrem* zitiert werden: "Niemals hat eine ausländische, importierte Ware im griechischen und römischen Kultus einen solchen Erfolg aufweisen können, ja auch auf die religiösen Anschauungen blieb sie nicht ohne Einfluß. Denn *dieser* Rauch war ja ein Genuß, der dem Geruchsinn jedes Menschen und folglich jeder Gottheit zusagte und sich sowohl im hohen Kultus wie im Privatgebrauche behauptete."

Botanisches über den Weihrauch

Die *Weihrauch*-Bäume gehören zur Gattung *Boswellia* (benannt nach *John Boswell* aus Edinburgh), die wiederum einen Teil der Pflanzenfamilie der *Burseraceae* ausmachen. Zu dieser Familie zählt man insgesamt etwa 300 tropische Holzpflanzen, die sich alle dadurch auszeichnen, daß sie in den Exkretgängen der Rinde mehr oder weniger angenehm aromatisch riechende Balsame bzw. Harze enthalten [25 und 97]. Am bekanntesten und berühmtesten ist dabei das *Weihrauchharz*. Dessen Stammpflanze wächst im Südosten der arabischen Halbinsel genau im Grenzgebiet zwischen der Republik Yemen, nämlich ihrer östlichsten Provinz Mahra und dem Sultanat Oman mit seiner westlichsten Provinz Dhofar [64, 70 und 73]. Es ist der südarabische *Weihrauch*-Baum der Art *Boswellia sacra Flueck*. Der Artenname *B. sacra* wurde dieser Pflanze 1867 von *Friedrich August Flückiger* (1828 - 1894) gegeben, einem der Begründer der wissenschaftlichen Pharmakognosie [23]. Ihm zu Ehren trägt sie deswegen den Beinamen *Flueck.*

Leider war zwischenzeitlich eine Verwirrung in der Nomenklatur der *Weihrauch*-Bäume dadurch aufgetreten, daß *George Birdwood* 1869 die südarabische Art in *Boswellia Carteri* umbenannte, in der irrigen Annahme, daß diese Art identisch sei mit der in Nordsomalia wachsenden, die nun heute alleine *Boswellia Carteri* heißt. Benannt hatte sie *Birdwood* nach dem englischen Marinearzt *H. J. Carter*, der im Jahre 1845 als erster Europäer die südarabische Pflanze in Dhofar und im Mahra-Land auffand, beschrieb und Abbildungen anfertigte [9]. Dabei unterscheiden sich die somalische (*Boswellia carteri Birdw.*) und die arabische Art *(Boswellia sacra Flueck.)* allein schon durch die Wuchsform: die somalische ist schlanker und wird ausgewachsen 5 - 6 m hoch, während die arabische gedrungener und rundlicher imponiert und höchstens 3 - 4 m hoch wird. Auch der Lebensraum der beiden Arten ist völlig unterschiedlich. Die somalische wächst an den zum Meer (Golf von Aden) abfallenden Flanken des nordsomalischen Küstengebirges, d. h. in einer vergleichsweise vegetationsreichen Region, die sowohl noch die Ausläufer der Monsunregenfälle, als auch die aufsteigende Meeresfeuchte abbekommt. Die arabische Art dagegen existiert ja gerade auf der meerabgewandten Seite, nämlich nördlich der Wasserscheide des dhofarischen bzw. yemenitischen Küstengebirgszuges, also der großen arabischen Wüste *Rub al Khali* (= leeres Viertel) zugewandt, in einer ganz ariden, vegetationsarmen Region [45, 50 und 90]. Dabei kann man sich nur voller Bewunderung fragen, wie ein so relativ großer Baum es überhaupt fertig bringt, dort am Leben zu bleiben.

Eine völlig andere *Weihrauch*-Harzsorte liefert der im nordöstlichen Indien wachsende Salphalbaum der Art *Boswellia serrata Roxb.*, nämlich das sogenannte Salaiguggul-Harz oder *Indischer Weihrauch*, der verhältnismäßig terpentinhaltig ist. Dieser Baum ist wesentlich größer, über 10 m hoch, eben ein richtiger tropischer Regenwaldbaum, umgeben von üppiger Vegetation. Alle von schulmedizinischer Seite in den letzten Jahren so stark propagierten, phytotherapeutischen *Weihrauch*-Präparate (vgl. Ärzteblatt 1/2 v. 5.1.98) werden sämtlich aus dieser indischen *Weihrauch*-Sorte hergestellt; über deren Qualitäten wir allerdings zu wenig wissen - höchstens die Tatsache berichten können, daß für rituell-religiöse Zeremonien in indischen Tempeln auch heute noch der südarabische *Weihrauch* importiert wird. Andererseits wird der eigene indische *Weihrauch* seit Urzeiten in der ayurvedischen Medizin in phytotherapeutischer Form angewandt.

Wir berichten hier aber nur über unsere Erfahrungen mit dem Harz des südarabischen *Weihrauch*-Baumes der Art *Boswellia sacra Flueck.*, das deshalb *Olibanum sacrum* genannt wird, der *Heilige Weihrauch*. Es ist nach Meinung der meisten Experten die beste *Olibanum*-Sorte der Welt. Vielleicht deswegen, weil sie unter den extremsten klimatischen Vegetationsbedingungen entsteht, wie wir ja geschildert haben.

Der Name *Olibanum* leitet sich wohl vom arabischen Wort für *Weihrauch = al luban* her; im dhofar-arabischen Dialekt heißt es sogar *al liban*. Als arabisches Stammwort ist *al laban = die Milch* anzusehen, denn die Harztropfen werden nach dem Einschnitt der Rinde nach kurzer Zeit milchig-weißlich [46 und 86]. Das hebräische Wort *lebonah* hängt mit der Wurzel *laban = weiß sein* zusammen [18, 103]. Jedenfalls leitete sich wohl aus dem arabischen Urwort das griechische Lehnwort *libanos* und davon wieder das lateinische *libanus* ab. Daneben existierte im Griechischen noch die Zusatzbezeichnung *thyos* was in etwa *Räucherstoff* oder *Wohlriechendes* heißt und sich ja auch im Namen von *Thuja* wiederfindet. Daraus wurde dann im Lateinischen das Wort *thus, thuris*, das in manchen botanischen Bezeichnungen wieder auftaucht. Ja, die Römer nannten sogar die südarabischen Volksstämme *thuriferi = Weihrauchträger*, was aber in keinem Falle als Schimpfwort aufgefasst werden darf, ganz im Gegenteil war es eher eine Ehrenbezeichnung.

Die Gewinnung des *Weihrauchharzes* findet in der Regel nur einmal im Jahr statt und zwar nach dem Blattaustrieb im März und der Blüte im April, nämlich zu Beginn der wirklich heißen Jahreszeit im Mai/Juni. Dazu wird die Rinde am Stamm und den größten Ästen in der sogenannten Phloëmschicht, die ein wenig schwammartig ist, da sie die Exkretgänge des Milchsaftes enthält, mit einem speziellen Schabemesser *(=manqaf)* angeritzt. Die Wundflächen haben in etwa

Typischer Weihrauchbaum (ca. 3,5 m hoch) auf dem Djol (= Hochebene) im Hadhramaut; während der Trockenperiode.

die Größe von 15 - 20 cm^2. Die Schabemesser schneiden am besten in einem bestimmten Anstellwinkel, um damit zu verhindern, daß zu tief eingeschnitten wird, was die Rinde zu stark verletzen und den Baum schädigen würde und andererseits einen nicht so starken Milchfluß hervorbrächte. In jedem Falle wird nach etwa 14 Tagen die erste Milch nochmals abgeschabt und verworfen, denn sie hat noch nicht die gewünschte Qualität, die erst im zweiten Anschnitt erreicht wird [45, 69]. Danach entstehen dann schließlich die schönen weißlichen

Rindenausschnitt zur Gewinnung des Weihrauchharzes (Tränen). Am oberen Rand zeigen sich die ersten kleinen Harzperlen; rechts die pergamentartige Rinde.

Typische Zweige; im Gegensatz zum Myrrhe-Baum ohne Dornen

Dorf im Wadi; der Weihrauchbaum wächst auf der Hochebene darüber.

bis hellhonigfarbigen *Weihrauchtränen,* die in vorislamischer Zeit von den Südarabern mit der Zier-Metapher *Tränen der Götter* belegt wurden. Da diese Tränen natürlich je nach Lage der Wundflächen am Baum, dem Gesetz der Schwerkraft folgend, oft eine mehr oder weniger längliche Tropfenform annehmen, die einem Penis ähnelt, werden sie im Arabischen als *luban dhakar* = *männlicher Weihrauch* bezeichnet. Angeblich seien diese penisförmigen Stücke besser als die mehr rundlichen, flacheren Formen, die entsprechend *luban*

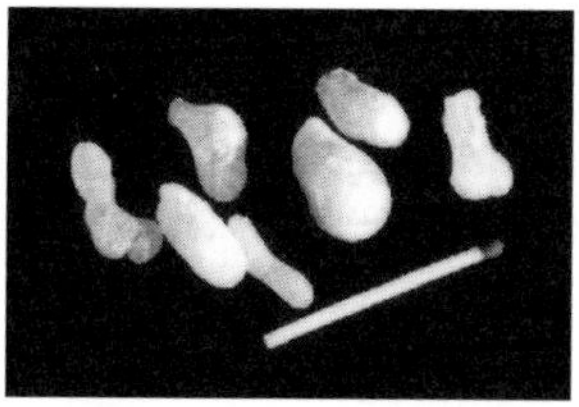

Weihrauchtränen (Streichholz zum Größenvergleich)

unzar = *weiblicher Weihrauch* heißen. Natürlich gehört zu so einer witzigen Unterscheidung auch eine kleine liebenswerte Portion *Machismo*. Denn eigentlich hängt es ja nur von der Fingerfertigkeit und der vorherigen Überlegung des jeweiligen Rindenritzers ab, ob er "Männlein", oder "Weiblein" produziert. Indem er nämlich einen senkrechten Baum- oder Astanteil einritzt, werden eher "Weiblein" entstehen; wenn er sich dagegen einen waagerechten Anteil auswählt, werden eher "Männlein" hervorgebracht. Wundersam und irgendwie rührend ist nur, wie derartige angebliche Unterschiede über die Jahrhunderte hinweg tradiert wurden. Die ersten Erwähnungen über die Gewinnung von *Weihrauch* tauchen im Westen bei *Theophrast von Eresos* auf, wurden von *Dioskurides* und später von *Gaius Plinius Sec.* übernommen, um schließlich auch im Mittelalter in Deutschland aufzutauchen, z.B. Ende des 16. Jahrhunderts in *Tabernaemontanums* "Neuw und vollkommen Kreuterbuch". Eine typische Schilderung des Gießener Professors *Michael B. Valentini* aus seinem Werk "Museum museorum", das 1704 in Frankfurt erschien, möchten wir Ihnen nicht vorenthalten, er schreibt:

> "daß er, [der Weihrauch] in Arabien bey dem Berg Libano wachse" [auch so eine uralte, aber unausrottbare Fehlinformation] und "von allda heilig gehaltenen Leuten also gesamlet werden soll: Sie hacken nemblich des Baumes Rinden und belegen ihn unten mit Matten und Decken / damit der Weyrauch / so herunter fallet / nicht unrein werde. Unterdessen bleibet auch viel an dem Baum hangen welches das allerbeste ist und das Männlein genennet wird / absonderlich wenn er im Sommer geflossen / welcher viel weiser ist / als derjenige, so im Frühling gesamlet wird und roth scheinet." [zitiert aus 65]

Im letzten Satz wird ein viel wichtigeres Unterscheidungsmerkmal bezüglich der Qualität des *Weihrauches* erwähnt, nämlich die Farbe: je weißer, desto kostbarer ist er, eine desto höhere Qualitätseinstufung erreicht er und damit einen höheren Preis. Dies hängt hauptsächlich mit der Intensität der Sonnenbestrahlung der einzelnen *Weihrauchstücke* zusammen. Deswegen wird schon von Alters her immer darauf geachtet, daß die *Weihrauchtränen*, die sich nach dem oben geschilderten zweiten Einschnitt im Mai bilden, so schnell wie möglich, sprich nach etwa 10 - 14 Tagen, eingesammelt werden. Danach werden sie in dunklen und trockenen Felshöhlen, die sich zahlreich in der karstigen Region in der Nähe der *Weihrauch*-Bäume befinden, in aus Palmwedeln geflochtenen Körben oder Jutesäcken solange zwischengelagert bis schließlich im Juli/August der endgültige Abtransport erfolgen kann [u. a. 1, 34, 45]. Schon alleine diese Schilderung macht einem nur zu klar wie anfällig das Sammeln des *Weihrauchs* schon immer gegen äußere Eingriffe, sprich Diebstahl und Raub, war und daß deswegen die Erzeuger seit Urzeiten mit allen Mitteln versuchten, diese Region nach außen abzuschotten oder zu verheimlichen, so gut es eben möglich war. Der genaue Ort war, wie bereits in der Darstellung der Historie erwähnt, sogar noch bis ins 18. Jahrhundert völlig unklar.

Auch die Essens- und Wasservorräte der Sammler werden in ähnlichen aber natürlich separaten Felshöhlen aufbewahrt; darin wird dann auch geschlafen. Die Arbeit während der *Weihrauch*-Ernte ist seit jeher eine ausgesprochen harte, bei der man in der Lage sein muß, oft wochenlang allein zu Fuß in der Gegend herumzuziehen. Deswegen wurden dafür schon immer am liebsten Nomaden, das heißt Beduinen, die Herren der Wüste, angestellt. Da diese jedoch heute in der offenen Grenzregion zwischen Saudi-Arabien, Yemen, Oman und den Emiraten, wohlausgerüstet mit dickbereiften Toyotas, wesentlich einträglicheren Geschäften der mehr oder weniger legalen "Materialbeschaffung" nachgehen, wird zunehmend auf "Gastnomaden" aus Somalia zurückgegriffen. Diese bringen oft schon viele eigene Erfahrungen mit der *Weihrauch*-Sammelwirtschaft aus ihrem Heimatland mit. Andererseits ist der *Weihrauch*-Handel zumindest im Yemen in den letzten 30 Jahren insgesamt sehr stark zurückgegangen. Ähnlich war es im Oman, nur dort hat er sich gerade in den letzten Jahren wieder ein wenig erholt. Aber wer weiß, vielleicht verlangt ja irgendwann die westliche Pharmaindustrie neben dem indischen *Weihrauch* auch wieder die kostbareren Sorten aus Somalia oder sogar die kostbarste dieser Welt, *Olibanum sacrum*, aus Südarabien.

Chemisches über den Weihrauch

Das Harz *Olibanum sacrum* erstarrt meist zu rundlichen bis tränenförmigen Korpuskeln. Die Farbe dieser Tränen variiert von weißlich - fast durchsichtigen oder weiß-milchigen über weiß-gelblichen und honigfarbigen zu schließlich rötlichgelben Tönen mit allen erdenklichen Übergängen. Wichtig dabei ist, daß die weißesten und hellsten Harzstückchen schon von Anbeginn des *Weihrauch*-Handels immer die begehrtesten und natürlich auch die teuersten Sorten darstellten. Deswegen sprach man früher auch von *weißem Gold*, weil zumindest in Zeiten großer Nachfrage, der beste *Weihrauch* oft mit Gold aufgewogen werden mußte.

Der Geschmack des *Weihrauchs* (man kann die Klümpchen ohne jede Gefahr in den Mund nehmen und kauen) ist sehr aromatisch und geht leicht ins Bittere, was aber eher angenehm ist. Im Yemen werden auch heute noch *Weihrauchstückchen* sehr gerne als Stomaticum (= Mundreinigungsmittel), als Stomachicum (= Magenberuhigungsmittel), oder als Carminativum (= Darmentkrampfungsmittel) in kleinen Portionen gekaut oder gelutscht, bis sie sich schließlich aufgelöst haben. Dies ist übrigens eine uralte Handhabung, die zumindest auch von den alten Ägyptern überliefert ist.

Das *Olibanumharz* ist beim Erhitzen (z. B. auf kleinen speziellen Holzkohlebrennern, wie man sie schon bei Ausgrabungen im alten Ägypten und Mesopotamien fand) schmelz- und schließlich auch brennbar. Es verbreitet bei der Verräucherung einen ganz typischen, ja spezifischen, angenehmen (jedenfalls für die meisten Menschen) balsamisch-aromatischen Geruch. Diesen vergißt man nie mehr, wenn man ihn einmal intensiv in sich aufgenommen hat. Noch nach Jahren erkennt man ihn sofort als *weihrauch*-typisch wieder, auch wenn er einem nur in Spuren begegnet.

Allerdings gibt es auch Menschen bei denen dieser Geruch zu Schwindel und sogar zu ohnmachtsähnlichen Zuständen führt. In den letzten Jahren haben wir für uns eine etwas sanftere Methode entdeckt, um den *Weihrauchduft* bei besonderen Anlässen zu genießen: wir legen einfach ein kleines Klümpchen ins warme Wasser unserer Duftöl-Lampe - dies reicht für viele Stunden, ja Tage. Generell haben wir die Erfahrung gemacht, daß die *Verräucherung* aller psychoaktiven Substanzen, zu denen der *Weihrauch* zweifelsohne gehört, problematisch sein kann [76]. Dies führen wir darauf zurück, daß bei der Verbrennung so komplexer chemischer Gemische, wie es die Harze ja sind, aggressivere Stoffe freigesetzt werden bzw. entstehen als bei der einfachen Inhalation der ätherischen Öle, die sich im heißen Wasser der Duftöl-Lampe entwickeln [32].

Die ersten gründlicheren chemischen Analysen über die Inhaltstoffe im Harz von *Olibanum sacrum* wurden Anfang unseres Jahrhunderts von dem großen Pharmakognosten *Alexander Tschirch* vorgenommen [40, 91- 93] . Dabei wurde gefunden, daß etwa 33 % der Droge aus einer kristallisierenden Säure, der so genannten Boswellinsäure besteht. Daneben fand man ca. 35 % Olibanoresen (= eine Mischung aus ungesättigten organischen Verbindungen) sowie etwa 20 % Gummi und 0,5 % Bitterstoffe.

Bei späteren exakteren Untersuchungen wurde dann herausgefunden, daß die Fraktion der Boswellinsäure aus einem ganzen Gemisch von verschiedenen Triterpensäuren besteht, darunter die α- und β- Boswellinsäure, die 11-Hydroxy-β-Boswellinsäure und die 11-Keto-β-Boswellinsäure sowie noch zwei oder drei andere Boswellinsäurederivate [95] [vgl. Formelschema 1].

Formelschema 1: Olibanumtypische Triterpensäuren

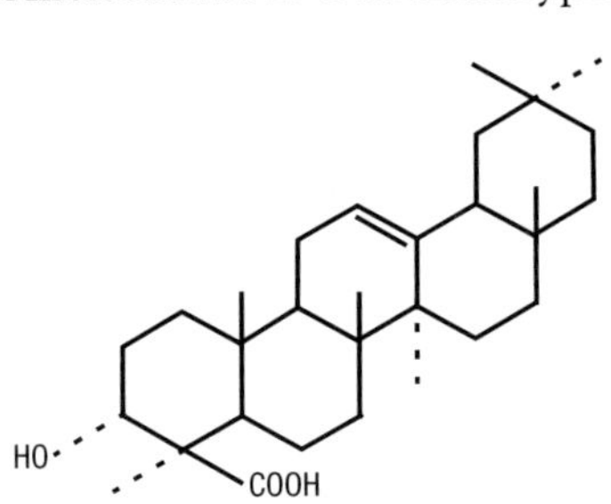

α-Boswellinsäure

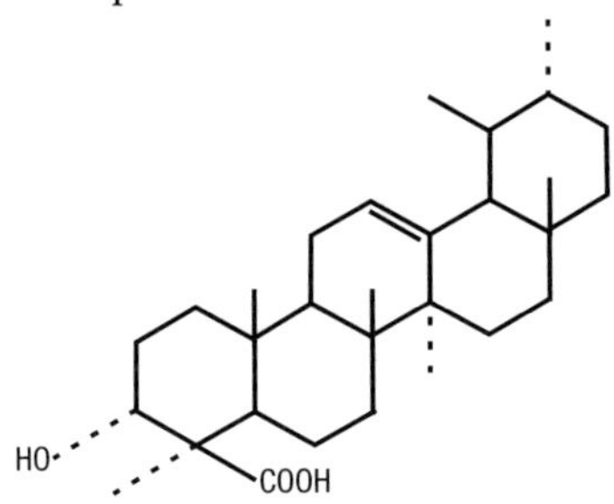

β-Boswellinsäure

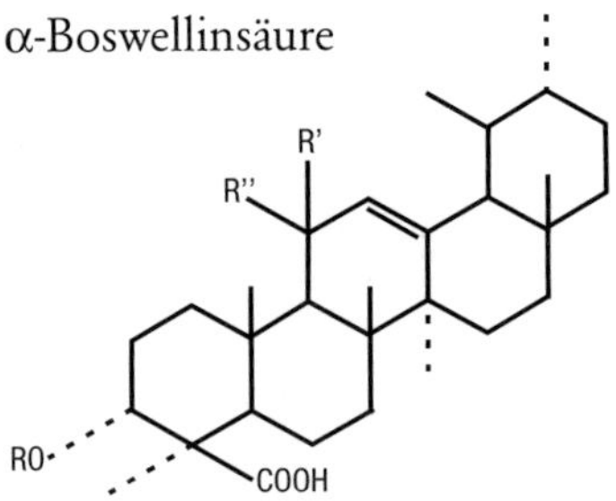

R = H, R' = OH, R'' = H
11-Hydroxy-β-boswellinsäure

R = H, R' = R'' = O
11-Keto-β-boswellinsäure

Eine andere Arbeitsgruppe fand eine ganze Reihe von Triterpenen wie α- und β-Amyrin, α- und β-Amyrinacetat und α- und β-Amyrenon, sowie Lupeol, aber auch ein Sesquiterpen-Gemisch mit Viridiflorol als Hauptbestandteil [101] [vgl. Formelschema 2].

Formelschema 2: Sesqui- und Triterpen aus Olibanumharzen

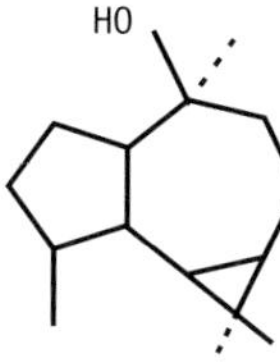

Viridiflorol (Sesquiterpen)

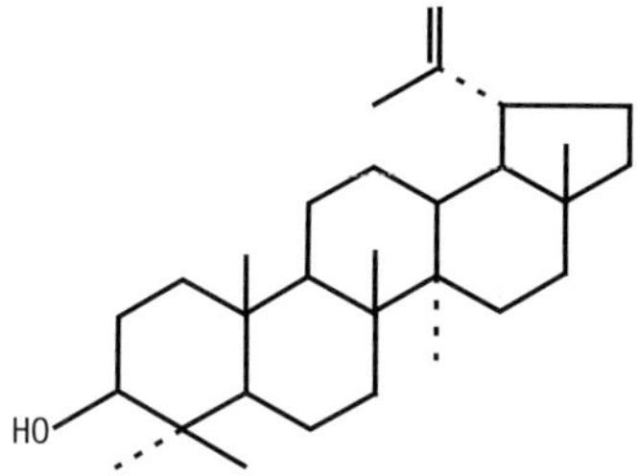

Lupeol (Triterpen)

Ebenso wurde eine Vielfalt von Diterpenen wie z. B. Cembran, Cembren, Incensol, Iso-Incensoloxid, Cembrenol und Isocembren entdeckt [vgl. Formelschema 3].

Formelschema 3: Diterpene aus Olibanumharzen

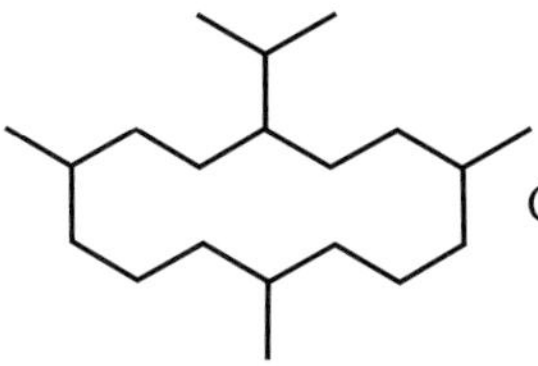

Cembran

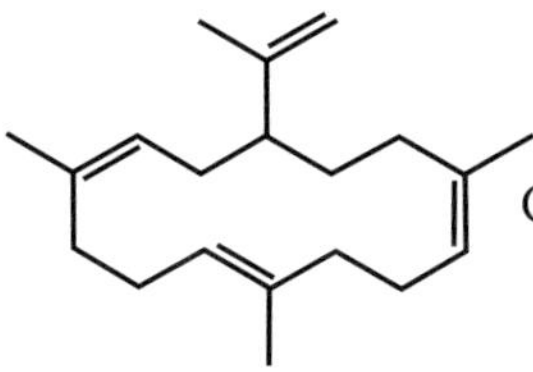

Cembren

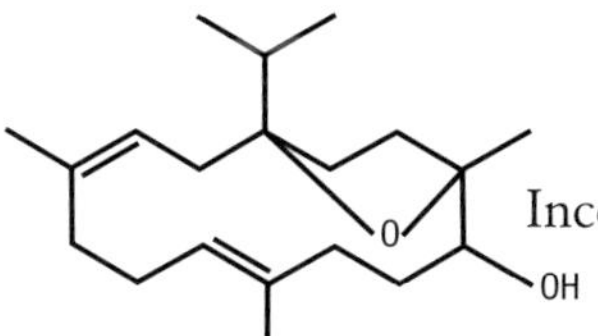

Incensol

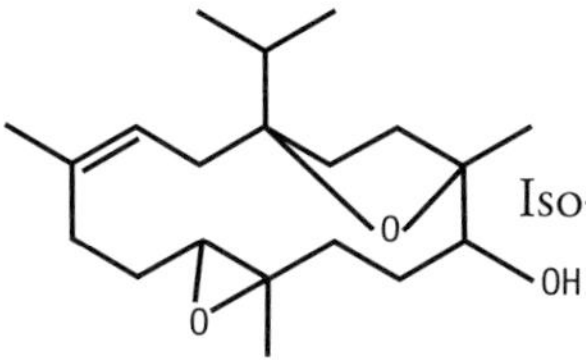

Iso-Incensoloxid

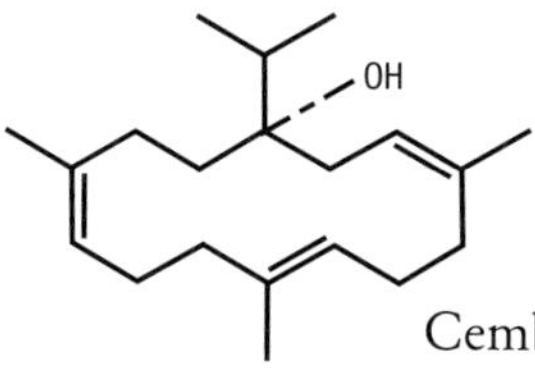

Cembren-1-ol

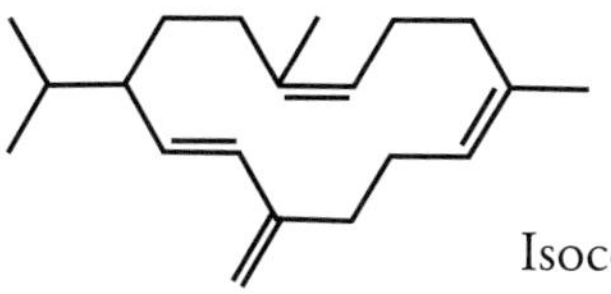

Isocembren

Eine ägyptische Forschergruppe unter *Higazy* [47] fand im arabischen *Weihrauchöl* 1973/74 unter anderem folgende interessante Verbindungen, die für uns Homöopathen insofern aufschlußreich sind, als sie auf andere Arzneipflanzen hinweisen, von denen sich einige Wesenszüge (soweit wir es bisher erfahren haben) auch im *Olibanum* zeigen:

Tabelle 1:

- α-Thujen
- α- und β-Pinen
- Sabinen
- α-Ylangen
- β- und α-Guaien
- β-Bourbonen
- Anisaldehyd
- δ-Borneol
- Bornylacetat
- p-Mentha-1,5-dien-7-ol
- Limonen
- α- und β-Terpinen
- Terpinolen
- Terpinen-4-ol
- α-Terpinylacetat
- trans-α-Bergamoten
- α- und β-Humulen
- Verbenon
- trans-Verbenol
- Ethyllaurat

Um die Verwirrung zu vervollkommnen sei noch erwähnt, daß der Parfümeur *P. Maupetit* 1985 [67] in der Fraktion des ätherischen *Weihrauchöls*, sage und schreibe 86 verschiedene Mono- und Sesquiterpene sowie strukturverwandte aromatische Verbindungen isolierte [vgl. Formelschemata 4 und 5].

Formelschema 4: Monoterpene und verwandte Aromate aus Olibanumölen

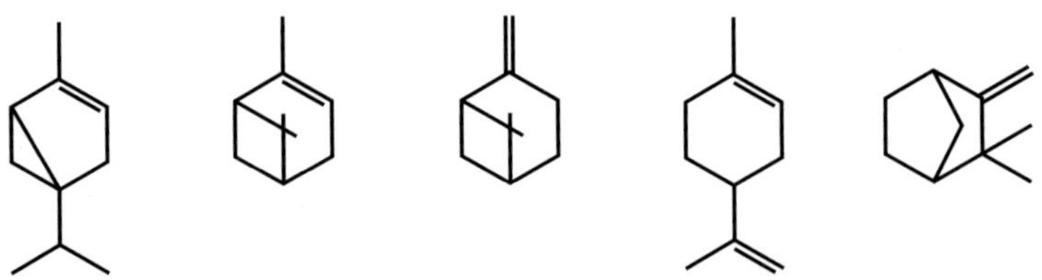

α-Thujen α-Pinen β-Pinen Limonen Camphen

Formelschema 4 (Fortsetzung):

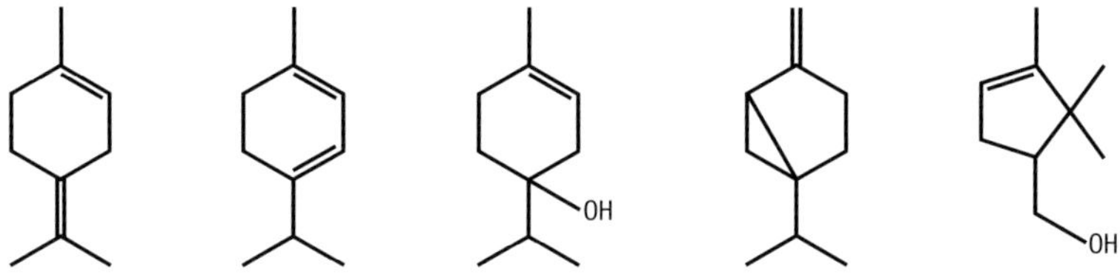

Terpinolen α-Terpinen Terpine-4-ol Sabinen α-Campholenaldehyd

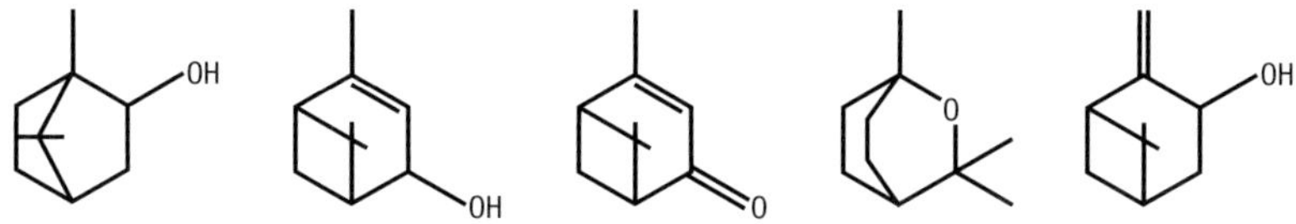

δ-Borneol Verbenol Verbenon 1,8-Cineol Pinocarveol

Formelschema 5: Sesquiterpene aus Olibanumölen

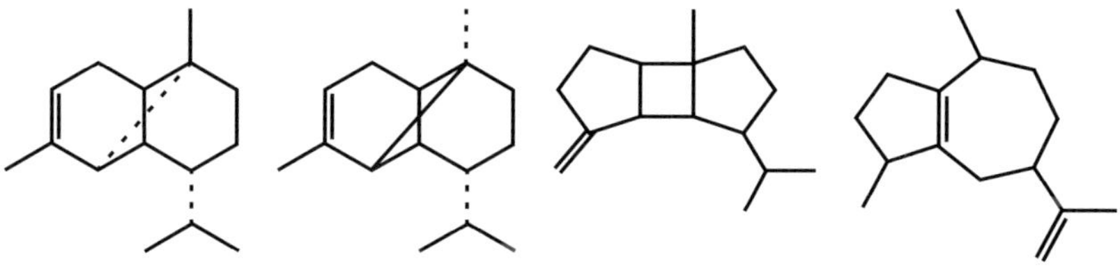

α-Ylangen α-Copaen β-Bourbonen α-Guaien

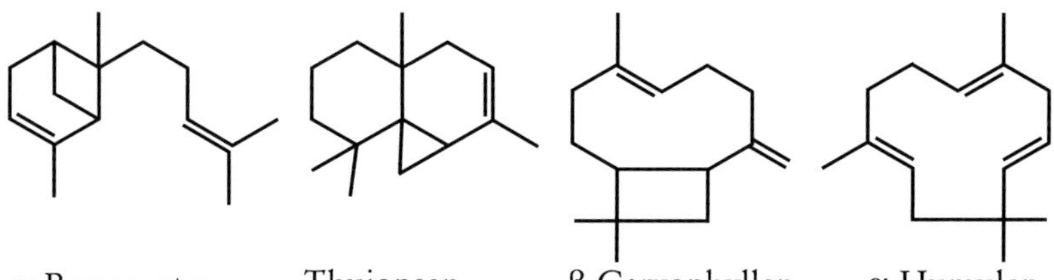

α-Bergamoten Thujopsen β-Caryophyllen α-Humulen

Auch viele höherwertige Alkohole wie z. B. das α-, β- und γ-Olibanol, oder die Terpenalkohole Verbenol oder δ-Borneol wurden festgestellt.

Im *Weihrauchöl* fanden sich aber auch zahlreiche organische Säuren, deren Namen alleine schon die Verwandtschaft zu anderen Pflanzenarzneien wie *Thuja* oder *Camphora* zeigen [vgl. Formelschema 6].

Formelschema 6: Säuren aus Olibanumölen

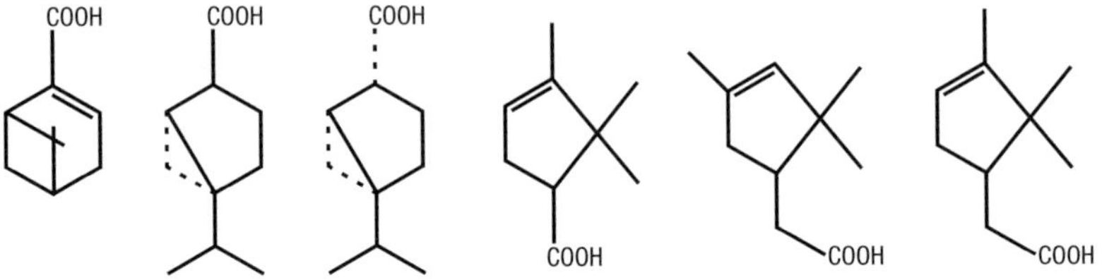

Myrtensäure
cis-Thujan-10-säure
trans-Thujan-10-säure
Campholytsäure
γ-Campholensäure
α-Campholensäure

Diese ganze Aufzählung (die noch nicht einmal vollständig ist) geschah nicht, um ein möglichst großes Chaos anzurichten, sondern vielmehr in der Absicht, klarzumachen, um was für ein höchst komplexes chemisches Substanzengemisch es sich beim *Weihrauchharz* handelt. Wen sollte es da wundern, wenn sich inzwischen für uns durch eindeutige Behandlungserfolge klar herauskristallisiert hat, daß das von uns eigenhändig verriebene und hochpotenzierte homöopathische *Olibanum sacrum* eine wunderbare Arznei für unsere heutige Zeit ist? Eine Zeit, in der zunehmend viele Menschen durch die immer zahlreicher werdenden, ja allgegenwärtigen *chemischen Substanzen* in unserer Um- und Innenwelt schwer erkrankt sind - bis hin zur immer häufiger werdenden "Multiple-Chemical-Sensitivity Disorder (MCSD)", aber auch anderen komplexen Krankheitsbildern, wie der gesamte allergisch-hyperergische Symptomenkomplex, die zunehmenden Nahrungsmittelunverträglichkeiten, oder die Schäden nach unumgänglicher (oder auch leichtfertiger) Behandlung mit starken chemischen Medikamenten, die Drogen-Problematik unter jungen Menschen - wobei es bei weitem nicht nur um die illegalen Drogen geht, selbst die zunehmende Anzahl von Kindern mit Neurodermitis und Hypermotorik, um nur einige zu nennen, können mit *Olibanum sacrum (= Olib.)*[1] erfolgreich behandelt werden, sobald die Symptome mit dem Arzneimittelbild übereinstimmen. Dazu möchten wir jetzt schon auf unsere Fallberichte am Ende des Buches hinweisen.

Aus diesem Grund finden wir es schade, daß die Schulmedizin (vgl. erneut den bereits erwähnten Ärzteblattartikel im Heft 1/2 1998) ihrer unausrottbaren, weil immanenten Tendenz folgend, ein Monopräparat herauszufinden und zu isolieren, wieder versucht, die Potenzen, die im *Weihrauch* - wohl auch im indischen - stecken, nur auf die α-Boswellinsäure zu reduzieren.

1) Im Repertorium Synthesis wurde die Abkürzung *Olib-sac.* verwendet, um das Mittel von anderen Weihrauch-Präparaten zu unterscheiden. [Anm. d. Verl.]

Arzneiliches über den Weihrauch

Natürlich ist jeder Duft- oder Aromastoff allein durch die Verbreitung von angenehmen Wohlgerüchen immer auch gleichzeitig eine Arznei. Darauf beruht ja im Prinzip die Aromatherapie [60 und 61]. Auf diese einfache Weise haben sicherlich auch die Menschen und vor allem die Naturheilkundigen im Altertum einen ersten Zugang zur arzneilichen Potenz des *Weichrauchharzes* gefunden. Nach und nach haben sie sich dann immer weitere Anwendungsmöglichkeiten durch die verschiedensten Zubereitungsformen (wie Öle, Salben, Pflaster, Pasten, Pulver, Extrakte, Einläufe und Suppositorien) erschlossen. Zunächst wohl rein äußerlich zur Wundbehandlung oder Desinfektion, später dann auch innerlich, z. B. bei Magen-Darm-Erkrankungen, bei Krankheiten der Atemwege, oder bei Störungen im Bereich der Unterleibsorgane, aber wahrscheinlich auch als allgemeines Stimulans, ja vielleicht sogar im Sinne eines Psychopharmakons [3, 22].

Das älteste bisher gefundene schriftliche Dokument, in dem *Weihrauch* als Heilmittel erwähnt wird, stammt - wie könnte es auch anders sein - aus dem *Alten Ägypten*: es ist der *Papyros Ebers* [16]. Er wurde 1872 von dem Leipziger Ägyptologen Prof. *Georg M. Ebers* in Luqsor einem arabischen Händler abgekauft. Später stellte sich dann heraus, daß es sich bei diesem Papyros aus dem Besitz des Pharao *Amenophis* I. (ca. 1600 v. Chr.) gewissermaßen um ein Lehrbuch für Ärzte handelte. Da er nachweislich eine Abschrift ist, kann davon ausgegangen werden, daß sein wirklicher Ursprung noch weiter zurück liegt. Möglicherweise sogar Jahrhunderte, da Teile davon in älteren Formulierungen und Ausdrucksformen verfaßt sind; aber dies ist wahrscheinlich nie mehr klärbar. Jedenfalls enthält er Anweisungen zum Diagnostizieren der häufigsten damals bekannten Krankheitsbilder. Zur Behandlung derselben werden dann etwa 900 ziemlich detaillierte Rezepturen aufgeführt. Dabei sind allerdings viele Namen von Arzneipflanzen oder sonstiger als Medikamente verwendeter Substanzen, noch nicht endgültig entschlüsselt. Sogar die früher für ziemlich sicher gehaltene altägyptische Bezeichnung für *Weihrauch*, nämlich *senetscher* (wobei ja, wie in allen alten semitischen Sprachen, nur die Konsonanten geschrieben werden) ist in neuester Zeit wieder in Frage gestellt. Wobei es letztlich anscheinend darum geht, daß man statt präzise von *Weihrauch* sprechen zu können, nur ungenauer (aber wissenschaftlich korrekter) von *Räucherstoff* sprechen sollte.

Dies jedenfalls ist die uns erst kürzlich gegebene Auskunft von *R. Germer*, einer sehr erfahrenen Ägyptologin, die sich seit Jahrzehnten intensiv mit den Arzneimittelpflanzen im alten Ägypten befaßt hat [28 - 30]. Wir möchten jedoch weiterhin von *Weihrauch* sprechen, weil nach unserer auch nicht gerade geringen Erfahrung selbst unter der Bezeichnung *Räucherstoff* oder auch *Räucherwerk* eigentlich nichts anderes als eben der *Weihrauch* infrage kommt. Denn uns ist bisher keine Harzart (und fast alle Räuchersubstanzen sind Harze) begegnet, die eine derartig weite Verbreitung erreicht hat und vor allem, die ein so großes medizinisches Indikationsgebiet aufweist, wie eben der *Weihrauch*. Nur die *Myrrhe* reicht in dieser Beziehung in etwa an ihn heran. Aber sie wird ja oft gemeinsam mit *Weihrauch* in den Rezepturen genannt, so daß sie nicht als "Statthalter" für ihn in Frage kommt, oder an seiner Stelle für den Begriff *Räucherstoff* stehen könnte. Natürlich dürfte auch im Quervergleich durch die verschiedenen Kulturkreise, wie wir ihn in unserem historischen Teil dargestellt haben, die eminent wichtige Rolle des *Weihrauchs* sowohl als Räucherstoff, als aber auch als Arzneimittel völlig klar geworden sein. Das heißt, für uns bedeutet die altägyptische Bezeichnung *senetscher* weiterhin zweifelsohne *Weihrauch* im Sinne von *Olibanum*, denn keine andere Harzsorte hat in der antiken Welt jemals die Bedeutung - auch im spirituellen Bereich - erlangt wie er.

Nun soll es uns aber um *Weihrauch* als Arzneimittel gehen, wie er in sehr vielen Rezepturen des *Papyros Ebers* auftaucht (die jeweiligen Seitenangaben hinter den genannten Indikationen beziehen sich auf das Werk von *H. Joachim* von 1890 [52]).

Tabelle 2: *Olibanum* wurde unter anderem verwendet zur Behandlung von:

- Nerven, Muskeln und GefäßenS. 140-143
- KopfschmerzenS. 63
- Verletzungen und Eiterungen am AugeS. 90 f.
- MittelohrvereiterungS. 166
- MittelohrentzündungS. 167
- ZahnschmerzenS. 161
- WundheilungS. 115
- WundaustrocknungS. 116
- HauteiterungenS. 118
- LeberschwächeS. 108
- GelbsuchtS. 164
- Entzündungen im Unterbauch (bei Männern und Frauen)S. 37 f.
- Schwellung und Entzündung am AfterS. 30 ff.
- HautjuckenS. 128
- Räude auf der Haut (Krätze?)S. 155
- HautgeschwürenS. 156
- Ausschlag im Gesicht (Ekzeme?)S. 157
- Rheumatischen GelenkbeschwerdenS. 143
- Verhärtungen in den Gelenken
- (Muskelkater?, Verspannungen?)S. 149

- GeburtserleichterungS. 172
- FrauenerkrankungenS. 175 f.
- Menstruationsstörungen (Amenorrhoe?)S. 178

Einige Rezepturen sollen nun noch im Detail dargestellt werden:

- Für einen kranken Kopf und Kopfschmerzen:
  - *Weihrauch*
  - das Beste der *abu*-Pflanze
  - feines Salböl
  - *asses*-Pflanzen
  - Fett

  zermahlen, kochen und damit einsalben.
- Mittel zur Heilung der Leber:
  - Feigen
  - Sebesten
  - Weintrauben
  - Brot-Teig
  - Beere (?) der Mohnpflanze
  - Kuchen
  - *Weihrauch*
  - Nasturtium
  - Wasser

  feucht stehen lassen, durchseihen und 4 Tage lang einnehmen.
- Mittel um ein Kind im Leib einer Frau zu lösen:
  - *Weihrauch*
  - Öl

  den Leib damit bestreichen
- Schließlich noch etwas Magisches: Mittel um Zauberei in dem Leib zu vertreiben:
  - das Innere der *hemen*-Pflanze
  - das Innere der *ut'ait*-Frucht
  - *Weihrauch*
  - Kräuter des Feldes
  - süßes Bier

  in Eins zusammenreiben und von der Person zu trinken.

Natürlich hat bei den alten Ägyptern in der Medizin auch immer die Magie eine Rolle gespielt. Bei vielen Rezepturen sind auch im *Papyros Ebers* zusätzlich noch Beschwörungsformeln angegeben, die zur Einnahme der Arznei gesprochen werden mußten. Interessant ist hinsichtlich der Rezepturen und ihrer kritischen Betrachtung auch die grundlegende Arbeit von *R. Germer* [27], die alle verfügbaren altägyptischen Medizin-Papyri einbezogen hat und nicht nur den *P. Ebers.*

Bezüglich der magischen Praktiken gilt dies wahrscheinlich in noch größerem Ausmaße für die ärztliche Kunst im *alten Babylonien.* Dort war die Medizin zumindest in den Anfangszeiten regelrecht verschwistert mit Magie, Wahrsagerei und sogar auch Astronomie, die gleichzeitig noch die Astrologie umfaßte. Folgerichtig stehen diese Kapitel in *Meissners* wegweisendem Werk auch direkt hintereinander [68]. So heißt es dort zur Rangfolge der Heilmethoden:

> "Wie wir bereits gesehen haben [siehe Kapitel XVII; über Magie], wurden Krankheiten im alten Orient, wie ja auch im frühen Griechenland und sonst bei primitiven Völkern, ursprünglich durch Beschwörungen und Zauberei behandelt, da jene nach allgemeiner Ansicht durch das Einwirken böser Dämonen hervorgerufen waren. Erst wenn diese Methode versagte, und der Beschwörer des Kranken Aufstehen nicht bewirken konnte, versuchte man es mit Heilungen durch Medizin oder dem Werk des Operateurs. Diese drei Arten der Behandlung waren den alten Orientalen bekannt und galten ihnen als ungefähr gleichwertig; [...]".

Der *Weihrauch* wird in der gleichen Quelle in einer Liste von offizinellen Pflanzen aufgeführt, er heißt in der babylonisch-assyrischen Pharmakopöe: *lubbanu,* was natürlich auf das Arabische *al luban* zurückgeht. Die Indikationen sind ähnlich wie die ausführlich geschilderten im *Papyros Ebers.* Dies darf uns nicht verwundern, denn *Meissner* schreibt dazu:

> "Überhaupt scheint gerade die medizinische Wissenschaft im ganzen Altertum recht international gewesen zu sein; so hat zur Zeit des Amasis [ein babylonischer Herrscher] der Perserkönig Kyros diesen um einen berühmten ägyptischen Augenarzt gebeten und ihn auch erhalten; [...]".

Mit diesen bekannten und spezialisierten "Gast-Ärzten" wanderten natürlich auch deren erfolgreiche Behandlungsmethoden oder arzneiliche Rezepturen von Land zu Land. Auf dem Rückweg in ihre Heimatländer geschah das gleiche in der Gegenrichtung, so daß sich die jeweiligen Medizin-Systeme langsam aber stetig immer mehr anglichen. Und die guten Therapieformen wurden danach überall ganz gewissenhaft von einer Ärztegeneration auf die nächste tradiert. Dies war für die Heilkundigen in allen Ländern des alten Orients wichtig, denn nur mit guten Heilerfolgen war auch damals gutes Geld zu verdienen. *Meissner* schreibt erläuternd:

> "Neben diesen Hofärzten hat es natürlich auch private gegeben, welche für die Ausübung ihrer Praxis ein recht ansehnliches Honorar einstrichen. Spe-

> ziell Hammurapis Gesetz hat uns über diesen Punkt recht interessante, zugleich die Ersatzpflicht des ungeschickten Arztes klarstellende Angaben aufbewahrt."

Wenn nämlich eine Rezeptur nicht half oder eine Operation schief ging, dann wurde der Arzt zur Rechenschaft gezogen. Wir lesen dies weiter unten ganz präzise:

> "Wenn er aber unglücklich operierte, so daß der Kranke starb oder sein Augenlicht verlor, so sollte man - horrobile dictu - dem Arzt die Hand abschneiden, daß er sich in Zukunft nicht wieder an Menschen vergreifen könne." [68]

Über die Verwendung von *Weihrauch* als Arznei im *Judentum* können wir trotz intensiver Recherchen [11 und 18] keine definitiven Aussagen machen. Selbst die Korrespondenz mit israelischen Ärzten verhalf uns dabei nicht zu Klarheit. Letzendlich vermuten wir, daß die altjüdischen Heilkundigen davor zurückschreckten die *lebonah* für medizinische Zwecke einzusetzen, da sie ja von den Priestern zu etwas *Hochheiligem* erklärt worden war.

Von Mesopotamien, aber auch von Ägypten aus, wurden die guten Heilmethoden und die guten Arznei-Rezepturen nach Westen zunächst zu den *Griechen* weitergereicht, so daß es uns nicht wunderte, daß wir auch unseren *Weihrauch* bei allen großen Ärzten des klassischen griechisch-römischen Altertums wie *Hippokrates* [48], *Galenos* [26], *Celsus* [10], *Dioskurides* [4] oder *Marcellus* als eine sehr häufig verwendete Arznei wiederfanden. Ja, er schien fast ein Allheilmittel für Warzen oder Schuppenflechte, Gicht oder Rheuma bis hin zu Geschwürserkrankungen und sogar Krebs geworden zu sein [65].

Tabelle 3: *Weihrauch*-Verwendung bei den Alten Ärzten:

Hippokrates [48]:

- gegen Erkrankungen der Luftröhre
- gegen Verstopfung
- zur Wundreinigung
- zur Ätzung von Wunden
- zur Förderung der Vernarbung
- gegen Brandwunden
- gegen Mandelentzündungen

Galenos [26]:

- gegen Heiserkeit
- gegen Katarrh und Husten
- gegen krebsartige Verhärtungen

- gegen Krebs

Celsus [10]:

- gegen Schuppenflechte
- gegen Ohrentzündungen und Vereiterungen
- gegen Ohrgeschwüre
- gegen Verhärtungen
- gegen kleinere Tumoren
- gegen wildes Fleisch
- gegen Condylome
- gegen Nasenpolypen
- gegen kleine Penistumoren
- zur Wundtrocknung
- zur Blutstillung
- gegen Blutspucken (TBC?)
- gegen Geschwülste
- gegen Analgeschwüre
- gegen bösartige Abszesse
- gegen Gicht
- gegen Fleischwucherungen
- gegen Geschlechtskrankheiten
- gegen Brustschmerzen
- gegen Feigwarzen am After

Dioskurides [4]:

- gegen bösartige Hautausschläge
- gegen Krätze
- gegen Warzen
- gegen Entzündungen der Brust
- gegen Blutungen
- gegen Abszesse
- gegen Mandelvereiterung
- gegen Gelbsucht
- gegen Krebs
- gegen Entzündungen der Fingernägel

Vor allen anderen muß wohl der Patriarch der abendländischen Heilkunst, *Hippokrates* von Kos (ca. 406 - 377 v. Chr.), *Olibanum* als Reinsubstanz oder in Mischungen mit anderen Drogen über alles geschätzt haben. Denn wie sonst könnte es in seinem *Corpus Hippocraticum*, das am häufigsten erwähnte und empfohlene Arzneimittel sein? [48]

Hier möchten wir aber doch noch wenigstens einige seiner Behandlungsvorschläge kurz erwähnen:

- Als Wundheilmittel; wenn die Wunde zwar gereinigt ist, aber sowohl die Wunde, als auch die die Wunde umgebenden Teile von Entzündung befallen sind, dann nehme man:
  - 1 Teil *Weihrauch*
  - 1 Teil Myrrhe
  - 1 Teil Galläpfel
  - 3 Teile Safran
  (Band III, Kap. 12a, S. 289)
- Als Mittel für frische Wunden:
  - 1 Teil *Weihrauch*
  - 1 Teil Myrrhe
  - 1 Teil Galläpfel
  - 1 Teil Grünspan
  - 1 Teil geröstete Kupferblüte
  - 1 Teil gerösteter ägyptischer Alaun
  - 1 Teil schwarze Zaunrübe (?)
  - 1 Teil ungereinigte Wollzotten
  - 1 Teil Molybdaina.
  (Band III, Kap.14, S. 291)
- Um den Wochenfluß zu entleeren:
  - gebe man Fenchelsamen
  - Meerfenchelrinde und
  - *Weihrauch* in Wein zu trinken
  (Band III., Kap. 32, S. 347)
- Um Blutabgang herbeizuführen:
  - man mische 5 Spanische Fliegen (?)
  - mit *Weihrauch* und Myrrhe
  - forme das zu einer Kugel und mache davon eine Einlage
  (Band III, Kap. 32, S. 351)
- Um den Muttermund zu erweichen:
  - man nehme Narcissenöl
  - Äthiopischen Kreuzkümmel
  - *Weihrauch*
  - Wermuth und Cyperngras
  - mache daraus ein Mutterzäpfchen
  (Band III, Kap. 32, S. 354)
- Für Scheidenspülungen:
  - man nehme Butter
  - *Weihrauch*, Myrrhe

- und ein wenig Harz
- hiermit muß man spülen
(Band III, Kap. 33, S. 355)

- Für Unterleibsräucherungen:
  - Mutterharz, Harz
  - *gestoßenen Weihrauch*
  - weiche man in Rosensalbe ein und räuchere damit
  (Band III, Kap. 34, S.359)
- Schwängerung bewirkende Einlage:
  - man fertige in Honig aus Soda
  - und *Weihrauch* ein Zäpfchen und lege es ein
  (Band III, Kap. 109, S. 388)

Theophrastos von Eresos (ca. 371 - 287 v. Chr.), ein Schüler von *Alkippos, Aristoteles* und *Plato*, den man wohl als den größten Botaniker des Altertums bezeichnen kann, hat in seiner *Historia plantarum* (9, 4; 2 - 4) den *Weihrauch* und seine arzneilichen Potenzen sehr ausführlich gewürdigt [89]. Seine Begeisterung ging soweit, daß er meinte, mittels *Olibanum* könnten auch viele Vergiftungen behandelt werden. Ja, es sei sogar ein Antidot gegen den überaus giftigen *Gefleckten Schierling = Conium maculatum,* mit dem im Jahre 399 v. Chr. *Sokrates* hingerichtet worden war.

Auch der Arzt und Philosoph *Galenos von Pergamon* (199 -129 v. Chr.) kannte und nutzte *Olibanum* reichlich als Arznei. [26]

Es geht wohl auf *Theophrasts* eminenten Einfluß auf alle Heilkundigen nach ihm zurück, daß u.a. auch der römische Arzt *Cornelius Celsus* (25 v. Chr. - 50 n. Chr.) den *Weihrauch* bei fast allen seinen Entgiftungsrezepturen mitverwandte. [10]

So wird *Olibanum* auch immer wieder als Bestandteil der sogenannten *Theriake* (= Universalgegengifte) erwähnt. Die berühmteste Rezeptur eines solchen *Theriaks* soll angeblich auf König *Mithridates* VI (ca. 132 - 36 v. Chr.) zurückgehen und wurde uns deswegen als *Antidotum mithridaticum* überliefert. Bei *Schmidt* [81] fanden wir eine Aufstellung dieser Rezeptur, die wir Ihnen allerdings, schon alleine aus Platzgründen, ersparen wollen, enthält sie doch über 60 Ingredenzien. Da fehlt wirklich kein berühmter Arzneiname und natürlich konnte *Weihrauch* auch nicht außen vor bleiben. Dieses Universalheilmittel hat sich über die ganze Römerzeit, das Mittelalter hindurch, bis in die Neuzeit als Mittel gegen alle nur denkbaren Leiden erhalten. Es wurde sogar noch 1872, allerdings in etwas vereinfachter Form, in die deutsche und 1884 in die französische Pharmakopöe aufgenommen.

Viele der zuvor zitierten Quellen aus dem griechisch-römischen Altertum sind allerdings nur mit Hilfe der großen persisch-arabischen Ärzte wie *Avicenna (= Abu Ali Ibn Sina), Ibn al-Baitar, Ar-Razi,* oder auch *Maimonides* (ein spanisch-jüdischer Arzt) überhaupt bis in unsere Zeiten gerettet worden. Zum Beispiel auch das bereits erwähnte *Corpus Hippocraticum.* Denn von den griechischen und später auch römischen Ärzten gingen die wichtigsten Informationen der Heilkunde wieder zurück nach Osten und wurden dort getreu weitergegeben. Neben vielen anderen wissenschaftlichen Werken war das gesamte ärztliche Wissen des Altertums in der sagenhaften Bibliothek von Alexandria gesammelt. Sie war mit geschätzten etwa 900.000 Büchern und anderen Schriftstücken die wohl größte ihrer Zeit und wurde bekanntlich im Jahre 47 v. Chr. von einer Feuersbrunst vollständig vernichtet.

Wären da nicht die erwähnten arabischen Ärzte und ihre uns teilweise unbekannten Vorgänger gewesen, die alle westlichen Traditionen völlig ungebrochen übernahmen, das gesamte griechisch-römische Ärztewissen wäre verloren gegangen. Auch die Araber verwandten weiterhin den *Weihrauch.*

Der persische Arzt *Ar-Razi* war zum Beispiel auch ein ausgemachter Freund der *Theriake* und stellte dafür verschiedene Rezepturen zusammen, je nachdem welche Art von Vergiftung behandelt werden sollte - aber in kaum einem dieser Rezepte fehlte *Olibanum.* [77]

Interessanterweise hat sich in der Zwischenzeit auch der homöopathisierte *Weihrauch* bei zahlreichen Behandlungen als großer *Reiniger und Entgifter* gezeigt und als überaus nützlich herausgestellt. Ja, er scheint sich einzureihen zwischen *Nux vomica* und *Sulphur.*

Auch für Hahnemann war mit Sicherheit *Weihrauch/Olibanum* ein Begriff, denn er erwähnt ihn in seinem Apothekerlexikon [39]. Da er als wahres Sprachgenie sämtlicher alter Sprachen, bis hin zum Hebräischen, Aramäischen und sogar Arabischen, mächtig war, konnte er auch die Originalliteratur studieren. Warum er *Olibanum* nicht in die Homöopathie einführte, muß ungeklärt bleiben. Es ist uns etwas rätselhaft, zumal zu seiner Zeit diese Arznei noch in zahlreichen Rezepten der üblichen Pharmakopöen enthalten war.

Im Yemen wird, wie eingangs schon erwähnt, auch heute noch der *Weihrauch* tagtäglich angewandt. Er ist weiterhin in der medizinischen Behandlung durch die traditionellen arabischen Heiler eine gängige Arznei. Es kann einen nur wundern, wie sich die Behandlungs-Indikationen über Jahrhunderte, ja eigentlich Jahrtausende, meist nur durch mündliche Überlieferung von Generation zu Generation, konstant erhalten haben und alles ganz getreu überliefert wurde.

Tabelle 4: Heutige Verwendung von *Weihrauch* in der traditionellen yemenitischen Volksheilkunde

(persönliche Erhebungen im Yemen bei traditionellen Heilern (= tabib arabi) "Apothekern" (= saidali arabi) und Hebammen (= um waleda) (vgl. auch [84])

- bei Husten, Erkältung und Brustkrämpfen
- bei blutigem Auswurf
- ja sogar bei Schwindsucht
- bei asthmatischen Erkrankungen
- bei allen möglichen Harnwegsinfekten
- bei Unterleibsbeschwerden und Dysmenorrhoe
- während der Schwangerschaft
- zur Erleichterung schwieriger Geburten
- nach der Geburt für Mutter und Kind
- gekaut, bei Zahnfleisch- und Mundentzündungen
- beim gesamten rheumatischen Formenkreis
- bei Hysterie, Nervenleiden und Schreckzuständen
- ebenfalls als Psychopharmakon bei Wahnzuständen
- bei Impotenz und Frigidität
- bei Hautausschlägen (Neurodermitis?)
- bei vielen Magen-Darm-Erkrankungen (Colitis ulcerosa?)
- äußerlich (als Pflaster mit Öl, Butter oder Wachs vermengt) bei Verletzungen, Verbrennungen und Hauteiterungen
- vor Geburten und nach Todesfällen wird das ganze Haus geräuchert, ebenso werden die Kleider des Neugeborenen geräuchert
- zum Vertreiben von Insekten jeglicher Art; im Hadhramaut auch gegen Malariamoskitos
- zur Desinfektion der Toilettenräume
- der Rauch fördert das Gedächtnis, beseitigt Vergeßlichkeit und macht den Verstand klar

Weihrauchwasser stärke Herz und Hirn, sei gut gegen Dummheit, Faulheit und Lethargie, sagen jedenfalls die alten Yemeniten, die es sehr gerne während ihrer *Qat*-Sitzungen trinken. Das *Qat* (*Catha edulis Forsk.* [85]) ist eine im gesamten Yemen weitverbreitete "Volksdroge" mit teils stimulierender Wirkung (durch amphetamin-ähnliche Verbindungen), aber teils auch beruhigenden und entspannenden Drogenanteilen [83]. Zur Herstellung des *Weihrauchwassers* wird ein großes Glasgefäß über den schwelenden *Weihrauch* gestülpt und der so eingefangene Rauch dann so lange mit klarem Wasser verschüttelt bis er sich vollständig damit verbunden hat.

Grundsätzliches über Verreibungen

"Wenn ich auf Ansichten bestehe, die mit dem Unbewußten nicht in Einklang sind, werden sie mich unweigerlich krank machen; deshalb kann ich ruhig davon ausgehen, daß sie einem gewissen Hauptstrom im Universum widersprechen."
C.G.Jung [57]

Wie wir durch *Hahnemanns* Organon [36] wissen, hat auch er in seinen späten Jahren alle neuen Medikamente persönlich bis zur 3. C-Stufe *handverrieben* und erst die höheren C-Schritte durch *Handverschüttelung* in alkoholischer Lösung hergestellt. Ja er hat sogar *alte* Medikamente wie z.B. *Belladonna,* die er schon kannte und besaß, erneut mit dieser Methode hergestellt und nicht wie davor üblich durch alkoholische Extraktion von Urtinkturen und *nur* Verschüttelung. *Hahnemann* schreibt darüber im letzten Abschnitt des:

§ 269:

> "[...] Um nun diese Kraftentwicklung am besten zu bewirken, nahm man früher 2 Tropfen der Mischung von gleichen Teilen frischen Pressafts und Alkohol, gab 98 Tropfen Alkohol dazu und schüttelte die Flasche mit Inhalt 2 mal stark. Man hatte weitere 29 Flaschen bereit, die zu je 2/3 mit 99 Tropfen Alkohol gefüllt waren; in jede tat man 1 Tropfen des vorhergehenden Fläschchens und gab jeder Flasche 2 starke Schüttelschläge. Die letzte, also die 30. Flasche, enthielt dann die Verdünnung der dezillionensten Kraftentfaltung, welche am häufigsten angewendet wird."

§ 270:

> "Jetzt lasse ich, um diese Kraftentwicklung am besten zu bewirken, einen kleinen Teil der zu dynamisierenden Substanz, etwa 1 Gran [0,06 Gramm], zunächst durch dreistündiges Reiben mit dreimal 100 Gran Milchzucker auf die anschließend angegebene Weise zur millionenfachen Pulververdünnung bringen [...]."

Er fand die derart hergestellten Arzneien kräftiger und tiefer wirkend. Wohl auch aus diesem Grund hat er vorgeschrieben, daß sämtliche Grundsubstanzen für die Fertigung der sogenannten LM- [besser jedoch Q-] Potenzen unbedingt bis zur C 3-Stufe *handverrieben* werden müssen (vgl. 2. und 3. Absatz des § 270).

Leider hat sich diese letztgültige Vorschrift *Hahnemanns* immer noch nicht bei den großen homöopathischen Arzneimittelfirmen durchgesetzt, denn dort werden zumindest alle pflanzlichen Medikamente noch nach der *überholten* Urtinktur-Methode hergestellt, die natürlich wesentlich kostengünstiger und produktiver ist, aber wohl keine so gut wirkenden Arzneien hervorbringt - jedenfalls, wenn man *Hahnemann* richtig versteht.

Bei unseren Überlegungen zur *Verreibung* geht es aber nicht nur um die Frage der besseren Wirksamkeit, sondern um die noch wichtigere Frage, ob während des Verreibungsprozesses für den *Verreibenden* empfindbare *Schwingungen* (so wollen wir diesen *Informationsfluß* zunächst mal möglichst neutral nennen) vom *zu verreibenden Stoff* ausgehen, die bei ihm Symptome hervorzurufen in der Lage sind. Wir sind übrigens davon überzeugt, daß auch *Hahnemann* diese Schwingungen wahrgenommen hat. Leider hat er nie darüber gesprochen.

Bevor ich vor ein paar Jahren von der Apothekerin Frau *Gudjons* auf dieses Phänomen aufmerksam gemacht wurde und es dann auch während einer gemeinsamen Yemen-Reise (auf der Suche nach der Orginial-Substanz für die *Aloe socotrina*) am eigenen Leib, mit meinen eigenen Sinnen bei mehreren Verreibungen erfahren konnte, hatte ich einfach kaum eine Ahnung davon, wie wohl ein Großteil der Homöopathen. Anfangs war ich noch skeptisch, dachte ein wenig bei mir: "naja, klingt ja alles etwas esoterisch ..."; aber ging dann doch mit offenen und wachen Sinnen in meine erste Verreibung. Und siehe da, es stellten sich relativ bald die ersten deutlichen Symptome ein. Nicht nur das berühmte Jucken in der Nase oder in den Augen, sondern ganz normale, vollständige, *körperliche und geistige Symptome,* wie ich sie bisher nur von den üblichen Medikamenteneinnahmen kannte. Sie waren jedoch um einiges sanfter und feiner - was bedeutete, daß man sich schon konzentrieren mußte, um sie überhaupt wahrzunehmen; zumindest am Anfang war dies so. Nach einer gewissen Zeit wird man einerseits sensibler aber andererseits auch sicherer.

Jedenfalls war diese Erfahrung für mich eine einzige *Offenbarung.* Geht es doch beim Verreiben um eine schrittweise, ja man ist versucht zu sagen, ehrfürchtige Annäherung an das *Unwägbare*, um eine behutsame Wahrnehmung des *Unermeßlichen* und um eine vorsichtige Entdeckung des *Unbeschreiblichen*: nämlich um die *sinnlich erfahrbare Erkenntnis,* daß der Übergang von der Materie zum Geist recht eigentlich stufenlos ist. Genauer gesagt, daß die Unterscheidung zwischen beiden ein menschliches Kunstprodukt ist und somit gar nicht wirklich existiert. (Wir fanden übrigens das *Olibanum*-Symptom: *Gedanke: Trennung zwischen Körper, Seele und Geist ist eine sehr künstliche, menschengemachte.*)

Bei diesen Überlegungen kommt einem jedesmal der wissenschaftliche Disput zwischen *Nils Bohr* und *Albert Einstein* in den Sinn: Ob denn nun Elementarteilchen, wie Lichtquanten, Teilchen- (= Materie oder Körper) oder Wellen- (= Energie oder Geist) Eigenschaften haben. Die Erkenntnis war ja schließlich, daß beides richtig ist, daß es eigentlich gar keinen Unterschied gibt, daß es letztendlich auf die Messmethodik (oder den Blickwinkel) des Betrachters ankommt, wie das Ergebnis aussieht. Etwas anders ausgedrückt, könnte man auch von der Komplementarität dieser beiden Eigenschaften sprechen.

Verblüffenderweise paßt zu dieser Erfahrung der modernen Kernphysik eine uralte jüdische Weisheit, wie sie uns von den Chassidim überliefert und von *Friedrich Weinreb* [98] erzählt wird: Die zwei Bäume im Garten Eden, der *Baum der Erkenntnis* [von Gut und Böse] (= Baum des Intellekts) und der *Baum des Lebens* (= Baum der Dynamis) seien nur in dieser Welt in zwei Bäume geteilt, denn in Wahrheit sei es nur ein einziger Baum, dessen gemeinsame Wurzeln allerdings im Jenseits verankert seien. *Weinreb* schreibt dazu weiter: "Da ist auch noch das Geheimnis des Baumes - *ez* -, der mit den Buchstaben *Ajin* und *Zade* geschrieben wird. In diesem Wachstum, im ersten, das sich als Wachstum zeigt, sind die beiden Seiten vereint. Deshalb spricht die Thora auch von den Bäumen im Paradies, im Garten Eden. *Ajin* [= das Auge], die Sicht auf das Leben, und *Zade* [= der Angelhacken], das Hinausgezogenwerden aus dem Leben. Welch ein Paradoxon."

Abbildung:

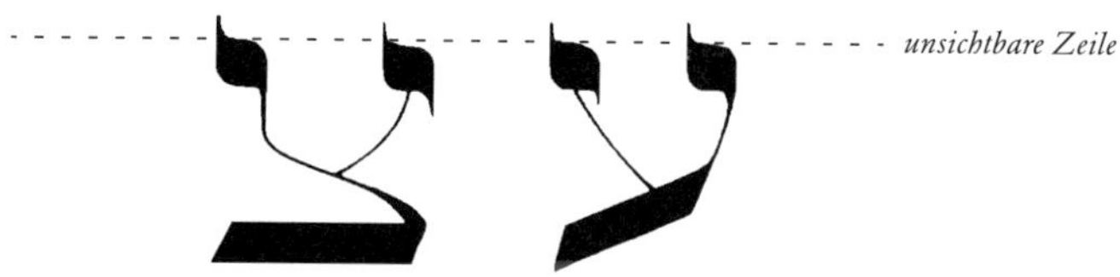

Zade *(= Angelhaken = 90)* **Ajin** *(= Auge = 70)*

Abbildung der hebräischen Buchstaben für das Wort *ez*. Von rechts nach links zu lesen.

Im Hebräischen hat jeder Buchstabe, wie schon früher erwähnt, neben seinem Namen *(Ajin)*, auch einen Bildwert (das Auge) und einen Zahlenwert, in diesem Falle 70. Beim *Zade* ist der zugehörige Zahlenwert 90. Daraus kommt man für das Wort *ez* zur Summe von 160, was die theosophische Quersumme von 7 ergibt; die heiligste aller Zahlen, über die wir uns schon bei der *Königin von Saba* Gedanken gemacht haben. Hier vielleicht nur noch ein paar geometrische und algebraische Überlegungen, die die Bedeutung der 7 beleuchten. In seinem faszinierenden Buch "Die Weltformel der Unsterblichkeit" [88] äußert sich *M. Stelzner* folgendermaßen: "Das Besondere der 7 ist eben, das sie im Verlaufe der Kontinuität und Linearität der 6 Vorgänger aus der Welt hinausführt und von dort die Welt steuert und beherrscht. Als jenseitige, steuernde, göttliche Ordnungszahl ist sie eine Primzahl und nicht konstruierbar. Das Drei-, Vier-, Fünf-

und Sechseck ist mit dem Lineal und Zirkel konstruierbar. Das Siebeneck entzieht sich einer solchen Möglichkeit." Weiter unten schreibt *Stelzner*: "Die 7 ist aber die Zahl, die ihrer Charakteristik wegen die konkrete Welt der Schöpfung übersteigt. Der Materialist wird ihr deshalb nicht so eindeutig begegnen wie den konkreteren, vorhergehenden sechs." Zum Abschluß weist *Stelzner* noch auf ein ganz besonderes Phänomen der 7 hin: "Eine weitere symbolträchtige Besonderheit der Siebenzahl, die ihren Sieg über die Welt (1-6) und ihre Vereinheitlichung, das heißt Zusammenfassung in Vollkommenheit [vgl. *Salomon*] zeigt, ist ihr Verhältnis zu den uns bekannten 9 Zahlenarchetypen. Um das anschaulich zu machen, schreiben wir alle Verhältnisse der Siebenzahl untereinander:

1/7 = 0,142857. 142857. 14..........
2/7 = 0,285714............
3/7 = 0,428571............
4/7 = 0,571428............
5/7 = 0,714285............
6/7 = 0,857142............
7/7 = 1
8/7 = 1,142857............
9/7 = 1,285714............

Alle Verhältniszahlen bestehen aus einer konstanten *(einheitlichen!)* Sechsersequenz, die sich *unendlich* oft wiederholt. Das ist der im mathematischen Bild ausgedrückte Einschluß der Welt (1-6) in ihrer unendlichen Vielheit und Wiederholung. Hier sehen wir in einem mathematischen Bild, wie *Vielheit* und *Einheit* gleichzeitig sich befruchtend nebeneinander und in Hierarchie existieren. Das ist das Paradoxon des *Wissenden* im Gegensatz zum Ausschließlichkeitsbild des im rein *Materiellen* Befangenen. Die 7 übersteigt seine Welt. Sie schließt sie dennoch ein. Ob er sich diesem Bewußtsein gegenüber öffnet, liegt in seiner Freiheit." [Hervorhebungen durch uns]

Zunächst mag einem dies alles vielleicht etwas weit hergeholt erscheinen, aber es geht nun mal beim Verreiben genau um diese Phänomene: Vielheit und Einheit, Erkenntnis und Leben, Geist und Materie und schließlich das Paradoxon des Wissenden und des im Materiellen Verhafteten. Außerdem sind wir überzeugt, daß die *Heilige Sieben* mit dem *Heiligen Weihrauch* eine geheime Verbindung hat. Denken sie an unsere Ausführungen über die *Königin von Saba*. Hier sei nur ganz kurz darauf hingewiesen, daß wir die *Weihrauch*- Menschen am ehesten als SIEBENer-Persönlichkeiten einordnen würden, wenn wir das "Enneagramm" [80] dafür zu Rate ziehen: "[...] sind Menschen, die Optimismus und Freude ausstrahlen. [...] Locker, humorvoll, phantasiebegabt, sonnig, spielerisch und von entwaffnendem Charme. [...] sind *neu-gierig* im wahrsten Sinne des Wortes." Dem erfahrenen Homöopathen kommt natürlich als ähnliches Mittel sofort *Phosphor* in den Sinn.

Auch *Weinreb* [98] sprach ja im Zusammenhang mit dem Paradies-Baum - *ez* - von einem Paradoxon und schließt seine Gedanken folgendermaßen ab: "Diese Mehrzahl weist doch auf das Geheimnis der *beiden* Bäume hin. Denn man kann den Baum sehen als den Baum der Erkenntnis und als den Baum des Lebens. Beide Seiten sind da. Wenn man nur eine Seite sieht, frägt man nach Gut und Böse; wenn man beide Seiten sieht, dann lebt man; hier und dort. Ist nicht auch das ein Versuch, Liebe zu erwecken und den nüchternen Verstand etwas zum Schweigen zu bringen? Unser Leben nur kann Antwort geben, denn die Fragen sind unlösbar für unsere Vernunft. Ich muß lachen Freunde, denn ich spüre, Liebe kann also nur unvernünftig sein." Hiermit ist die Verbindung zum *Weihrauch*-Thema deutlich geworden, denn mit der *Liebe* sind wir wieder mittendrin. Nach dieser Exkursion in die uralten jüdischen Überlieferungen kehren wir zurück in die Moderne und deren Standpunkt zu Geist und Materie, denn dies ist ja das Hauptphänomen aller Verreibungen.

C. G. Jung hat dies für den menschlich-psychologischen Bereich so ausgedrückt: "Der Körper erhebt seinen Anspruch auf Gleichberechtigung, ja er übt eine Faszination aus wie die Seele. Ist man noch gefangen von der alten Idee des Gegensatzes von Geist und Materie, so bedeutet dieser Zustand eine Zerspaltung, ja einen unerträglichen Widerspruch. Kann man sich dagegen mit dem Mysterium aussöhnen, daß die Seele das innerlich angeschaute Leben des Körpers und der Körper das äußerlich geoffenbarte Leben der Seele ist, daß die beiden nicht zwei, sondern eins sind, so versteht man auch, wie das Streben nach Überwindung der heutigen Bewußtseinsstufe durch das Unbewußte zum Körper führt, und umgekehrt, wie der Glaube an den Körper nur eine Philosophie zuläßt, die den Körper nicht zugunsten eines reinen Geistes negiert." [54]

Zwischen dem Mysterium der Einheit des menschlichen Körpers mit seiner Seele und dem Mysterium der Einheit des *Weihrauch-Harzes* mit seinem *innersten Wesen*, ist nur ein gradueller Unterschied akzeptierbar. Und da diese beiden Mysterien so ähnlich, so analog sind, darf es einen auch nicht wundern, daß bei der *Kontaktaufnahme* zwischen Beiden (dem Menschenwesen mit dem Arzneiwesen) sogenannte *Resonanzphänomene* auftreten. Übrigens ist dies nichts anderes, als das gute alte *Simile-Prinzip;* nur aus einem etwas veränderten Blickwinkel gesehen. Auf der Basis dieser Phänomene kann ja die Homöopathie überhaupt funktionieren und Erfolg haben.

Auf ähnliche Art und Weise hat es eine andere Apothekerin, Frau *H. Brunner* [7] ausgedrückt: "Im Potenzierungsprozeß [dies gilt analog für den Verreibungsprozeß] sehe ich ein In-Beziehung-Treten zu der Pflanze, dem Mineral oder dem Tiergift, das im Dynamisierungsvorgang unter Einbringung meiner Lebensenergie zur homöopathischen Arznei wird und in dem die spezifische Information, das Wesen der Arznei sich langsam bei jedem Potenzierungsschritt immer mehr herauslöst und zum Arzneimittelbild verdichtet. Dies ist ein Prozeß der Verwandlung, in dem sich der Hersteller der Arznei mit seiner ganzen Person, mit seinem ganzen Wesen einbringt und sich mit der Person der Arznei in Einklang bringt."

In jedem Fall haben unsere, inzwischen sehr zahlreichen, Erfahrungen sowohl mit Verreibungen als auch mit "konventionellen" Einnahmen von bekannten oder unbekannten Arzneimitteln ganz eindeutig und klar gezeigt, daß es *keinen generellen*, sondern höchstens einen graduellen Unterschied in den durch beide Methoden hervorgerufenen und damit registrierbaren Symptomen gibt. Und wir möchten keine der beiden Methoden mehr missen, wenn es darum geht, eine neue Arznei richtig gründlich kennenzulernen: Sind sie doch *wie die zwei Seiten ein und derselben Medaille.* Man kann auch versuchen, es anders auszudrücken: Die übliche Medikamenteneinnahme ist der linkshirnige (= pseudorationale, pseudo-männliche) Weg, dem Unbekannten zu begegnen und die Verreibung ist die rechtshirnige (= pseudo-emotionale, pseudo-weibliche) Methode, zu den gleichen Ergebnissen zu gelangen. [Der Zusatz "pseudo" wurde nur gewählt, um die Relativität derartiger Begriffe und Zuordnungen deutlich zu machen.] Da es, vor allem in der Homöopathie (im bewußten und nötigen und gewollten Gegensatz zur Schulmedizin), eben gerade keine Einseitigkeiten geben darf, ist es unserer Meinung nach *zukünftig* für uns Homöopathen ein *Kunstfehler*, eine HAMSE nur noch auf die bisher übliche Art durchzuführen. Es müssen beide Methoden *gleichberechtigt* neben-, oder besser gesagt, nacheinander durchgeführt werden, um zu richtig umfassenden, validen Symptomen zu gelangen. Denn das menschliche Gehirn besteht nun mal aus zwei Hemisphären, die allerdings durch den sogenannten Balken verbunden sein müssen, um *vernünftige* Ergebnisse zu erzielen. Wir wissen doch inzwischen alle, daß es neben dem IQ eben auch noch den EQ gibt und erst beide zusammen ein wirklich rundes Denkergebnis ermöglichen.

Wenn wir die Arbeiten der modernen Homöopathen betrachten, geht es doch oft darum, zum *zentralen Thema*, zum *Wesen* eines Arzneimittels vorzudringen, um es (möglichst endgültig) zu verstehen. *G. Vithoulkas* spricht dann von der *Essenz*, *R. Sankarans* erstes Buch heißt *The Spirit of Homeopathy*. Um was geht es? Es geht genau um das, was wir die ganze Zeit versuchen darzustellen: Um die Aufdeckung des Geistes in der Materie, um die Erkenntnis von Gut und Böse in einer Arznei, um die Enthüllung des Lebensprinzips (der Lebenskraft?)

einer Pflanze, eines Minerals, eines Metalls, eines Tierstoffes oder gar einer Nosode.

Wie oft sitzen Homöopathen zusammen und fragen einander: "Kannst du mir etwas sagen über das zentrale Thema (die Essenz, das Wesen, den Geist) von *Bellis perennis*?" Die gründlichste, eindrucksvollste, aber auch schnellste Methode um dies zu erfahren, ist unserer festen Überzeugung nach die Kombination von Verreibung und Arzneieinnahme - entweder davor oder danach. Mit dieser Ansicht stehen wir lange schon nicht mehr alleine. Ein schönes Beispiel dafür ist die kürzlich veröffentlichte Arbeit über die *Ranunculaceae* in den "Documenta Homoeopathica No. 19" von *Susanne Diez* und Kollegen aus Österreich [13]. Während einer wunderschönen und abenteuerlichen Reise im Jahre 1997 in den Yemen, wobei wir im südlichen Landesteil, genauer gesagt im Wadi Hadhramaut, gemeinsam die *Myrrhe* verrieben und auch einnahmen, wurde *Frau Diez* von uns in die Methode der Verreibung eingeweiht. Seither hat sie mit bewundernswertem Elan und nachahmenswerter Selbstverständlichkeit diese HAMSE-Methode in unserem Nachbarland verbreitet und populär gemacht. In der oben erwähnten Arbeit schreibt der mitbeteiligte Kollege *Hans Ziller* in seiner "Einführung zu den Verreibungs-Texten der Ranunculaceae" vieles, was unseren Erfahrungen überraschend ähnlich ist: "Wir tauchen ein in die geheimnisvolle Polarität von Wesen und Erscheinung [Goethe]. Wir zerstören das Erscheinende der Pflanze ... und erleben stufenweise eine Begegnung mit ihrem Wesen. Es ist wie die Eröffnung einer sehr persönlichen Freundschaft, ein tiefes Berührt-Werden von diesem fremden Pflanzenwesen, ein Erschüttert-Sein angesichts dieses scheinbar unnahbaren Reiches der Schöpfung. Die Mauer, die uns vom Paradies trennt, scheint Sprünge zu kriegen. Die Empfindung ist ganz lebendig: Die *Ich-Es*-Ebene zur Schöpfung mutiert plötzlich zu einer dialogischen *Ich-Du*-Beziehung."

An dieser Stelle soll der Brief eines Erst-Teilnehmers an einer *Weihrauch*-Verreibung in Ausschnitten zitiert werden, da er ähnliche Überlegungen aufzeigt:

> "Lieber [...],
>
> dieses Wochenende war für mich eine tiefe Erfahrung. Voll bewußt wurde mir das erst heute abend, und ich bin mir immer noch nicht ganz im klaren über die Tragweite der Erkenntnis, die ich an diesem Wochenende gewonnen habe [...]. Ich habe noch Stunden darüber gegrübelt, wie ich das alles in Worte fassen kann. Die geistige Welt ist für mich ja kein fremdes Medium [...]. Aber durch diese Verreibung bekam ich ein neues Bewußtsein. Ich bekam eine geistige Schau der Schöpfung oder besser gesagt eine Ahnung davon. Eine Ahnung von der unendlich weisen und mächtigen Kraft, die hinter allem steht [...]. Ich befinde mich noch in einer Art Trance. Momen-

tan ist es wie ein schweres Gewicht. So als würde mir die Tragweite der Erkenntnis die Fähigkeit rauben, weiterhin unbeschwert zu genießen. Es liegt zuviel von der Wichtigkeit des Schöpfungsgedankens in dieser Erkenntnis.

Es entspricht nicht meiner Art, in dieser Form mit einem Seminarleiter oder einem Teilnehmer über meine Erfahrungen zu korrespondieren, aber ich habe so etwas auch noch nicht erlebt. Und es ist für mich ein Bedürfnis dies mitzuteilen.

Viele Grüße ...."

Zum Abschluß des Verreibungs-Themas noch einige kurze Zitate aus den Äußerungen von *Hans Ziller*: "Es klingt pathetisch von einem Quantensprung unserer Begegnungsfähigkeit mit den Schöpfungsreichen zu sprechen, der uns mit der Verreibung in die Hand gegeben ist. Und doch ist sie ein nüchterner reproduzierbarer Weg der Erfahrung, für jeden von uns bereitstehend. [...] Das Erleben, daß das Wesen der Pflanze mit archetypischen Tiefen in uns in Resonanz kommen kann, ist von elementarer Gewalt. In Resonanz kommen kann nur etwas, das in *Simile*-Beziehung steht. Das aber bedeutet, daß die ganze Welt der Pflanzen wesenhaft in jedem von uns präsent sein muß. [...] Das bleibt eine unverlierbare Erfahrung für alle "Verreiber": Dieses lebendige Adonis, Caltha, Helleborus *in* mir."

Schließlich wurde dann von den österreichischen Kollegen bei ihrer *Adonis*-Verreibung auch noch - fast wie nebenbei - die *Essenz* aufgespürt: "Besonders bei *Adonis* erlebte ich intensiv, daß der Zauber des Kindseins unverlierbar geborgen ist in mir, in jedem von uns: "Die heitere Absichtslosigkeit, das über alles Staunen-Können, die Spontaneität, das ganz im Hier und Jetzt da sein, die Unbefangenheit, die Sorglosigkeit, ... spielen, tanzen, singen ..., die Anmut ... es ist alles da in dir, laß es zu!"

Zu guter Letzt möchten wir noch einmal betonen, daß es meist unendlich mühsam war, die bei den *Olibanum*-Verreibungen aufgetretenen Informationen, die oft von beeindruckender Intensität und urtümlicher Gewalt waren, in die mehr oder weniger nüchterne Sprache von Symptomen und Rubriken zu zwängen. Da brauchte es immer wieder sehr viel Distanz und Umsicht, aber auch Feingefühl, Ehrfurcht und letztendlich Zuneigung und Liebe, um nicht die Freigebigkeit des *Weihrauchs* im Nachhinein zu verhöhnen. Um dies noch einmal klar werden zu lassen, haben wir fast am Ende des Buches die Verreibungstexte einer Gruppen- und einer Einzelverreibung in gekürztem Orginalton abgedruckt.

Grundsätzliches über die C 4-Ebene

"Diese Opfer der seelischen Spaltung unser Zeit sind bloße «Fakultativneurotiker», von denen das anscheinend Krankhafte in dem Moment abfällt, wo die Lücke, die zwischen dem Ich und dem Unbewußten klafft, geschlossen wird."
C. G. Jung [55]

Wie im vorhergehenden Kapitel schon berichtet, habe ich die Methode der Verreibung ursprünglich von Frau *Gudjons* erlernt. Infolgedessen habe ich lange Zeit die Verreibungen immer nur von der C 1- bis zur C 3-Stufe durchgeführt, denn Frau *Gudjons* hält sich selbstverständlich ganz strikt an *Hahnemann*, der nur von der Verreibung bis zur C 3-Ebene gesprochen hat. Die erste *Olibanum*-Arznei, die wir selbst herstellten, war *Olib. C 30*, die bis zur C 3 handverrieben war. Sie tat uns sehr gute Pionierdienste und ist die gleiche C 3-Verreibungssubstanz, die auch den *Gudjons-Olibanum*-Arzneien zugrunde liegt.

Was hat es nun mit den verschiedenen C-Stufen oder Ebenen auf sich? Wieso kannte *Hahnemann* nur drei Ebenen und warum müssen es nun plötzlich vier sein? Das einfachste Stufen-Erklärungsmodell, das spontan einleuchtet, sieht so aus:

- C 1-Stufe: Körperliche Symptome
- C 2-Stufe: Emotionale Symptome
- C 3-Stufe: Geistige Symptome

Nach unseren Erfahrungen stimmen derartige Zuordnungen nur ungefähr, will sagen, daß während der C 1-Verreibung zwar hauptsächlich körperliche Symptome auftauchen, aber sich durchaus auch gefühlsmäßige und geistige Symptome zeigen können. Dazu erinnern wir an das, was wir im letzten Kapitel festgestellt haben: Alle künstlichen Einteilungen und Unterscheidungen sind menschengemacht und deswegen mit Vorsicht zu genießen. Im Sinne des *Selbstähnlichkeitsprinzips* aller homöopathischer Ebenen kommen also zwar alle Arten von Symptomen auf allen Stufen vor, aber in folgender Art immer etwas abgewandelt:

- Tauchen körperliche Symptome auf der C 1-Stufe auf, sollte man sie auch im Körperzusammenhang ernst nehmen und überlegen, mit welchen früheren körperlichen Zuständen oder eventuellen Verletzungen sie zu tun haben könnten.
- Tauchen Körpersymptome während der Verreibung auf der C 2-Stufe auf, sollte man sie im Zusammenhang mit aktuellen oder früheren emotionalen Beschwerden sehen.

- Wenn körperliche Beschwerden noch auf der C 3-Stufe hervorkommen, könnte man sich Gedanken machen, ob es dafür einen mentalen Auslöser gibt.
- Analog dann auch für die anderen Symptomgruppen, wenn zum Beispiel deutliche emotionale oder geistige Symptome schon während der Verreibung auf der eigentlich körperorientierten C 1-Stufe auftreten, usw.
- Beispielsweise könnte das Symptom einer Nackenverspannung entweder durch körperliche Überanstrengung, durch Ärger, oder auch durch intensive geistige Arbeit verursacht sein.

Fügt man in das erste Stufenmodell noch die entsprechenden klassischen Elemente: Erde, Wasser und Luft und die drei bisherigen *Hahnemann*schen Miasmata: Psora, Sykosis und Syphilinie hinzu, so ergibt sich folgendes Bild:

- C 1-Stufe: Körperliche Symptome; Erde; Psora
- C 2-Stufe: Emotionale Symptome; Wasser; Sykosis
- C 3-Stufe: Geistige Symptome; Luft; Syphilinie

Auch dies ist natürlich nicht der Weisheit letzter Schluß, sondern nur ein Denkanstoß. Mit diesem gedanklichen Hilfsmittel arbeiten ja viele Homöopathen seit Jahren. Irgendwann stellt sich einem dann fast zwangsläufig die Frage nach der 4. Ebene. Uns hat das Nachdenken darüber jahrelang begleitet; zum Beispiel auch bei Diskussionen während der Fortbildungsveranstaltungen und Repertorisationskurse mit *H. Barthel.* Immerhin hat er, der nun wahrhaftig ein klassischer *Hahnemann*-Homöopath ist, sich insofern als Wegbereiter verdient gemacht, als er zu den bisherigen oben erwähnten 3 Miasmata seine sogenannte *Pseudopsora* als 3 1/2. (oder 1/2 4.) Miasma hinzufügte. Wir sind der Meinung, daß es an der Zeit ist, zumindest einmal offen zu diskutieren, ob man nicht ein *richtiges 4. Miasma* mit der Bezeichnung *Tuberkulinie* einführen muß. Es ist nämlich erfahrungsgemäß *das Miasma* unserer modernen Welt. In unserer Praxis jedenfalls hat inzwischen etwa jeder vierte Patient nicht mehr zu übersehende tuberkulinische Züge.

Die Hauptsymptome der *Tuberkulinie* sind sicherlich vor allem die *Dromomanie* (= Bewegungssucht) und die *Ruhelosigkeit,* wobei diese beiden Symptome irgendwie zusammengehören, sich bedingen und ergänzen. Deswegen beschränken wir uns nun auf den Begriff der *Dromomanie.* Sie ist ein Ausdruck der Hauptkrankheit unserer Tage: einerseits der Flucht vor der Sinnlosigkeit unseres Lebens, oder zumindest dessen Sinnverlust und andererseits der Suche nach einem neuem Sinn für unser Leben.

Der große Heidelberger Internist und Psychosomatiker, *Viktor von Weizsäcker,* der vor etwa 40 Jahren die Tuberkulose (= Schwindsucht) bei Patienten mit

Tuberkulostatikaunverträglichkeit rein konservativ mit Psychotherapie behandelt hat, sprach interessanterweise immer von der *Ver-schwindsucht.* Allein darin liegt unheimlich viel Wahrheit und Weisheit in Bezug auf das psychische Muster dieser Akuterkrankung (= Tuberkulose). Dieses Grundmuster hat sich auch auf die chronische Erkrankung (= Tuberkulinie) übertragen, beziehungsweise hat ihre Entstehung ermöglicht und befördert. Das geistige Prinzip, das dahintersteht, ist der in den letzten Jahrzehnten (oder auch schon länger) zunehmende *Schwund* des spirituellen Überbaus unseres gesamten Kultur- und Gesellschaftssystems: Das *Ver-schwinden* vieler religiöser Strukturen und damit zusammenhängender ethischer, moralischer und philosophischer Vorstellungen. Danach kamen einerseits die auch heute noch überaus umstrittenen Versuche *F. Nietzsches,* diesen Leerraum auszufüllen, die schließlich in seinem Ausspruch: "Gott ist tot" gipfelten und im (syphilinischen?) Wahnsinn endeten. Andererseits die genauso zweifelhaften (weil lebens- und realitätsuntauglichen) philosophischen Gedankenexperimente eines *K. Marx.* Beides führte zur Entwicklung von *extrem menschenfeindlichen Ideologien,* die uns ein Jahrhundert des Chaos mit zwei Weltkriegen, der Unfreiheit mit Versklavung ganzer Völker und schließlich der unbegreifbaren Barbarei des Holocaust einbrachten.

Leider hat jedoch der totale Zusammenbruch dieser beiden Systeme nur zu einer zeitweiligen Ernüchterung, aber keineswegs zu einer *endgültigen Katharsis* geführt. Das zeigen die ungeheuerlichen Vorgänge auf dem Balkan nach dem Zusammenbruch (oder besser gesagt der mutwilligen Zerstörung) Jugoslawiens und das unselige Wiederaufflackern des Nazismus (nicht nur) in Deutschland. Dies sind natürlich nur zwei von unendlich vielen möglichen Beispielen.

All dies ist nur ein Beweis für die *Spirituelle Ver-Schwindsucht,* die unsere gesamte Menschheit befallen hat. Hierbei haben allerdings auch sämtliche Kirchen auf der Welt eine klägliche Rolle gespielt. Der von den Menschen weithin empfundene Mangel an Spiritualität, ihre tiefe *Sehnsucht* nach dem *Numinosen* und *Geheimnisvollen* wurde statt dessen von Sekten oder an Esoterik orientierten Gemeinschaften befriedigt. Selbst solche nur scheinbar oberflächlichen Phänomene wie die "Pokemon-Sucht" unserer Kinder, oder das "Allgemeine Harry-Potter-Fieber" zeigen noch in die gleiche Richtung.

C. G. Jung hat diesen Bewußtseinszustand so beschrieben:

> "In früheren Zeiten, als instinktive Vorstellungen im Geist des Menschen auftauchten, konnte sein Bewußtsein diese in ein zusammenhängendes psychisches Muster integrieren. Aber der "zivilisierte" Mensch kann das nicht mehr. Sein "fortschrittliches" Bewußtsein hat sich selbst aller Mittel beraubt, durch welche die hilfreichen Beiträge der Instinkte und des Unbe-

wußten assimiliert werden könnten. Organe der Assimilation waren jene numinosen Symbole, die allgemein heiliggehalten wurden.

Heute sprechen wir zum Beispiel von "Materie". Wir beschreiben ihre physikalischen Eigenschaften. Wir führen Laborexperimente durch, um einige ihrer Aspekte zu zeigen. Aber das Wort "Materie" bleibt ein trockener, unmenschlicher und rein intellektueller Begriff, der für uns keine psychische Bedeutung hat. Wie anders war dagegen das frühere Bild der Materie - der Großen Mutter -, welches die tiefe emotionale Bedeutung der Mutter Erde ausdrückte. Auf dieselbe Weise wird das, was der Geist war, heute mit dem Intellekt identifiziert und hört damit auf, der Vater des Weltalls zu sein. Er ist zu den beschränkten Ich-Gedanken des Menschen degeneriert; die unermeßliche emotionale Energie, die in dem Bild "unser Vater" ausgedrückt war, versickert im Sand einer intellektuellen Wüste."[53]

Vor etwa zweihundert Jahren, zu *Hahnemanns* Zeiten, sah dies alles noch ganz anders aus. Damals existierte dieser ganze spirituelle Überbau noch einigermaßen, so daß er auch gar nicht über die Verluste in dieser 4. Ebene nachzudenken brauchte und folgerichtig auch nur "seine" drei Ebenen benötigte, um die chronischen Krankheiten zu behandeln, die aus den Beschädigungen in den drei darunter liegenden Ebenen herrührten. Der Begriff des *Miasmas* (was aus dem Griechischen kommt und *Befleckung, Schmutz, Verbrechen, Greuel* oder auch *Schuld* heißen kann) war ja schon immer eher ein kulturhistorisch-sozialhygienischer als ein klinisch-medizinischer Begriff.

Deswegen halten wir es für angebracht, nach all dem Gesagten über die Zerstörungen in der spirituellen 4. Ebene, die nach *Hahnemann* stattgefunden haben, nun doch, gewissermaßen offiziell, das *4. Miasma der Tuberkulinie* zu etablieren. Das taoistische Verständnis der Dinge: "wie außen so innen, wie oben so unten, wie in der Umwelt so im Menschen", gilt für alle Naturreiche und somit kann sich selbstverständlich gerade die Homöopathie nicht davor verschließen, wo sie doch beansprucht, die "via regia" (= der Königsweg) der natürlichen Heilweisen zu sein. Es geht nicht weiter an, in einer Art *traditionalistischer Vogel-Strauß-Politik* den Kopf in den Sand zu stecken und so zu tun, als habe sich die Welt (und damit die Homöopathie) seit *Hahnemann* nicht mehr weiterentwickelt. Man sollte es nicht als Sakrileg auffasssen, wenn wir von einem 4. Miasma sprechen, wo *er* doch nur 3 kannte. Betonmentalität hat noch nie irgendwelche nötigen Entwicklungen aufgehalten, vor allem dann nicht, wenn uns die tagtägliche Arbeit in der Praxis lehrt, daß die *Tuberkulinie* unter unseren Patienten bereits grassiert. Selbst unser Alt-Meister war schon etwas davon "affiziert", sind doch wohl die 36 Umzüge in seinem Leben durchaus als "dromoman" zu verstehen. Dies ist keine Verunglimpfung oder Heiligenbeschädigung, sondern eine normale Beobachtung über einen normalen Menschen.

Wenn wir nun unser anfängliches Stufen-Denkmodell dahingehend fortsetzen, daß wir nun auch noch die Hauptmedikamente, die Hauptnosoden und schließlich die bisher fehlende C 4-Ebene hinzufügen, dann sieht das Ganze so aus:

- C 1-Stufe: Körperliche Symptome; Erde; Psora; Calc. & Sulph.; Psorinum
- C 2-Stufe: Emotionale Symptome; Wasser; Sykosis; Puls. & Thuj.; Medorrhinum
- C 3-Stufe: Geistige Symptome; Luft; Syphilinie; Aur. & Lach.; Syphilinum
- C 4-Stufe: Spirituelle Symptome; Feuer; Tuberkulinie; Phos. & Olib.; Tuberculinum

Nun wird sich jeder sofort fragen: Was sind denn eigentlich *Spirituelle Symptome?* Es sind natürlich nicht nur Symptome, die während der C 4-Verreibung auftreten, obwohl sie es dort mit Vorliebe tun. Sondern es sind alle Symptome, die durch eine *höhere Eingebung,* zum Beispiel auch nach einem Traum oder während einer Meditation jemandem einen Weg der körperlichen, emotionalen oder geistigen Verarbeitung aufgezeigt haben. Es handelt sich um Symptome, durch die man für sich (oder auch für andere) zu einer Erkenntnis und Einsicht, einer Beurteilung und Zuordnung und damit zu einer Klärung und Klarheit gekommen ist, oder sich zumindest auf dem Weg dahin befindet. Diese Symptome können auf allen C-Stufen auftreten.

Erläuternde Beispiele:

- "Meine Augen wurden klarer, wie wenn ein Schleier weggezogen wäre." Dies ist nur vordergründig ein rein körperliches Symptom, das auch tatsächlich so während einer C 1-Verreibung aufgetreten ist. Es könnte aber auch (dann als Gedanke oder Erinnerung) während der C 3-Stufe erscheinen.
- "Jetzt hab' ich wieder diese blöden Herzstiche! Hab' grad' an meine verstorbene Mutter gedacht." Dies ist nicht nur ein emotionales Symptom (C 2-Ebene), das sich ein körperliches Ventil sucht, sondern es ist zusätzlich ein spirituelles Symptom, weil es einen auffordert, sich das dahinterliegende Problem mit der Mutter anzuschauen. Es könnte so im Prinzip auf jeder Verreibungsstufe auftreten, vorzüglich aber während der C 2-, vielleicht auch der C 4-Verreibung.
- "Gedanke: im Urlaub fühlte ich mich pudelwohl, aber kaum zurück bei meiner Arbeit fingen meine Nackenverspannungen und die Kopfschmerzen wieder an." Dies wäre ein typisches spirituelles Symptom, wo der Proband selbst erkannt hat, daß seine körperlichen Beschwerden auf eine chronisch-geistige Überforderung (Mobbing-Situation?) zurückzuführen sind. Dieses

etwas komplexe Symptom könnte sowohl während der C 3- als auch der C 4-Verreibung aufgetreten sein.

- "Gerade konnte ich verfolgen, wie sich der linksseitige Hinterkopfschmerz (stechend mit Ausstrahlung über den Schädel bis zur Stirn und zum inneren Augenwinkel) den ganzen Rücken und die Rückseite des Beins hinunter bis zur Außenseite des linken Kleinzehs entwickelte und mußte dabei plötzlich an meinen Vater denken, der immer Blasenentzündungen hatte und habe das Gefühl, ich muß mich deswegen untersuchen lassen." Dieses anscheindend so präzise geschilderte reine Körpersymptom, das genau die Zusammenhänge der Schmerzentstehung beziehungsweise der Ausbreitung und schließlichen Lokalisierung an einem bestimmten Punkt des Blasenmeridians klar macht, ist in Wahrheit gleichzeitig ein spirituelles Symptom, da dem Verreiber aus dem Unbewußten die tieferen Verbindungen zwischen seinen Beschwerden mit denen seines Vaters klar wurden.

Wir haben bewußt für alle 4 Ebenen körperlich imponierende Symptome gewählt, die jeweils eine spirituellen Anteil enthielten. Solche und ähnliche Symptome sind ganz häufig während der *Olibanum*-HAMSE aufgetreten. Sie tauchten nicht nur während der Verreibungen, sondern genauso nach den Arzneieinnahmen auf. Wir fanden sehr schöne spirituelle Symptome, sowohl bei der *Olib. C 6*-, als auch bei der *Olib. XM*-Einnahme. Aus diesem Grund und weil *Klärung, Klarheit und Wahrheit* typische *Olibanum*-Schlüsselsymptome sind, haben wir es gewagt, *Olib.* als pflanzliche Substanz dem *Phosphor* (als C 4-Ebene - Tuberkulinie - Hauptmittel) an die Seite zu stellen. Die Ähnlichkeiten zwischen diesen beiden Arzneien sind so auffällig und so einleuchtend, daß wir glauben, dies verantworten zu können. Nach unserer langjährigen Behandlungserfahrung mit *Olibanum* können wir sagen, daß sich beide gut ergänzen, sich gut nachfolgen (und zwar in beiden Richtungen), aber sich auch komplementär verhalten. Man könnte sogar *Olib.* als das *vegetabile Phos.* bezeichnen.

Wir möchten aber hervorheben, daß es keinesfalls darum gehen kann, auf die bisherigen drei geläufigen Ebenen einfach noch eine vierte oben draufzusetzen. Dies reicht uns auf keinen Fall als Rechtfertigung für die gewünschte Einführung der 4. Ebene und damit des 4. Miasmas aus. Es geht vielmehr darum, daß die *Spirituelle Ebene* eine ganz besondere, eine wirklich übergeordnete und auf alle darunter gelegenen Ebenen einflußnehmende und einwirkende *Leitschicht* ist. Wir haben dies durch unsere erläuternden Symptome versucht anzudeuten: Die spirituelle Ebene kann allen sich körperlich äußernden Symptomen zusätzlich zum emotionalen oder geistigen Aspekt auch noch eine spirituelle Färbung geben. Die 4. Ebene ist nämlich die, auf der sich das Wesen, die Essenz, der Geist (oder wie auch immer man es noch nennen mag) aller unserer Arzneien manifestiert. Damit ist sie eigentlich die für die Homöopathie wichtigste und entscheidende Ebene, denn hier liegen auch ihre eigenen Wurzeln.

Witold Ehrler, der zusammen mit *Jürgen Becker* in den letzten Jahren sehr viel Grundlegendes auf diesem Gebiet erarbeitet und erforscht hat, drückte es ein wenig anders aus: "Erst auf der C 4-Stufe der Verreibung beginnt der Stoff als Wesen selbst sich zu äußern, was er genau von uns will und worin seine Lösung für uns enthalten liegt." Oder an anderer Stelle: "Die Annäherung an die *reine Wesenhaftigkeit* des Stoffes, seine tiefe *Bestimmung in der Schöpfung*, worin seine Arzneikraft letztlich begründet liegt, ist für uns am ehesten in der C 4-Stufe gegeben." [J. Becker und W. Ehrler: *Die resonante C 4-Verreibung.* IHHF, Freiburg, 1997.]

Edith Dörre hat über ihre langjährige Arbeit mit den *12 Heiligen Edelsteinen,* die in der Johannes-Apokalypse erwähnt werden, einen etwas anderen Zugang zur C 4-Ebene gefunden. Sie schreibt in der Monatszeitschrift *Novalis* folgendes darüber: "In der Apokalypse des Johannes schließlich eröffnet sich der Menschheit die Geistwelt.[...] Sie ist in 4 Bewußtseinsebenen aufgebaut, die jeweils 7 Entwicklungsschritte enthalten. [...] Alle drei [Ebenen] haben ihren gleichberechtigten Platz und verbinden sich dann in der vierten Ebene C 4 zu einer übergeordneten Einheit. Auf dieser vierten Stufe, auf der sich das Wesen offenbart, verbinden sich subjektiv und objektiv." [14]

Man sieht, es ist überall - nur mit leicht veränderten Worten - eigentlich vom Gleichen die Rede: der C 4-Ebene, als neuer, notwendig gewordener Stufe der Homöopathie. Wir denken, daß wir auch hier wieder Zeuge der Entstehung eines *morphogenetischen Feldes* im Sinne von *Rupert Sheldrake* sind.

Dies ist allerdings alles nicht so fürchterlich modern und neuartig, oder gar revolutionär, wie es zunächst erscheinen mag. Beim neuerlichen Lesen in *Friedrich Weinrebs* kleinem, aber unersätzlichen Büchlein *Buchstaben des Lebens* [98] sind wir auf uralte Wurzeln gestoßen, die uns noch viel mehr als alles bisher Gesagte in der eminenten Wichtigkeit der *Spirituellen Ebene* bestärken und versichern. Vorausgeschickt werden muß noch, daß der 4. Buchstabe des hebräischen Alphabets *Daleth* heißt, als Sinnbild die *Tür* und als Zahlenwert natürlich die *Vier* bedeutet. *Weinreb* schreibt nun zum tieferen (oder auch höheren) spirituellen Sinn von *Daleth,* der *Vier* und der *Tür*: "[...] wir haben gerade festgestellt, daß der Weg des Menschen durch seine eigene Welt ihn zu dieser Türe führt, die ihm dann die Anwesenheit von Welten außerhalb seiner eigenen zeigt. Das bedeutet auch, daß es für den Menschen selbst nicht nur dieses irdische Leben gibt, sondern daß wir nach dem Weg durch dieses Leben die Türe zu weiteren Leben finden." [...] "Ja", fuhr jetzt Dan weiter, "für mich ist diese

Tür entscheidend wichtig. Sie ermöglicht erst die Beantwortung vieler Fragen, die nicht möglich wäre, wenn man nichts von der Anwesenheit dieser Tür wüßte. Sogar wenn die Tür geschlossen bleibt - man weiß, daß es sie gibt. Und das allein ist schon der Anfang einer Möglichkeit zur Antwort. Der Sinn unseres Daseins kann uns nur bei offener Tür erfreuen, und der Sinn der ganzen Welt kündet sich dann wohl auch an." "Gewiß", meinte David, "da zeigt sich uns eine neue Dimension des Lebens; nämlich die Dimension von Glaube, von Liebe, von Hoffnung.[...] Innen im Hause finden wir immer nur uns selbst, könnten wir meinen alles sei bereits bekannt oder könnte jedenfalls errechnet werden. Man wird deshalb sogar ablehnend neuen, anderen Erfahrungen gegenüber. Es entstehen diese langweiligen und gelangweilten Besserwisser. Sie zeigen nur ihre Beschränktheit, eben das Fehlen einer Verbindung mit dem außerhalb des Hauses.[...] Aber wenn die Tür da ist und geöffnet werden kann, dann erst gibt es die Beziehung zum Anderen. Dann erst erwächst das was Liebe genannt wird. Das Abenteuer mit dem Unbekannten, das Wagnis. Es setzt den Glauben voraus, und man erfährt den Reiz des Hoffens. Liebe hebt jede Langeweile auf, die Welt steht offen, und alles ist möglich. [...] und man kann das Dasein eines solchen "anderen" nicht einfach abstellen, es gehört zum Menschen, zu seiner Eigenheit.[...] jetzt, durch die Türe steht der Mensch einfach für die obere Dimension, die Ausdehnung oben, offen. Und er erhält, wie Abraham, die Botschaft von dort her. In den Gästen [die durch die offene Tür kommen] werden jetzt Engel, sogar der *Herr* selbst, erfahrbar."[98].

Für uns ist immer wieder verblüffend, läßt uns in tiefem Staunen ratlos aber beglückt zurück, wie solche Weisheiten, die in einem völlig anderen Zusammenhang über die *Vierheit* geäußert wurden, plötzlich *für uns* eine nicht mehr zu steigernde oder zu überbietende Prägnanz erhalten. Ein glühenderes Plädoyer für die C 4-Ebene, als es gerade eben *F. Weinreb* hielt, hätten wir auch nicht halten können. Auf derartige Synergie-Effekte stießen wir während unserer *Weihrauch*-Arbeit laufend.

Bleibt zum Abschluß dieses Kapitels nur noch ein anderer alter weiser Mann zu zitieren, nämlich *Ödön von Horvath*: "Ohne Glaube, Liebe, Hoffnung gibt es logischerweise kein Leben."

Erklärendes zum Studiendesign

Allgemeine Überlegungen über das Vorhaben Weihrauch-HAMSE

Es war von Anfang an unser Hauptanliegen, möglichst viele verschiedene Arten, der in den letzten Jahren geläufigen homöopathischen Arzneimittelselbsterfahrungs- Methoden (= HAMSE) nacheinander durchzuführen, um dann ihre Ergebnisse *unvoreingenommen* miteinander vergleichen zu können. Natürlich war uns dabei (genauso von Anfang an) klar, daß wir uns mit dieser ungewöhnlichen Vorgehensweise mit ziemlicher Sicherheit zwischen alle nur möglichen Stühle setzen würden. Aber es kam (und kommt) uns darauf an, der in unserer geliebten Homöopathie leider nur allzu verbreiteten Tendenz der gegenseitigen Ausgrenzung entgegenzuwirken. Dies bedeutet nun aber, daß wir alle Protagonisten der verschiedensten Schulen und Strömungen zumindest um Nachsicht bitten möchten, wenn wir nicht alle *ihre* Vorschriften und Vorstellungen genau eingehalten haben. Verbunden damit möchten wir einfach allen, die dieses Buch studieren, vorschlagen, dies mit möglichst großer Unvoreingenommenheit zu tun und sich von unserer guten Absicht anstecken zu lassen, möglichst versöhnlich auch die Vorteile der jeweils anderen Methode zu begutachten und eventuell die Nachteile der eigenen Methode anzuerkennen. Es geht uns vor allem *um das erlösende Miteinander.* Nicht umsonst ist dieser Begriff nach unseren bisherigen Erfahrungen mit *Olibanum* ein ganz zentrales Anliegen, ein *geistiges Schlüsselsymptom* dieser Arznei. Es sollte um eine möglichst emotionslose Geisteshaltung im Sinne eines erweiterten *audiatur et altera pars* gehen: Nicht nur das *Anhören* der anderen Seite, sondern sogar das *Annehmen* der anderen Seite, sollte unser gemeinsames Ziel sein. Dies im Sinne der Demut und Bewunderung für das *Wesen der Arznei*, das sich uns mit den verschiedensten Methoden der Selbsterfahrung darbietet, oder besser gesagt offenbart. Auch im Sinne der Ehrfurcht vor der Schöpfung, die bei jedem unserer *Annäherungsversuche* so gütig ist, wieder ein Stückchen ihres Geheimnisschleiers zu lüften.

Allgemeine Grundlagen und Testkriterien

Das für uns *wichtigste Kriterium* bei dieser HAMSE war ihre *größtmögliche Praktikabilität:* sie durfte weder zu kostspielig, noch zu personalaufwendig werden - vor allem in bezug auf die Supervisoren.

Da wir ja von Anfang an geplant hatten, verschiedene Selbsterfahrungsmethoden durchzuführen und zu vergleichen, war uns von vornherein klar, daß wir mit der üblichen ProbandInnen-Anzahl von 15 - 20 Personen nicht auskommen würden. Also mußte, soweit wie irgend nur vertretbar, auf überflüssige

HAMSE-Strukturen verzichtet werden. Es war zum Beispiel überhaupt nicht im entferntesten daran zu denken, bei jedem/jeder der ProbandInnen (vor allem in den großen Gruppen) eine komplette homöopathische Erstanamnese vorzunehmen. Statt dessen wurde in den Vorbesprechungen in den einzelnen Gruppen ausdrücklich auf nachfolgende *Testkriterien* hingewiesen:

- Es sollten nur Personen teilnehmen, die sich augenblicklich gesund fühlten.
- Nicht teilnehmen sollten akut oder chronisch Erkrankte. Auch dann nicht, wenn sie sich in konstitutioneller homöopathischer Behandlung befanden.
- Weiblichen Testpersonen, die gerade ihre Menstruation hatten, wurde die Teilnahme nicht empfohlen, aber es war kein echtes Ausschlußkriterium.
- Die Einnahme von hormonellen Kontrazeptiva war - im Gegensatz zu *Sherrs* [87] Empfehlung - kein Ausschlußkriterium.
- Auch *Genußmittel*-Konsum (wie z. B. Kaffee, Tee oder auch Nikotin und der "übliche" Alkohol) war kein Grund zum Ausschluß - dies abweichend von *Hahnemann* [36] und *Sherr* [87]; denn oft entstehen gerade in diesem Sektor ganz wertvolle Symptome, wie: "Abneigung gegen den gewohnten Dämmerschoppen", oder "die übliche Morgenzigarette schmeckt heute gar nicht". Ähnliche Symptome traten übrigens auch bei uns auf. Dies sind dann "geheilte Symptome" und oft wichtige Hinweise auf das Wirkungsspektrum der Testarznei.
- Es wurde vereinbart, daß alle deutlichen, bisher nicht gekannten Symptome sofort möglichst detailliert mit Modalitäten, Dauer, Erstreckung etc. notiert werden sollten.
- Prüftagebücher wurden nicht geführt, weil dies für die sechs Tage, die die HAMSE bei der *Freudenstädter* Gruppe von 50 Personen nur lief, zu aufwendig gewesen wäre. Statt dessen wurden morgens und abends in dieser Groß-Gruppe Besprechungen über die Symptome abgehalten und diese wurden von den Supervisoren sofort in ein Kopf-zu-Fuß-Schema eingetragen, zusammen mit den Initialen, dem Alter und Geschlecht der ProbandInnen, dem Datum und Zeitpunkt des Auftretens oder Verschwindens der Symptome.
- Diese Besprechungen, die wir nicht nur, wie bei *Sherr* [87] oder auch *Hansel* [41] beschrieben, am Ende der gesamten Prüfphase abhielten, sondern wie gesagt zweimal täglich, halten wir für das wichtigste Instrument jeder Gruppenselbsterfahrung; dadurch kommt sehr rasch ein größeres und intensiveres Verständnis für die Dynamik der Arznei und damit natürlich auch des Selbsterfahrungsprozesses auf, der mehr und mehr von der Gesamtgruppe, *wie von einer Person* (wie *Sherr* es nannte), getragen und erfahren wird. Außerdem bewirkt diese Vorgehensweise einen didaktisch sehr wertvollen Fortbildungseffekt.

- Bei den Verreibungsgruppen wurde nach jeder C-Stufe eine ausführliche Besprechung durch den Supervisor durchgeführt und am Ende eine Abschlußbesprechung, mit dem Versuch, ein vorläufiges Arzneimittelbild zu erstellen.

Erläuterungen zur Codierungssystematik

- Alle Codes beginnen mit einem Großbuchstaben von A - T.
- Danach folgen bei den Gruppen oder Einzelpersonen, die *Olibanum* in verschiedenen Potenzhöhen einnahmen (A - F und N - T) *zwei* Ziffern: z.B. A01 - A20.
- Bei allen Gruppen oder Einzelpersonen, die *Verreibungen* durchführten (G - L) folgen *drei* Ziffern: z. B.G011 - G054; dabei zeigen die zwei ersten Ziffern immer die Person an und die dritte Ziffer zeigt die C-Stufe der Verreibung an. Dies bedeutet für den Code H014: Er gehört zum ersten Kandidaten in der Verreibungsgruppe H und bezeichnet ein Symptom, das bei ihm während der Verreibung auf der C 4-Stufe auftrat.
- Dies alles dient dem Zweck, später in der Aufstellung aller über 1800 Symptome im Kapitel "Repertoriums-Rubriken", *jedes einzelne Symptom* über die ihm in eckigen Klammern [...] angefügte Codeziffer bis zum/zur ProbandIn zurückverfolgen zu können.
- Die einzige Ausnahme vom Codierungssystem ist die Gruppe M, die eine Blindverreibung durchführte und wie eine einzige Person behandelt wurde.

Verhältnis und Unterschied zwischen homöopathischen und schulmedizinischen Medikamententestverfahren

Es wurde nicht doppelverblindet, nicht randomisiert und nicht placebokontrolliert, weil wir meinen, daß man diese naturwissenschaftlichen Spitzfindigkeiten ganz alleine der Schulmedizin überlassen sollte. Sie hat diese *Plagegeister* erfunden, nun soll sie sich folgerichtig mit ihnen herumschlagen. Je mehr schulmedizinische Arzneimittelprüfungsmethoden wir nämlich in die Homöopathie übernehmen, desto berechtigter werden die Forderungen der Arzneimittelprüfbehörden nach einer Gleichsetzung unserer homöopathischen Arzneiprüfungen mit den schulmedizinischen, hochwissenschaftlichen und von einer finanzpotenten chemischen Industrie gesponsorten Prüfungen. Dies darf nie und nimmer passieren, denn es würde die gesamte Homöopathie samt ihren Arzneien zerstören. Den Anfang erleben wir ja bereits mit geplanten oder auch schon durchgesetzten Verboten von altbewährten Arzneien wie *Sepia* oder sogar *Calcarea*, nur weil sie tierischer Herkunft sind. Aus diesen Gründen möchten wir dringend empfehlen, in der Homöopathie nicht weiterhin von Arzneimittel*prüfungen*, sondern besser nur noch von homöopathischen Arzneimittel*selbsterfahrungen* (=HAMSE) zu sprechen. Dieser Begriff allein beschreibt zum einen genauer was und wie wir's tun (nämlich freiwillig und an uns selbst) und zum anderen unterstreicht er unseren Anspruch auf eine völlig andere, auch völlig unvereinbare und damit eigenständige Testmethode. In dieser Beziehung verhalten sich unsere österreichischen Kollegen seit Jahren viel schlauer und weitsichtiger. In diesem Zusammenhang müssen wir immer wieder an die mahnenden Worte von *Edward Whitmont* anläßlich der Jahrestagung des DZVHÄ von 1998 denken, wo er so eindringlich davor warnte, sich mit der Schulmedizin und ihren Organen zu intensiv einzulassen, weil man sonst aufgesaugt wird und seine Identität verliert. Der gesamte Text seiner Worte ist - weil er uns so wichtig erscheint - am Ende dieses Buches abgedruckt.

Anmerkungen zu den einzelnen HAMSE-Gruppen

Insgesamt wurde die Selbsterfahrung mit 104 ProbandInnen durchgeführt, wobei mit 54 weiblichen und 48 männlichen Personen, die Symptome entwickelten, ein recht ausgeglichenes Geschlechterverhältnis bestand. Nur je eine weibliche und eine männliche Testperson entwickelten keine Symptome, so daß schließlich die Ergebnisse von 102 Personen auszuwerten waren.

- Die größte Gruppe von 50 ÄrztInnen, 29 weibliche und 21 männliche, bildeten die Teilnehmer der *Freudenstädter* Homöopathie-Fortbildung im Herbst 1997. Sie nahmen jeweils *Olib. C 30* (Gudjons) ein: am 1. Tag morgens jeweils 2 Globuli; waren bis zum Abend keine eindeutigen Symptome aufgetreten, wurden erneut 2 Globuli eingenommen. Das gleiche Schema wiederholten wir am 2. Tag. Waren bis zum 3. Tag keine Symptome eingetreten, wurden diese Testpersonen als *Non-responder* eingestuft und nahmen nicht weiter am Test teil. Sobald bei einem Probanden Symptome aufgetreten waren, erfolgte natürlich keine weitere Einnahme. Die Arznei wurde *blind* eingenommen; das heißt, weder die Testpersonen noch die Supervisoren wußten, was sie einnahmen. Nur der Prüfungsleiter wußte Bescheid. Beurteilung: Von dieser Gruppe hatten insgesamt 52 Personen die Arznei eingenommen; nur zwei entwickelten überhaupt keine Symptome. Bei allen ProbandInnen wurden nur die einnahmenahen Symptome verwertet, denn nur die ersten sechs Tage nach der Einnahme wurden aufgezeichnet. Lediglich ganz sichere und deutliche *neu aufgetretene* oder *geheilte Symptome* wurden registriert. Alles was nicht eindeutig zuzuordnen war, wurde rigoros ausgesondert. Es kann durchaus sein, daß dadurch das eine oder andere wertvolle und echte Symptom verloren ging, aber jede andere Vorgehensweise wäre zu zeit- und arbeitsaufwendig gewesen, um zu einer validen Verifizierung zu gelangen. Sie finden die *Freudenstädter* Gruppe im Kapitel "Auflistung der ProbandInnen-Gruppen" unter den Codes A - F.

Nach dieser Großgruppe, die sozusagen den konventionellen Teil unserer HAMSE darstellt, kommen wir nun zu den sogenannten *Verreibungs*-Gruppen (G - M), zu denen jeweils nur kurze Erläuterungen nötig sind.

- Die *Gruppe G* war die erste, die für diese HAMSE eine Verreibung durchführte; von der C 1 - C 4; jeweils 2 Potenzstufen an einem Nachmittag mit einwöchiger Pause dazwischen. Dies hatte aber keinen negativen Einfluß auf die Valenz der Symptome, wie von Verreibungsexperten vorher vermutet worden war. Alle Teilnehmer waren dem Supervisor bestens bekannt, so daß eine Anamnese nicht nötig war. Die vorherige Aufklärung über die Verreibungsmethode und die anschließenden Symptomen- und Schlußbesprechungen waren sehr intensiv.
- Die *Gruppe H* bestand aus sechs *drogenerfahrenen Therapeuten*, was bedeutet, daß alle Drogenabhängige behandeln und ein Teil selbst eigene Drogenerfahrung hat. Verreibung von C 1 - C 4, ein Proband anschließend alleine noch bis zur C 5. Diesmal erfolgte die Verreibung ohne Unterbrechung in drei Tagen mit sehr intensiven Besprechungen und Diskussionen. Die Stimmung und Schwingung war in dieser Gruppe so intensiv, daß noch bis zu drei Tagen danach valide Symptome auftraten und registriert wurden.
- Die *Gruppe I* führte an einem Tag eine strikt an den *Hahnemannschen* Vorschriften [36] orientierte Verreibung von C 1 - C 3 durch. Es war mit neun Teilnehmern unsere jüngste Verreibungsgruppe, alles ÄrztInnen oder MedizinstudentInnen, die am Augsburger Drei-Monats-Kurs der Arbeitsgemeinschaft klassisch homöopathisch behandelnder Ärzte e.V. - Hahnemanngesellschaft teilnahmen. Der Supervisor war ein erfahrener Homöopath, der schon einige Verreibungen gemacht und geleitet hatte. Die Teilnehmer hatten sich gegenseitig (ausbildungskonform) die Anamnese erhoben. Die Ergebnisse waren *sehr bunt, vielseitig, phantasiereich* mit viel Selbstreflexion. Die Stimmung dabei in typischer Weise *teils heilig, teils albern.*
- Unter *Code K* folgt eine verreibungserfahrene Heilpraktikerin, die alleine von C 1 - C 4 verrieb. Sie hatte sehr eindrucksvolle Symptome (*Schmutz und Reinigung; Geburt und Tod)*, die später durch andere Verreibungsgruppen bestätigt wurden.
- Die *Gruppe L* umfaßt drei sehr erfahrene Verreiber, die jeweils für sich von C 1 - C 3 verrieben. Eine Probandin hat die Symptome nicht nach C-Stufen differenziert, weswegen sie für alle ihre Symptome den Code L020 erhielt. Von der anderen Probandin stammt das geistige *Olibanum*-Leitsymptom: *Es geht um das erlösende Miteinander.* Alle drei Testpersonen waren sehr erfahrene, quasi Profiverreiber, die mit großer Versiertheit nur absolut neue und für die Arznei typische Symptome aufzeichneten.

- Die *Gruppe M* führte unter Anleitung eines erfahrenen homöopathischen Kollegen eine *Blindverreibung* durch. Interessant ist, daß die registrierten Symptome völlig übereinstimmend mit denen der anderen Gruppen sind, teilweise mit gleichem Wortlaut. Dies ist ein starkes Argument für unsere Meinung, daß bei den Verreibungen genauso valide und nachvollziehbare Symptome registriert werden, wie bei der Arzneieinnahme. Dies zu beweisen war ja mit ein Hauptanliegen unserer HAMSE. Wir möchten dazu auch auf das Kapitel "Grundsätzliches über Verreibungen" verweisen. Bemerkenswert ist überdies das Phänomen, daß wir das Titelbild für unser Buch der Phantasieleistung dieser Gruppe verdanken. Die ganze Gruppe wurde *wie eine Person* betrachtet. Entsprechend darf es nicht verwundern, wenn der Code M in manchen Rubriken sogar zwei- oder dreimal auftaucht, denn dahinter verbergen sich ja zehn Unter-Personen.
- Die *Gruppe N* ist die erste der Gruppen, beziehungsweise Einzelpersonen, die verschiedene andere Potenzen als die anfängliche C 30 eingenommen haben. In diesem Fall nahmen 9 Personen, die dem Supervisor bekannt waren, einmalig 3 Globuli *Olib. C 40/5* (Eigenherstellung) bewußt ein. Die Nachbeobachtungs- und Nachbetreuungsphase ging bis zu einem Monat. Überraschenderweise kam es bei vielen ProbandInnen zum *Aufflackern alter Krankheitssymptome* und danach dem dringenden Verlangen, eine *Klärung* herbeizuführen oder sich *Klarheit* zu verschaffen (= Leitsymptom) und dies obwohl sich die einzelnen Personen nie begegneten, denn sie wurden vom Supervisor einzeln und separat betreut. Ob das Wiederhervorbringen alter Zustände und das fast imperative Klärungsverlangen etwas mit der Tatsache zu tun hat, daß die Arznei bis zur C 5 verrieben und anschließend bis zur C 40 handverschüttelt wurde, ist bisher nur eine Vermutung und könnte mit dieser speziellen Fragestellung in einer besonderen Studie geklärt werden.
- Unter *Code P01* wurden die Symptome eines anamnestisch erfaßten Probanden gesammelt, der bewußt täglich 5 Globuli *Olib. C 12/4* (Eigenherstellung) einnahm. Dieser Test mußte nach neun Tagen wegen erheblicher Arzneiwirkungen wie starker Übelkeit, massiven Schlafstörungen, rechtsseitiger Torticollis und extremer Müdigkeit abgebrochen werden. Alle Symptome verschwanden innerhalb einer Woche ohne Antidotierung nur durch ableitende Maßnahmen und Akupunktur. Die Schwere der Reaktion veranlaßte uns, einer Gruppe von zehn weiteren Personen abzusagen.
- Die *Gruppe Q* umfaßt fünf ProbandInnen, die allesamt dem Supervisor von einer früheren gemeinsamen Verreibungsgruppe bekannt waren und deswegen anamnestisch nicht mehr befragt werden mußten. Diesmal nahmen sie getrennt von einander täglich 3 x 5 Globuli *Olib. C 6/5* ein. Manche nur

eine Woche lang, weil die Reaktionen (u.a. Gelenkbeschwerden, Schlafstörungen, Unruhezustände, Herzsensationen und kaum noch erträgliche Sehnsuchtsgefühle) zu extrem wurden. In einigen Fällen mußte sogar *antidotiert* werden, was (natürlich je nach Symptomatik) am besten mit *Nux-v.*, *Ign.*, *Nat-m.* und *Camph.* gelang. Eine Probandin hatte die Arznei in bleibender Dosierung vierzig Tage lang eingenommen und dabei vor allem eine immer größere Bewußtseinserweiterung erfahren. Da dies für sie ein sehr angenehmer Zustand war und sie dem Supervisor bestens bekannt und in direktem Kontakt war, wurde so lange weiter getestet, bis ihre *Suchttendenzen* (nach Alkohol, Zigaretten und Sex) und gleichzeitige *Sehnsuchtsgefühle* (nach Reisen und fremden Ländern) eine Last für sie wurden. In diesem Fall wurde mit ihrem Konstitutionsmittel *Sepia* in der *Q 6* antidotiert. Immerhin hat sie uns mit ihrem Durchhaltevermögen zu sehr schönen Geistes- und Gemütsymptomen verholfen. Aus dieser Gruppe muß unbedingt ein wichtiges Vorkommnis berichtet werden. Eine Probandin brach nach zehn Tagen die weitere Einnahme wegen angeblich starker Schlafstörungen ab; sie habe die Sache aber im Griff und der Supervisor bräuchte sich keine weiteren Gedanken zu machen, beruhigte sie ihn. Erst nach längerer Zeit gab sie in einer Nachbesprechung zu, während der *Olib. C 6/5*-Einnahme einen *Rückfall* in ihre seit vielen Jahren bestehende *Alkoholabhängigkeit* gehabt zu haben. Immerhin brachte sie der *Weihrauch* dazu, die *Wahrheit* zu sagen und für *Klarheit* zu sorgen - dies ist inzwischen zu einem *Olibanum*-Leitsymptom geworden. Dieser Vorfall führte dazu, daß wir einer weiteren Gruppe von sechs Personen absagten.

- Unter *Code R01* ist von einer "Ausnahme-Probandin" zu berichten. Sie ist eine langjährige *Rheumapatientin*, bei deren erneuter Vorstellung (nachdem ich inzwischen eine zweijährige Erfahrung mit *Olibanum*-Behandlungen hatte) mir plötzlich klar wurde, daß sie wohl auch eine *Olibanum*-Patientin ist. Eine erneute Fallaufnahme brachte dann so viele wichtige *Olibanum*-Symptome zum Vorschein, daß sie mir, nach gründlicher Aufklärung über das neue Medikament, die Erlaubnis zu einem Behandlungsversuch gab. Sie nahm einmalig 2 Globuli *Olib. C 220/5* (Eigenherstellung) ein. Sie entwikkelte daraufhin sehr eindeutige, meist geheilte Symptome, die 47 Tage lang genau dokumentiert wurden. Diese stimmten so sehr mit denen unserer anderen ProbandInnen überein, daß wir uns entschlossen, sie in die HAMSE mit einzubeziehen, statt sie unter den *Olibanum*-Fällen zu veröffentlichen. Ihre deutlich gebesserte Gemütsverfassung war sehr beeindruckend und führte auf der körperlichen Seite zu Symptomen wie: *wahnsinniger Tatendrang bis zur totalen Erschöpfung.*
- Der Proband mit dem *Code S01* war der Pionier der gesamten HAMSE. Er

nahm bereits im Mai 1996 *Olib. Q 2* (Gudjons) 1 Tropfen täglich ein. Allerdings nur vier Tage lang, weil er so starke *rheumatische Gelenkbeschwerden* am ganzen Körper entwickelte, daß er sich schließlich kaum noch bewegen konnte. Eine Antidotierung war nicht nötig, denn bald nach dem Absetzen war alles wieder wie ein Spuk verschwunden.

- Mit dem *Code T01* ist der zeitlich letzte Proband dieser HAMSE bezeichnet. Er nahm Ende 1998 zweimal (im Abstand von 12 Stunden) jeweils 2 Globuli *Olib. XM* (Schmidt-Nagel) ein. Er war wohl der *Wagemutigste;* allerdings hatte er vorher schon andere *Olibanum*-Potenzen eingenommen und auch eine Verreibung durchgeführt. Da er selbst ein erfahrener homöopathischer Arzt ist und schon viele HAMSE und Verreibungen mitgemacht hat, wußte er genau, auf was er sich da einließ. Seine Symptome wurden genauestens über sechzig Tage aufgezeichnet, so daß es nicht verwundern darf, daß sie in kaum einem Kapitel des Repertoriums fehlen. Sein Haupterlebnis waren sehr *luzide Bewußtseinszustände,* die ihm fast wie *Hellsichtigkeit* vorkamen. Dies gipfelte schließlich in einem *Seelenbegegnungs*-Erlebnis, das im Kapitel "Versuch eines Arzneimittelbildes" unter diesem Stichwort mit seinen eigenen Worten detailliert geschildert ist. Auffällig war für uns, daß das gleiche Phänomen der *Seelenbegegnung* außer bei ihm noch bei zwei Probandinnen vorkam: einmal bei einer Verreiberin auf der C 4-Stufe (Code H024) und zum anderen bei der gerade erwähnten Rheumapatientin. Dies spricht wieder dafür, daß durch Verreibung hervorgerufene Symptome denen aus einer Arzneieinnahme hervorgegangenen als ebenbürtig anzusehen sind.

Zum Abschluß sollen noch die etwas sonderbaren Potenz-Zahlen erklärt werden, die bei der C 4-Verreibung entstehen. Sie fußen auf Überlegungen von *J. Becker* und *W. Ehrler* zu einem abgeänderten Potenzierungs-Schema, dem eine Exponentialfunktion mit der Basis 6 zugrunde liegt.

- Für die *organotrope Ebene* (= C 1-Stufe) ergibt dies: $6^1 = 6 + 4$ (für die vier Verreibungsstufen) = *C 10/4*; dabei zeigt die *10* die Gesamtzahl der Potenzierungsschritte und die *4* hinter dem Schrägstrich die Anzahl der Verreibungsschritte an.
- Die *emotionale Ebene* (= C 2-Stufe) wäre dann entsprechend: $6^2 = 6 \times 6 = 36 + 4 =$ *C 40/4.*
- Für die *mentale Ebene* (= C 3-Stufe) also: $6^3 = 6 \times 6 \times 6 = 216 + 4 =$ *C 220/4.*
- Für die *spirituelle Ebene* (= C 4-Stufe) schließlich: $6^4 = 6 \times 6 \times 6 \times 6 = 1296 + 4 =$ *C 1300/4.*

Einige Arzneien, vor allem die großen Polychreste, wie Lach. Lyc. Phos. Sep. oder Sulph., wurden bis zur C 5-Stufe (= *kollektive Ebene*) handverrieben, dann heißt es zum Beispiel Phos. C 220/5.

Auflistung der ProbandInnen-Gruppen Code A - T

Der erste Teil der HAMSE (Gruppen A - F) wurde ab dem 13. 9. 1997 über sechs Tage während der Freudenstädter Homöopathie-Fortbildung durchgeführt. Alle ProbandInnen waren ÄrztInnen oder MedizinstudentInnen. Sie wurden von den einzelnen Dozenten supervidiert.

A) C 30-Einnahme

A01	m. 36 J.	A11	m. 46 J.
A02	w. 32 J.	A12	m. 42 J.
A03	w. 38 J.	A13	m. 49 J.
A04	w. 33 J.	A14	w. 37 J.
A05	m. 30 J.	A15	m. 31 J.
A06	m. 30 J.	A16	m. 40 J.
A07	m. 60 J.	A17	w. 29 J.
A08	m. 40 J.	A18	m. 50 J.
A09	w. 43 J.	A19	w. 39 J.
A10	w. 41 J.	A20	w. 35 J.

Gesamt:

11 m. Durchschnittsalter: 41,3 Jahre
9 w. Durchschnittsalter: 36,3 Jahre

B) C 30-Einnahme

B01	m. 36 J.
B02	w. 49 J.
B03	w. 43 J.
B04	w. 45 J.
B05	m. 57 J.
B06	m. 37 J.
B07	w. 38 J.
B08	m. 43 J.
B09	w. 38 J.
B10	w. 57 J.
B11	w. 40 J.
B12	w. 37 J.

Gesamt:

4 m. Durchschnittsalter: 43,2 Jahre
8 w. Durchschnittsalter: 43,4 Jahre

C) C 30-Einnahme

C01 w. 36 J.
C02 w. 49 J.
C03 m. 40 J.
C04 w. 32 J.

Gesamt:

1 m. Durchschnittsalter: 40,0 Jahre
3 w. Durchschnittsalter: 39,0 Jahre

D) C 30-Einnahme

(ohne Altersangaben)

D01 w.
D02 w.
D03 m.
D04 w.
D05 w. keine Symptome
D06 m.
D07 w.
D08 m. keine Symptome

E) C 30-Einnahme

E01 w. 45 J.
E02 m. 40 J.
E03 m. 35 J.
E04 w. 34 J.

Gesamt:

2 m. Durchschnittsalter: 37,5 Jahre
2 w. Durchschnittsalter: 39,5 Jahre

F) C 30-Einnahme

F01 w. 44 J.
F02 w. 43 J.
F03 m. 34 J.
F04 w. 44 J.

Gesamt:

1 m. Durchschnittsalter: 34,0 Jahre
3 w. Durchschnittsalter: 43,7 Jahre

Gesamt (Gruppe A-F):

Durchschnittsalter der 19 Männer lag bei 40,8 Jahren.

Durchschnittsalter der 25 Frauen lag bei 40,0 Jahren.

Bei 6 Personen (Gruppe D) gab es keine Altersangabe.

G) C 1 - C 4 - Verreibung

Durchführung:

C 1 und C 2-Verreibung am 12. 7. 1997

C 3 und C 4-Verreibung am 19. 7. 1997

Teilnehmer: 1 Arzt, 1 Ärztin, 2 Hebammen und 1 Laie

(Thema: *Die Pioniere*)

G011 - G014 m. 57 J.
G021 - G024 w. 43 J.
G031 - G034 w. 47 J.
G041 - G044 m. 53 J.
G051 - G054 w. 47 J.

Gesamt:

2 m. Durchschnittsalter: 55,0 Jahre
3 w. Durchschnittsalter: 45,7 Jahre

H) C 1 - C 4 (C 5) - Verreibung

Durchführung: 5. - 7. 12. 1997

Teilnehmer: 2 Ärzte, 1 Ärztin, 1 Hebamme, 1 Heilpraktikerin 1 Physiotherapeut

(Thema: *Die Drogenerfahrenen*)

H011 - H015 m. 53 J.
H021 - H024 w. 47 J.
H031 - H034 w. 57 J.
H041 - H044 w. 47 J.
H051 - H054 m. 24 J.
H061 - H064 m. 43 J.

Gesamt:

3 m. Durchschnittsalter: 40,0 Jahre
3 w. Durchschnittsalter: 50,3 Jahre

I) C 1 - C 3 - Verreibung

Durchführung:

Am 26. 11. 1997 von 9 TeilnehmerInnen des Drei-Monats-Kurses der Arbeitsgemeinschaft klassisch-homöopathisch behandelnder Ärzte e.V. - Hahnemann-Gesellschaft in Augsburg.

Teilnehmer: ÄrztInnen und MedizinstudentInnen.

(Thema: *Phantasie und Selbstreflexion*)

I011 - I013	w. 39 J.
I021 - I023	m. 36 J.
I031 - I033	m. 29 J.
I041 - I043	w. 26 J.
I051 - I053	m. 36 J.
I061 - I063	w. 36 J.
I071 - I073	m. 25 J.
I081 - I083	m. 50 J.
I091 - I093	m. 29 J.

Gesamt:

6 m. Durchschnittsalter: 34,2 Jahre

3 w. Durchschnittsalter: 33,7 Jahre

K) C 1 - C 4 - Verreibung

Einzelverreibung von C 1 - C 4 März 1998; Heilpraktikerin

(Thema: *Schmutz und Reinigung*)

K011 - K014 w. 45 J.

L) C 1 - C 3 - Verreibung

Einzelverreibungen: Apotheker, Ärztin und Heilpraktikerin Oktober 1997 und Februar 1998

(Thema: *Das erlösende Miteinander*)

L011 - L013	m. 56 J.
L020	w. 58 J.
L031 - L033	w. 35 J.

M) C 2 - C 3 - Verreibung

Blindverreibung ausgehend von unserer C 1-Verreibung. Im homöopathischen Arbeitskreis in der Waldhausklinik in Deuringen bei Augsburg am 11. 3. 1998 unter der Leitung des Internisten Dr. Ebert.

(Thema: *Als wäre es eine Person*)

10 Personen, davon 5 w. 5 m. - ohne Altersangabe

N) C 40/5 - Einnahme

Einnahme von C 40 in den Jahren 1997 und 1998.

Teilnehmer: 5 ÄrztInnen, 2 Hebammen, 1 Physiotherapeut, 1 Heilpraktiker.

(Thema: *Altes kommt hoch und verlangt nach Klärung*)

N01 w. 48 J.
N02 m. 49 J.
N03 m. 40 J.
N04 m. 43 J.
N05 m. 24 J.
N06 w. 47 J.
N07 w. 42 J.
N08 w. 43 J.
N09 w. 45 J.

Gesamt:

4 m. Durchschnittsalter: 39 Jahre
5 w. Durchschnittsalter: 45 Jahre

P) C 12/4 - Einnahme

Einnahme von C 12, täglich 5 Globuli vom 9. 7. 1997 - 17. 7. 1997

(Thema: *Schlafstörung und extreme Müdigkeit*)

P01 m. 53 J.

Q) C 6 - Einnahme

Einnahme von C 6, täglich 3 x 5 Globuli im Dezember 1997 und Januar, Februar 1998. Die Einnahme-Dauer war abhängig von Verträglichkeit. Längste Einnahme 40 Tage.

(Thema: *Süchte und Sehnsüchte*)

Q01 w. 39 J.
Q02 m. 43 J.

Q03 m. 40 J.
Q04 m. 30 J.
Q05 w. 50 J.

Gesamt:
3 m. Durchschnittsalter: 37,7 Jahre
2 w. Durchschnittsalter: 44,5 Jahre

R) C 220/5 - Einnahme

Einnahme C 220/5, 2 Globuli am 11. 5. 1998. Genaue Symptomdokumentation über 47 Tage.

(Thema: *Wahnsinniger Tatendrang - totale Erschöpfung*)
R01 w. 49 J.

S) Q 2 - Einnahme

Einnahme von Q 2, täglich 1 Tropfen. Nach vier Tagen wurde die Einnahme abgesetzt.

(Thema: *Rheumatische Gelenkbeschwerden*)
S01 m. 53 J.

T) XM - Einnahme

Einnahme von XM, 2 Globuli am 23. 9. 1998, sowie 2 Globuli am 24. 9. 1998. Symptomendokumentation über 60 Tage.

(Thema: *Seelenbegegnung und Hellsichtigkeit*)
T01 m. 54 J.

Insgesamt:

45 w. (mit Altersangabe): Durchschnittsalter: 42,0 Jahre

41 m. (mit Altersangabe): Durchschnittsalter: 42,5 Jahre

7 m. (ohne Altersangabe)

9 w. (ohne Altersangabe)

Insgesamt ausgewertet: 102 ProbandInnen

Repertoriumssymptome

Die Symptome sind nach folgendem Schema dargestellt:

- Kapitel im Repertorium Synthesis in deutsch und englisch
- Laufende Nummer des Symptoms
- Repertoriumsrubrik in deutsch
- Wertigkeit des Symptoms gefolgt von der Anzahl der Arzneimittel in der Rubrik. (2/97) bedeutet entsprechend: zweiwertiges Symptom in einer Rubrik von insgesamt 97 Arzneimitteln
- Repertoriumsrubrik in englisch
- Prüfungssymptom gefolgt vom Code der Prüferin bzw. des Prüfers.
- Man beachte: Die mit einem Sternchen (*) gekennzeichneten Symptome werden im Kapitel "Weihrauch/Olibanum in der Homöopathie - Versuch eines Arzneimittelbildes" besonders erläutert.
- Geheilte Symptome sind durch [gS] gekennzeichnet.
- Zweiwertige Symptome sind *kursiv* gedruckt, dreiwertige **fett**.
- Neue Symptome bzw. Rubriken sind <u>unterstrichen</u> dargestellt.

Gemüt / Mind

1. <u>Abschied, Trennung - schwierig; fällt schwer</u> (1/1)
Farewell, parting - difficult; is
• Abschied fällt mir schwer [H024]

2. Aktivität; Verlangen nach (1/98)
Activity; desires
• Dynamik und Schwung [H041]
• Aktivitätsdrang [N08]
* Großer Vorwärts- und Aktivitätsdrang [R01]

3. Aktivität; Verlangen nach - abends (1/2)
Activity; desires - evening
* Abends munter [B05]

4. <u>Aktivität; Verlangen nach - nachts</u> (1/1)
Activity; desires - night
* Wahnsinniger Tatendrang bis tief in die Nacht, dann totale Erschöpfung [R01]

5. Aktivität; Verlangen nach - abwechselnd mit - Schwäche (1/3)
Activity; desires - alternating with - weakness
• Abwechselnd müde und frisch [H033]

6. *Albernes Benehmen* (2/67)
Foolish behaviour
• Albernheit [B05]
* Heiter, läppisch [G032]
• Läppisch [G052]
* Zunehmend albern, fast obszön [H033]

- Albernheit [H052]
- * Heilig, abwechselnd mit albern [I032]
- Albern [I032]

7. Alkoholismus (1/138)
Alcoholism
* Kann sagen, ich bin Alkoholikerin (kann die Wahrheit sagen) [Q05]

8. Angst (1/394)
Anxiety
• Angst [A03]
• Angst [I022]
* Unruhe und Angst [L032]

9. Angst - nachts - Mitternacht - nach - 3 h (1/3)
Anxiety - night - midnight - after - 3 h
* Große innere Unruhe und Angst wegen Kälte (um 3 Uhr) [H041]

10. <u>Angst - Bestrafung; vor</u> (1/1)
Anxiety - punishment
• Gedanke: man wird bestraft, wenn man zuviel will [Q01]

11. Angst - Gewissensangst (1/84)
Anxiety - conscience; anxiety of
* Mir geht's schlecht; denke: das ist die Strafe für deine Lustbedürfnisse [Q01]

12. Angst - Kälte - während (1/4)
Anxiety - coldness - during
• Große innere Unruhe und Angst wegen Kälte (um 3 Uhr) [H041]

13. Angst - Schaudern, mit (1/14)
Anxiety - shuddering, with
• Schaudern im Nacken und Rücken, Angst, Grauen [A03]

14. Angst - Seelenheil, um das (1/36)
Anxiety - salvation, about
* Schatten und Gefahren sind mir von der Seele gefallen [gS] [N02]

15. Anspannung, geistige (1/3)
Tension, mental
• Innere Anspannung [A04]

16. Anstrengung - körperliche Anstrengung - Verlangen nach (1/10)
Exertion - physical - desire
• Aktivitätsdrang [N08]

17. Argwöhnisch, mißtrauisch (1/109)
Suspicious
• Mißtrauen gegen Fremde [I031]

18. <u>Autismus</u> (1/1)
Autism
* Bin wie in mir selbst gefangen [S01]
* Komme mir vor wie ein Kind, das in sich selbst gebannt in seiner Welt lebt und spielt [H053]

19. Begreifen, Auffassungsvermögen - leicht (1/40)

Comprehension - easy
- * Glaube zu wissen, was andere denken [H024]
- • Glaube Gedanken anderer Teilnehmer erahnen zu können [H054]
- • Kann über alles Mögliche nachdenken, Wachheit der Sinne [I062]

20. *Begreifen, Auffassungsvermögen - leicht - Zusammenhängen; von* (2/1)
Comprehension - easy - connections of things, ideas; of
- * Verstehen von sexuellen Beziehungen [N08]
- • Führe hochspirituelles Gespräch, was ich schon lange führen wollte, mit großer Klarheit, verstehe plötzlich Zusammenhänge [N05]
- • Tagsüber hitziger Streit mit Tochter wegen Unordnung. Es wird mir bewußt, wie unverschämt sie ist, fast frech. Ich lasse es mir nicht mehr gefallen. Habe nachher ein gutes Gefühl. [K014]
- • Nehme die Schönheit der Landschaft mit neuen, schärferen Auge wahr [T01]
- * Gefühl, dem Punkt des Lebens oder des zentralen Problems der Menschheit oder besser von uns als Gruppe sehr nahe gekommen zu sein [H053]
- * Verstehe meine drogenabhängigen Kinder besser, als würden wir wieder die gleiche Sprache sprechen [Q01]
- * Gefühl: „letzter Nebelvorhang hat sich geöffnet" [R01]
- • Kann echte und falsche Freundschaft sehr gut voneinander unterscheiden [T01]

21. Betäubung (1/253)
Stupefaction
- • Auftreten von Ruhe, valiumähnlich [A05]
- * Bereits nach zwei Bier wie betrunken [N09]
- • Gefühl wie weggetreten [I042]

22. Betäubung - morgens (1/14)
Stupefaction - morning
- * Dicker Kopf, wie nach Alkohol oder Drogen (6.30 Uhr) [G044]

23. Betäubung - nachmittags (1/9)
Stupefaction - afternoon
- • Benommenheit (14.30 Uhr) [I081]

24. Betäubung - Ausschweifung, wie nach (1/2)
Stupefaction - debauchery; as after
- * Dicker Kopf, wie nach Alkohol oder Drogen (6.30 Uhr) [G044]
- • Gefühl wie nach sehr viel Alkohol (nur ein Bier getrunken) [H021]

25. Bett - Bettwärme; Sehnsucht nach (1/1)
Bed - warmth of bed; yearning for
- • Sehnsucht nach Bettwärme [A09]

26. Bett - bleiben; möchte im Bett (1/15)
Bed - remain in bed; desires to
- * Möchte im Bett bleiben, mich einhüllen [Q01]

27. Bewußtheit; erhöhte (1/2)
Awareness heightened
- * Bewußtsein von Körpermitte [I042]

28. Bewußtheit; erhöhte - Geschlecht; für das eigene (1/1)

Awareness heightened - sex; for his or her own
- Fühle mich männlich [N05]

29. Bewußtheit; erhöhte - Körpers; des (1/3)
Awareness heightened - body; of
- Körpergefühl, angenehm [I053]

30. Bewußtheit; erhöhte - Körpers; des - angenehmes Körpergefühl (1/1)
Awareness heightened - body; of - pleasant feeling of the body
* Körpergefühl, angenehm [I053]

31. Bewußtheit; erhöhte - Körpers; des - zentriert; fühlt sich im Körper (1/2)
Awareness heightened - body; of - centered in his body; feels
* Gefühl der Zentrierung auf sich selbst, Wendung nach innen, weniger Aufmerksamkeit nach außen, ohne die Wahrnehmung der Außenwelt zu verlieren [I041]
- Zentrierung auf sich selbst [I042]
- Bewußtsein von Körpermitte [I042]

32. Chaotisch - Ruhelosigkeit; mit (1/2)
Chaotic - restlessness; with
- Unordentlich, durcheinander, unruhig, kriege nichts auf die Reihe [H024]

33. Dankbarkeit (1/2)
Gratitude
- Dankbarkeit [K012]
* Große Dankbarkeit [Q01]

34. Denken - Abneigung gegen (1/68)
Thinking - aversion to
- Abneigung zu denken [H053]

35. Direkt, offen (1/1)
Direct, blunt, open
- Fühle mich ehrlich und direkt [N05]
* Ich bin sehr ehrlich und direkt [Q01]
* Spreche alles offen aus, ohne daß sich jemand verletzt fühlt [R01]

36. Diskutieren - Verlangen zu (1/2)
Discuss - desire to
- Große Diskussion über Rechts- und Linkshändigkeit; rechte und linke Gehirnhälfte etc. [H013]

37. *Distanziert* (2/12)
Detached
- Wohlig distanziert [G034]
- Geräusche und Gespräche nehme ich wahr, sie tangieren mich nicht [H023]
* Obszönitäten tangieren nicht [H023]
* Total entspannt, abgegrenzt, zufrieden [H062]
* Obszönitäten, die auftauchen, für die anderen kein Problem zu sein scheinen [H063]
- Distanziertheit zu Problemen [Q01]

38. Ehrlich (1/1)
Honest
- Führe gute, ehrliche Gespräche [Q01]

• Ich bin sehr ehrlich und direkt [Q01]

39. Ehrlich - fühlt sich (1/1)
Honest - sensation of being
• Spreche alles offen aus, ohne daß sich jemand verletzt fühlt [R01]
• Fühle mich ehrlich und direkt [N05]

40. Einswerden, Vereinigung, Unio - Gefühl des Einswerdens - Universum; mit dem (1/2)
Unification - sensation of unification - universe; with
* Fühle mich eins mit mir und meiner Umwelt [T01]

41. Empfindlich - äußerliche Eindrücke; gegen alle (1/26)
Sensitive - external impressions, to all
* Alles berührt mich sehr stark und tief [T01]

42. *Empfindlich - Geräusche, gegen* (2/158)
Sensitive - noise, to
• Geräuschempfindlich [G054]
• Geräusche und Gespräche nehme ich wahr, sie tangieren mich nicht [H023]
• Erstmals geräuschempfindlich [H033]
* Geräuschempfindlich [H051]

43. Empfindlich - Geräusche, gegen - geringste Geräusch; gegen das (1/30)
Sensitive - noise, to - slightest noise; to the
* Empfinde Geräusche fürchterlich laut und unerträglich [H022]
• Extrem geräuschempfindlich [H061]

44. Empfindlich - Licht, gegen (1/5)
Sensitive - light, to
• Helles Licht stört mich [Q01]

45. Entschiedenheit (1/5)
Firmness
• Entschluß: „Mich und mein Leben in die eigene Hand nehmen" [N02]
• Selbstbestimmter [N02]

46. Erkennt - nicht; erkennt - Straßen nicht; erkennt bekannte (1/8)
Recognizing - not recognize; does - streets; well known
* Abends voll gut orientiert in fremder Stadt [gS] [T01]

47. Erotisch (1/40)
Amorous
• Erotische Gefühle [Q02]
• Erotische Gefühle [Q04]

48. Erregung (= Aufregung, Erregbarkeit) (1/303)
Excitement
• Regt sich nicht so lange auf [gS] [A17]
• Ganz nervös und aufgekratzt [P01]

49. Erregung - morgens (1/20)
Excitement - morning
• Verwirrt, nervös (9 Uhr) [G054]

50. Erregung - nervös (1/27)

Excitement - nervous
- Ganz nervös und aufgekratzt [P01]
- Nervös - aufgekratzt [Q04]

51. *Erschöpfung; geistige (= blackout, geistige Leere)* (2/244)
Prostration of mind
* Alles strengt mich unheimlich an [H024]
- Erfrischt [gS] [H061]
- Fühle mich erschöpft [L013]
* Alles ist mir zuviel, denke, ich kann die Dinge, die ich mir vorgenommen habe, nicht schaffen [N01]

52. Erschöpfung; geistige - nachmittags (1/5)
Prostration of mind - afternoon
- Erschöpfung (14.50 Uhr) [I081]

53. <u>Essen - Hunger; ohne</u> (1/1)
Eating - hunger; without
- Kein Hunger, esse trotzdem viel [H033]

54. *Euphorie* (2/16)
Euphoria
- Wieder wacher, fast euphorisch [H033]
- Euphorie [I053]
- Große Freude, Euphorie [N06]
- Euphorische Stimmung [N08]
* Gedanke: könnte die ganze Welt davon überzeugen, sich zu lieben [Q01]
- Euphorie [Q03]
* Meine Stimmung ist euphorisch [R01]

55. Fehler; macht - Schreiben, beim (1/90)
Mistakes; making - writing, in
- Verschreibe mich [Q01]

56. Fehler; macht - Sprechen, beim (1/85)
Mistakes; making - speaking, in
- Habe ständig „Freudsche" Versprecher [N09]

57. Fehler; macht - Zeit; in bezug auf die - Vorstellung vom Begriff der Zeit verloren; hat die (1/4)
Mistakes; making - time, in - conception of time; has lost the
- Rede viel mit den Patienten, habe kein Zeitgefühl, aber es ist sehr angenehm [T01]

58. Fliehen, versucht zu (1/63)
Escape, attempts to
- Möchte fliehen [H024]

59. <u>Freßsucht</u> (1/1)
Gluttony
* Zunehmender Hunger - Freßsucht [H034]

60. *Freude* (2/7)
Joy
- Anfängliche Freude, wieder zu verreiben [H052]

- Freude [I013]
- Gefühl von Freude, ausgehend vom Solarplexus [L020]

* Das Gefühl von Freude im Körper wird zur Schwere, wie eine Last, wie schwerer Sack auf dem Rücken [L020]

- Große Freude, Euphorie [N06]

* Freude [N08]

61. Freude - Traurigkeit, Schwere; gefolgt von (1/1)
Joy - sadness, heaviness; followed by

* Das Gefühl von Freude im Körper wird zur Schwere, wie eine Last, wie schwerer Sack auf dem Rücken [L020]

62. Frieden - Sehnsucht nach (1/1)
Peace - yearning for

* Sehnsucht nach Frieden und Ruhe [N09]

63. Friedens; Gefühl himmlischen (1/2)
Peace, sense of heavenly

* Alles ist friedlich und fröhlich in mir, so könnte ich 200 Jahre leben (11 Uhr) [H012]
* Friede, Stille ist in mir [H023]

- Eine ruhige, friedliche Stimmung ist in mir [L011]

64. Froh (1/199)
Cheerful

- Allgemeine Heiterkeit [H034]
- Bin froh und glücklich [T01]

65. Froh - morgens (1/24)
Cheerful - morning

- Alles ist friedlich und fröhlich in mir, so könnte ich 200 Jahre leben (11 Uhr) [H012]

66. Froh - albern, und (1/7)
Cheerful - foolish, and

- Albern, froh [H033]
- Heiter bis albern [H054]

67. Furcht (1/251)
Fear

- Furcht, große [I012]

68. Furcht - Fahren im Wagen; beim (1/16)
Fear - riding in a carriage, when

- Bin ängstlicher als sonst beim schnellen Kurvenfahren [T01]
- Denke beim Autofahren immer gleich an die Folgen eines möglichen Unfalls [T01]

69. Furcht - fallen, zu stürzen; zu (1/31)
Fear - falling, of

- Angst zu fallen [L032]

70. Furcht - Feuer (1/3)
Fear - fire

- Angst vor Feuer [H024]

71. Furcht - Gefahr, vor drohender (1/12)
Fear - danger, of impending

* Schatten und Gefahren sind mir von der Seele gefallen [gS] [N02]
• Denke beim Autofahren immer gleich an die Folgen eines möglichen Unfalls [T01]

72. Furcht - Kontrolle zu verlieren; die (1/3)
Fear - control; losing
* Habe plötzlich Angst, die Kontrolle zu verlieren [Q01]

73. Furcht - Ratten (1/3)
Fear - rats
* Kann Ratten ertragen (normalerweise sehr großer Ekel und Furcht vor diesen Tieren) [gS] [Q01]

74. Furcht - Versagen, Mißerfolg; vor dem (1/16)
Fear - failure, of
* Alles ist mir zuviel, denke, ich kann die Dinge, die ich mir vorgenommen habe, nicht schaffen [N01]

75. *<u>Geborgenheit, Aufgehobensein; Gefühl von</u>* (2/1)
Security, of being in good hands; feeling of
• Fühlt sich aufgehoben [I031]
• Gefühl, beschützt zu sein [K011]
* Wölbung, Schutz [K012]
• Gefühl, wie unter einer Wölbung [K011]
* Glücklich, geborgen und getragen [L032]
* „Vertrauen des Kindes, daß es gefühlt und wahrgenommen wird in Liebe von den Eltern“ [L032]
• Gedanke: „Ihr könnt vertrauen, denn Gott beschützt Euch“ [L032]
* Fühle mich aufgehoben und voll angenommen [T01]

76. <u>Geborgenheit, Aufgehobensein; Gefühl von - Sehnsucht nach</u> (1/1)
Security, of being in good hands; feeling of - yearning for
* Suche jemanden, der mir Halt gibt, suche Erdkontakt [H054]

77. Gedächtnis - gut, aktiv (1/92)
Memory - active
• Klare Denk- und Erinnerungsprozesse [H033]

78. <u>Gedanken - Beerdigung; an</u> (1/1)
Thoughts - funeral
• Bild einer Beerdigung [K011]

79. <u>Gedanken - Blockaden lösen</u> (1/1)
Thoughts - blockages; to break
* Seelische Blockaden, Gedanke: „das was euch blockiert, ist der irdische Wille“ [L031]

80. *<u>Gedanken - Drogen und Süchte; an</u>* (2/1)
Thoughts - drugs and addictions; about
* Fühle mich irgendwie „high“, wie damals in der Wüste in Marokko unter Marihuana [H014]
• Höre Gespräche über Drogenmißbrauch und Suchtkrankheiten und bin überzeugt, daß Weihrauch eine Arznei dafür ist [H015]
* Möchte, daß dieser wunderbare Zustand erhalten bleibt; frage mich: ist das schon Sucht? [H023]

- Erinnerung an LSD-Erlebnis: Leben besteht aus Essen, Trinken, Pinkeln etc., sowie Drogen und Schlafen, auch im Sinne von Sex [H053]
- Bin ich mir eigentlich der Auswirkung der Droge im Klaren? [H054]
- Gedanke: „Das einzige, worüber wir eigentlich immer ernsthaft nachgedacht und gesprochen haben, war doch Essen, Trinken (Alkohol), Rauchen, Drogen, sowie alle körperlichen und seelischen Bedürfnisse?!“ [H064]

* Frage: hat Jesus Drogen genommen? [Q04]

81. Gedanken - Einförmigkeit, Monotonie der (1/3)
Thoughts - monotony of
- Monotonie [H051]
- Bin ganz monoton [I063]

82. <u>Gedanken - Elend; an</u> (1/1)
Thoughts - misery; about
* Bild: unvorstellbarer Schmutz, Slums, Kloake usw. [K013]

83. <u>Gedanken - Geburt; an die</u> (1/1)
Thoughts - birth; about the moment of
* Gespräche, Gedanken über Geburtsanamnesen und andere Geburtsphänomene [H014]
* Bilder: von Tod und Geburt [K012]
* Gefühl als würde Hals zugezogen, wie beim Geborenwerden [Q01]

84. Gedanken - Gedankenandrang, einstürmende Gedanken, Gedankenfluß (1/82)
Thoughts - rush, flow of
* Ideenflut [R01]
- Großer Gedankenzudrang [S01]

85. <u>Gedanken - Gottvertrauen; an</u> (1/1)
Thoughts - god; about faith in
* Gedanke: „Ihr könnt vertrauen, denn Gott beschützt Euch“ [L032]

86. <u>Gedanken - Grenzen zu respektieren</u> (1/1)
Thoughts - limits; to respect
* Denke viel nach über Grenzen einhalten und beachten, respektieren dieser Dinge [Q01]

87. <u>Gedanken - Kommunikation; über menschliche</u> (1/1)
Thoughts - communication; about human
* Gedanke: es geht um das Problem zwischen Individualität und Kommunikation [H053]

88. <u>Gedanken - Landschaften; an schöne</u> (1/1)
Thoughts - landscapes; about beautiful
* Phantasie: reißender, erfrischender, klarer Fluß [K013]
* Phantasie: klare Gebirgslandschaft [K013]
* Phantasie: ich sehe in mir auf einmal ein Wüstenbild, Sanddünen in leuchtenden Gelb- und Brauntönen, von der Sonne beschienen, mit Schattenbildung. Die Sandberge sind pyramidenartig, klar abgegrenzt. Darüber ein tiefblauer Himmel in intensiver Blautönung [M]

89. Gedanken - Leichen (1/2)
Thoughts - corpses
- Erinnerung an Katakomben in Rom, sehe dort die Schädelstapel in den Kammern [I081]

90. Gedanken - Liebespaare aus der Literatur; an (1/1)
Thoughts - lovers from literature
* Phantasie: „Philemon und Baucis" [G043]
* Phantasie: „Dornröschen" - Schlaf von 100 Jahren, danach kommt der Prinz und rettet sie [G053]

91. *Gedanken - Miteinander; über erlösendes* (2/1)
Thoughts - community; about relieving
- Gedanke: es geht um das Problem zwischen Individualität und Kommunikation [H053]
* Gedanke: „es geht um die Form des erlösenden Miteinanders" [L033]
* Gedanke: Es geht um das Verstehen und Akzeptieren, Respektieren der Dinge und des Anderen [N09]

92. *Gedanken - religiös* (2/1)
Thoughts - religious
- Gedanken: Alle großen Religionen sind in der Wüste entstanden [H014]
* Ich bin der große Reiniger für den Anfang und das Ende eures Lebens; und dazwischen für eure Sünden und Süchte [H015]
- Bild: Priester, Totenbett [K011]
* Phantasie: ich taufe dich im Namen des Vaters und des Sohnes und des heiligen Geistes [K013]
- Bild: Jesus am Kreuz in der Kirche [K014]
- Phantasie: Musik: „Gloria, Gloria, Gloria in excelsis..." [K014]
- Phantasie: Der untere Teil eines Rauschgoldengels wird immer breiter und breiter [K014]
- Gedanke: irdischer Größenwahn [L031]
* Gedanke: „Ihr könnt vertrauen, denn Gott beschützt Euch" [L032]
- „Ohne die Wende werdet ihr nicht erlöst werden" [L032]
* Gedanke: „Turmbau zu Babel"; man wollte zu hoch hinaus [Q01]

93. Gedanken - schrecklich (1/13)
Thoughts - frightful
* Bild: unvorstellbarer Schmutz, Slums, Kloake usw. [K013]
- Bild: Slumkinder im Schmutz [K013]

94. Gedanken - sexuell (1/27)
Thoughts - sexual
* Vermehrt sexuelle Phantasien [A11]

95. Gedanken - Sinn; Frage nach dem (1/1)
Thoughts - meaning of life; question about the
- Suche Gespräche über den Sinn des Lebens [H024]
- Was ist eigentlich wichtig? [K012]

96. Gedanken - spät zu sein; zu (1/1)
Thoughts - late; to be too

• Phantasie: zu spät (Ärger darüber) [M]

97. Gedanken - tiefschürfend (1/10)
Thoughts - profound
* Gedanke: Der Schleier ist nur das nach außen getragene „Haus für die Frau“ [H014]
* Gedanke: Der wahre Schleier ist das Schweigen [H024]
* Suche Gespräche über den Sinn des Lebens [H024]
• Was ist eigentlich wichtig? [K012]

98. Gedanken - überlegt, bedacht (1/58)
Thoughts - thoughtful
• Überlege Verhältnis und Stimmung mit Freundin [I091]
• Überlege wie ich zur Homöopathie gekommen bin; nachmittags [I091]
• Denke viel nach über Grenzen einhalten und beachten, respektieren dieser Dinge [Q01]

99. <u>Gedanken - Urvertrauen; an</u> (1/1)
Thoughts - trust in life; about unquestioned
* „Vertrauen des Kindes, daß es gefühlt und wahrgenommen wird in Liebe von den Eltern“ [L032]

100. Gedanken - Vergangenheit, an die (1/7)
Thoughts - past, of the
• Vergangenheit, beschäftigt mit [I022]
• Erinnerung an Katakomben in Rom, sehe dort die Schädelstapel in den Kammern [I081]

101. Gedanken - Vergangenheit, an die - Drogenerlebnissen, von früheren (1/2)
Thoughts - past, of the - drug experiences; of past
* Fühle mich irgendwie „high“, wie damals in der Wüste in Marokko unter Marihuana [H014]
• Erinnerung an LSD-Erlebnis: Leben besteht aus Essen, Trinken, Pinkeln etc., sowie Drogen und Schlafen, auch im Sinne von Sex [H053]
• Verlust jeglicher Drogen, d.h. Ablenkung von essentiellen Dingen? [H053]

102. Gedanken - Vergangenheit, an die - Reisen (1/2)
Thoughts - past, of the - journeys
• Reiseerinnerungen [I073]

103. Gedanken - Vergehen, Schwinden der Gedanken (1/143)
Thoughts - vanishing of
• Irgendwann bleiben die Gedanken aus [H013]
* Kann keinen einzigen klaren Gedanken fassen [H013]

104. <u>Gedanken - Weg, Lebensweg - schwierig</u> (1/1)
Thoughts - journey through life - difficult
• Bild: unebene Straße, es geht hart auf hart [M]

105. Gedanken versunken, in (1/94)
Absorbed
• Meditative Gleichförmigkeit [G011]
• Versinken in unergründlichem Denken [H051]

106. <u>Gefahr - Wahrnehmen von; deutlicheres</u> (1/1)
Danger - awareness of; heightened
* Bin mir der Gefahren viel bewußter [T01]

107. Gehobene Stimmung (1/8)
Elated
• Heilige Stimmung [I031]

108. Geistesabwesend (1/186)
Absentminded
• Geistesabwesenheit [E02]
• Bin mit den Gedanken irgendwo anders [I071]

109. Geisteskraft - erhöht (1/22)
Mental power - increased
• Hellwach - plötzlich totale körperliche Erschöpfung [R01]
* Verstehe die Dinge und Menschen auf Anhieb [T01]

110. <u>Geisteskraft - erhöht - Schwäche; gefolgt von körperlicher</u> (1/1)
Mental power - increased - weakness; followed by physical
* Hellwach - plötzlich totale körperliche Erschöpfung [R01]

111. Gelingt nichts, es (1/10)
Succeeds, never
* Unordentlich, durcheinander, unruhig, kriege nichts auf die Reihe [H024]

112. Gesellschaft - Abneigung gegen (1/168)
Company - aversion to
• Die vielen Menschen im Hörsaal stören und verwirren mich [T01]

113. Gesellschaft - Abneigung gegen - Verlangen nach Einsamkeit (1/7)
Company - aversion to - desire for solitude
• Will alleine draußen im Freien sitzen [T01]

114. <u>Gespräche - leidenschaftlich</u> (1/1)
Conversation - passionate
• Führe leidenschaftliche Gespräche [Q01]

115. Gewissenhaft, peinlich genau in bezug auf Kleinigkeiten (1/64)
Conscientious about trifles
• Ordnungssucht [Q01]

116. Gleichgültigkeit, Apathie (2/268)
Indifference, apathy
• Lustlos [A09]
• Gleichgültig, unkonzentriert [H033]
* Gleichgültigkeit (sonst nie), aber nicht desinteressiert [H043]
• Unlust [H052]
• Motivationsmangel [H052]
• Zufrieden mit Tätigkeit, gleichgültig gegenüber Ergebnis [H062]
* „Die Hunde bellen, aber die Karawane zieht weiter“ [H063]
* „Was macht es einer deutschen Eiche, wenn sich eine Wildsau an ihr schabt?“ [H063]
• Unlust [I061]
• Alles ist mir egal [I061]

- „Wurstigkeitsgefühl“ [I072]
- Alles egal, macht aber nichts [I072]

117. Gleichgültigkeit, Apathie - Äußerlichkeiten, Äußerliches; gegen (1/5)
Indifference, apathy - external things; to
- Kann Schmutz und Dreck ertragen [Q01]

118. Glückseliges Gefühl (2/5)
Blissful feeling
* Großes Glücksgefühl [H054]
* Glücklich, geborgen und getragen [L032]
- Bin froh und glücklich [T01]
- Großes Glücksgefühl, könnte singen [T01]
* Empfinde Freundlichkeit als Labsal und Balsam für die Seele [T01]

119. Großzügig, zu (1/5)
Generous; too
- Unangemessene Großzügigkeit, gebe zuviel Trinkgeld [B07]
* Mache großzügige Geschenke [Q01]

120. Harmonie - Verlangen nach (1/3)
Harmony - desire for
- Bedürfnis nach Harmonie und Zärtlichkeit [H023]
- Harmoniebedürfnis [Q01]

121. Hast, Eile (1/120)
Hurry, haste
- Ungeduldig, hektisch [H024]
- Eile [M]

122. Heilige Stimmung (2/1)
Holy mood
* Ich bin der große Reiniger für den Anfang und das Ende eures Lebens; und dazwischen für eure Sünden und Süchte [H015]
* Heilige Stimmung [I031]
- Heilig, abwechselnd mit albern [I032]
* Phantasie: ich taufe dich im Namen des Vaters und des Sohnes und des heiligen Geistes [K013]
* In erlöster Verbindung mit Gott sein [L031]

123. High; fühlt sich (2/6)
Spaced-out feeling
* Fühle mich irgendwie „high“, wie damals in der Wüste in Marokko unter Marihuana [H014]
- Gefühl, wie nach einer vernünftigen Menge Alkohol, oder wie high [H023]
- Habe immer noch Probleme von „diesem Trip“ runter zu kommen [H054]
* Fühle mich gedopt, aber nicht getrieben, nicht hektisch [T01]

124. Hochgefühl (2/119)
Exhilaration
- Fühlt sich grandios [I031]
- Euphorie, leichte [I051]
- Euphorie [I052]

* Fühle mich auf meinem Balkon sehr großartig, wie auf einer Bergspitze [N06]

125. Hoffnung, voller - Genesung, in bezug auf die (1/2)

Hopeful - recovery, of

• Große Hoffnung, noch ganz gesund zu werden [R01]

126. Ideen, Einfälle - Reichtum an, Klarheit des Geistes (2/133)

Ideas - abundant, clearness of mind

• Klar [I032]

* Große Klarheit [N04]

• Große Klarheit [N08]

* Klarer Gedankenfluß [P01]

• Große Klarheit [Q01]

127. Ideen, Einfälle - Reichtum an, Klarheit des Geistes - morgens, nach ruhelosem Schlaf (1/2)

Ideas - abundant, clearness of mind - morning, after restless sleep

• Beim Erwachen (5.30 Uhr) nach unruhigem Schlaf große Klarheit, sofort voll da [T01]

128. Ideen, Einfälle - Reichtum an, Klarheit des Geistes - vormittags (1/2)

Ideas - abundant, clearness of mind - forenoon

• Großer Klarheitsschub (10 Uhr) [T01]

• Kann morgens sehr klar denken, weiß sehr schnell, welche Arzneien die Patienten brauchen [T01]

129. Ideen, Einfälle - Reichtum an, Klarheit des Geistes - abends (1/18)

Ideas - abundant, clearness of mind - evening

• Große Gedankenklarheit abends [S01]

130. Ideen, Einfälle - Reichtum an, Klarheit des Geistes - nachts (1/28)

Ideas - abundant, clearness of mind - night

• Nachts kommen die besten Ideen [R01]

• Viele positive Ideen (23.30 Uhr) [T01]

131. Ideen, Einfälle - Reichtum an, Klarheit des Geistes - abwechselnd mit - Mattigkeit (1/2)

Ideas - abundant, clearness of mind - alternating with - lassitude

• Abwechselnd müde und geistig frisch [H034]

132. Keck, keß (1/3)

Pert

• Vergeßlich, frech [G042]

133. Kindisches Verhalten, Benehmen (1/53)

Childish behaviour

* Geschwätzig, leicht kindisch [H022]

134. Klarer Verstand (2/2)

Clarity of mind

• Klar [I032]

• Kann über alles Mögliche nachdenken, Wachheit der Sinne [I062]

• Sehe alles klarer [N02]

* Große Klarheit [N04]

- Führe hochspirituelles Gespräch, was ich schon lange führen wollte, mit großer Klarheit, verstehe plötzlich Zusammenhänge [N05]
- Große Klarheit [N08]
- Kann mich klar und verständlich ausdrücken, so daß ich verstanden werde [N09]

135. Klarer Verstand - Alkohol; trotz (1/1)
Clarity of mind - alcohol; in spite of
- Sehr klar, trotz Alkoholgenuß [H061]

136. Klarheit - Sehnsucht nach (1/1)
Lucidity - yearning for
* Frage: warum mache ich das? [H053]
* Sehnsucht nach dem erlösenden Wort, erlösenden Gefühlen [N01]
* Sehne mich nach Klarheit, habe das Gefühl, müßte noch etwas klären [N01]

137. Kontakt zu Menschen treten; in - leicht, ist kontaktfreudig; fällt (1/1)
Contact with people; to get in - easy, he is sociable; is
- Habe einen direkten „Draht" zu mir unbekannten Personen, verstehe mich sofort mit ihnen [T01]

138. Konzentration - gut, aktiv (2/51)
Concentration - active
- Konzentration gebessert [A11]
- Wachheit [B01]
- Erhöhte Aufmerksamkeit und Konzentration [H033]
- Erhöhte Konzentrationsfähigkeit [H051]
- Sehr aufmerksam [H062]
- Wach [I032]

* Gutes und konzentriertes Arbeiten über Stunden [Q01]
* Stundenlange gute geistige Konzentrationsfähigkeit [T01]
- Bin sehr aufmerksam [T01]

139. Konzentration - gut, aktiv - abwechselnd mit - Seelenruhe (1/2)
Concentration - active - alternating with - tranquillity
- Gleichgültigkeit (sonst nie), aber nicht desinteressiert [H043]

140. Konzentration - schwierig (2/284)
Concentration - difficult
- Unkonzentriert [G053]
- Gleichgültig, unkonzentriert [H033]
- Unkonzentriert und durcheinander [H054]

141. Konzentration - schwierig - nachmittags (1/7)
Concentration - difficult - afternoon
- Konzentration fällt mir schwer (16 Uhr) [T01]

142. Konzentration - schwierig - Unmöglichkeit, sich zu konzentrieren (1/9)
Concentration - difficult - attention, cannot fix
* Kann keinen einzigen klaren Gedanken fassen [H013]
- Unkonzentriert und fahrig [H053]

143. Lachen (2/107)
Laughing

* Sehr viel Lachen, (sonst eher gehemmt) [gS] [B07]
• Viel Lachen [C04]
• Lachen [I012]

144. Lachen - anhaltend (1/8)
Laughing - constant
• Lachen ohne Ende [G052]

145. <u>Lachen - herzlich, von ganzem Herzen</u> (1/1)
Laughing - hearty, wholeheartedly
* Herzliches Lachen [I082]

146. Lachen - unmäßig (1/32)
Laughing - immoderately
• Übertriebenes Lachen [B05]
• Herzliches Lachen [I082]

147. Lachen - Verlangen zu lachen (1/5)
Laughing - desire to laugh
• Verlangen zu lachen [I033]

148. <u>Länder - Sehnsucht nach fremden Ländern</u> (1/1)
Countries - yearning for foreign countries
* Starke Sehnsuchtsgefühle (z.B. nach lieben Menschen, Reisen, Ländern) [Q05]

149. Langeweile (1/66)
Ennui, tedium
• Langeweile [H052]

150. Langsamkeit - spät, immer zu (1/2)
Slowness - behindhand; always
• Sehr pünktlich (in den letzten Jahren immer zu spät) [gS] [H061]

151. <u>Liebe - eingebildete Liebe zu einer Person</u> (1/1)
Love - imaginary love for a person
* Verliebe mich in eine Phantasie-Liebe [Q01]
* Verliebt in eine Phantasie-Liebe [R01]

152. Liebe - falschen Person, zur (= außerhalb des gesellschaftlichen Rahmens) (1/2)
Love - wrong person; with the
* Verliebt in eine nicht lebbare Liebe [N08]

153. <u>Liebe - körperliche Liebe, Sex - Sehnsucht nach</u> (1/1)
Love - bodily love, sex - yearning for
• Sehnsucht nach Liebe, auch körperlich [N08]
• Sehnsucht nach Sex [Q01]

154. <u>Liebe - Menschen; liebe - Sehnsucht nach</u> (2/1)
Love - people; dear, good - yearning for
* Sehnsucht nach lieben Menschen [N01]
* Sehnsucht nach lieben Menschen, Sehnsucht verstanden zu werden [N09]
• Sehnsucht nach liebem Menschen [Q04]
* Starke Sehnsuchtsgefühle (z.B. nach lieben Menschen, Reisen, Ländern) [Q05]

155. <u>Liebe - Sehnsucht nach</u> (1/1)

Love - yearning for
- * Sehnsucht nach Liebe, auch körperlich [N08]
- * Sehnsucht nach Zärtlichkeit, Liebe [R01]

156. Liebe - spontan (= auf den ersten Blick) (1/1)
Love - spontaneous (= at first sight)
- * Liebe auf den ersten Blick für ein Land, einen Menschen, ein Gefühl [Q02]

157. Liebe - überschwenglich (1/3)
Love - exalted love
- • Pülverchen mit soviel Liebe zu verreiben, wie nur möglich [H054]
- * Verliebt in die Liebe [Q01]
- * Fühle überschwengliche Liebe in mir [Q01]
- * Überschwengliche Liebe [Q02]

158. Liebevoll, voller Zuneigung, herzlich (1/40)
Affectionate
- • Spüre große Zärtlichkeit, weiß jedoch nicht so richtig, wohin damit [N01]
- • Zärtlichkeit mit großem Verstehen des Partners [N05]
- • Fühle mich den Menschen zugewandt [Q01]

159. Liebkost zu werden; Liebkosungen - möchte liebkost werden, verlangt nach Zärtlichkeiten (1/4)
Caressed; being - wants to be caressed
- • Große Sehnsucht und Zärtlichkeitsbedürfnis [H054]
- * Großes Zärtlichkeitsbedürfnis [Q04]

160. Lügner (1/23)
Liar
- • Ich bin sehr ehrlich und direkt [gS] [Q01]

161. Lustig, fröhlich (2/124)
Mirth
- • Lustig [C04]
- * Lustige Stimmung [D07]
- * Heiter, läppisch [G032]
- * Heitere Stimmung, zufrieden [G051]
- • Gelassene, lustige Stimmung [H021]
- • Allgemeine Heiterkeit [H034]
- • Lustig [I012]
- • Lustig [I031]
- • Lustig [I072]
- • Stimmung lustig [I083]
- • Spaß [I013]

162. Lustig, fröhlich - nachmittags (1/11)
Mirth - afternoon
- • Bin lustig, teilweise obszön, nachmittags [N09]

163. Lustig, fröhlich - albern (1/13)
Mirth - foolish
- • Verreiben = spielen [H053]

164. Meditieren, Nachdenken (1/52)
Meditating
• Meditative Gleichförmigkeit [G011]
* Gedanke: Trennung zwischen Körper, Seele und Geist ist eine sehr künstliche, menschengemachte (19 Uhr) [H011]

165. Menschenfeindlichkeit, Misanthropie (1/49)
Misanthropy
* Fühle mich den Menschen zugewandt [gS] [Q01]
• Die vielen Menschen im Hörsaal stören und verwirren mich [T01]

166. Mitgefühl, Mitleid (1/45)
Sympathetic
* Alles berührt mich sehr stark und tief [T01]

167. Mürrisch - nachmittags (1/32)
Morose - afternoon
• Schlecht gelaunt - nörgelig nachmittags [N09]

168. Nachdenken, Überlegen (1/20)
Reflecting
• Kann über alles Mögliche nachdenken, Wachheit der Sinne [I062]
• Überlege Verhältnis und Stimmung mit Freundin [I091]
• Überlege wie ich zur Homöopathie gekommen bin, nachmittags [I091]
* Denke viel nach über Grenzen einhalten und beachten, respektieren dieser Dinge [Q01]

169. Nachgiebigkeit (1/24)
Yielding disposition
* Tagsüber hitziger Streit mit Tochter wegen Unordnung. Es wird mir bewußt, wie unverschämt sie ist, fast frech. Ich lasse es mir nicht mehr gefallen. Habe nachher ein gutes Gefühl. [gS] [K014]

170. <u>Nähe; menschliche - Sehnsucht nach</u> (1/1)
Closeness to people - yearning for
* Suche Nähe [H054]

171. <u>Natur - Sehnsucht nach</u> (1/1)
Nature - yearning for
* Sehnsuchtsgefühle (Reisen, fremde Länder, Natur, alles was schön ist) [Q04]
• Habe große Sehnsucht nach sauberer Natur [T01]

172. Neugierig (= wißbegierig) (1/13)
Curious
• Beobachten der Anderen [H012]
• Beobachten der Anderen [H052]

173. <u>Ohnmacht, Machtlosigkeit; Gefühl von</u> (1/1)
Helplessness, powerlessness; sensation of
• Gefühl von Ohnmacht [L031]

174. Pflicht - kein Pflichtgefühl (1/14)
Duty - no sense of duty
• Verlangen, seine Pflicht zu erfüllen [gS] [I033]

175. *Phantasien - angenehm* (2/8)
Fancies - pleasant
• Fühle mich wie ein Kind an Weihnachten [H021]
• Phantasie: reine Luft [I033]
* Phantasie: "Philemon und Baucis" [G043]
* Phantasie: „Dornröschen" - Schlaf von 100 Jahren, danach kommt der Prinz und rettet sie [G053]
* Phantasie: reißender, erfrischender, klarer Fluß [K013]
* Phantasie: klare Gebirgslandschaft [K013]
• Phantasie: Jetzt liegt er wie ein glänzender Stern vor mir und bildet den Boden im strahlenden Licht [K014]
• Phantasie: ich sehe in mir auf einmal ein Wüstenbild, Sanddünen in leuchtenden Gelb- und Brauntönen, von der Sonne beschienen, mit Schattenbildung. Die Sandberge sind pyramidenartig, klar abgegrenzt. Darüber ein tiefblauer Himmel in intensiver Blautönung [M]

176. Phantasien - unangenehm (1/3)
Fancies - unpleasant
• Phantasie, Bild: abgeschlossene Türen und keine Schlüssel [H014]

177. *Philosophieren* (2/1)
Philosophizing
• Gedanke: Trennung zwischen Körper, Seele und Geist ist eine sehr künstliche, menschengemachte [H011]
• Gedanken: Alle großen Religionen sind in der Wüste entstanden [H014]
* Gedanke: Der Schleier ist nur das nach außen getragene „Haus für die Frau". [H014]
• Ich bin der große Reiniger für den Anfang und das Ende eures Lebens; und dazwischen für eure Sünden und Süchte [H015]
* Gedanke: Der wahre Schleier ist das Schweigen [H024]
• Philosophieren [H033]
* Gedanke: es geht um das Problem zwischen Individualität und Kommunikation [H053]
• Gefühl, dem Punkt des Lebens oder des zentralen Problems der Menschheit oder besser von uns als Gruppe sehr nahe gekommen zu sein [H053]
* Frage: Ist Materie direkt mit Materie verbunden? [H053]
• Gedanke: „Das einzige, worüber wir eigentlich immer ernsthaft nachgedacht und gesprochen haben, war doch Essen, Trinken (Alkohol), Rauchen, Drogen, sowie alle körperlichen und seelischen Bedürfnisse?!" [H064]
• In der Stille ohne Wille liegt die Kraft [L031]
* Gedanke: „Eure Machtgier verhindert meine Wirkung" [L031]
* Gedanke: sich selbst lieben, um andere lieben zu können [N09]
* Gedanke: Weihrauch verleiht die Fähigkeit andere zu begeistern - von innen heraus [Q01]
* Gedanke: könnte die ganze Welt davon überzeugen, sich zu lieben [Q01]

178. Prophezeit (1/105)
Prophesying
* Höre Gespräche über Drogenmißbrauch und Suchtkrankheiten und bin überzeugt,

daß Weihrauch eine Arznei dafür ist [H015]
* Gedanke: Medikament für Magersucht oder Bulimie [H051]

179. Raserei, Tobsucht, Wut (1/105)
Rage, fury
• Heftigster Wutanfall mit Erbitterung [N07]

180. Redseligkeit; Geschwätzigkeit (1/147)
Loquacity
• Gesprächig, leichter Sinn [G012]
• Geschwätzig, leicht kindisch [H022]
• Große Geschwätzigkeit [H061]

181. Redseligkeit; Geschwätzigkeit - Drogen; wie unter (1/1)
Loquacity - drugs; as if under the influence of
• Verlust jeglicher Drogen, d.h. Ablenkung von essentiellen Dingen? [H053]

182. Reinheit - Herzens; Gefühl von Reinheit des (1/1)
Purity - heart; sensation of purity of
• Sauberkeit im Herzen [K012]
* Fühle mich rein und sauber; auch von innen heraus [Q01]

183. Reisen - Sehnsucht zu (1/1)
Travelling - yearning for
* Sehnsuchtsgefühle (Reisen, fremde Länder, Natur, alles was schön ist) [Q04]
• Starke Sehnsuchtsgefühle (z.B. nach lieben Menschen, Reisen, Ländern) [Q05]
* Habe plötzlich ungeheuere Sehnsucht, in den Orient zu reisen [T01]

184. Reizbarkeit, Gereiztheit (1/435)
Irritability
• Aggressivität [A19]
• Reizbarkeit [A04]
• Vermehrt aggressiv [A11]
• Teilweise aggressives Schaben [H052]

185. Religiös - Lieder (1/2)
Religious - songs
* Phantasie: Musik: „Gloria, Gloria, Gloria in excelsis ...“ [K014]

186. Religiös - Spekulationen, Betrachtungen; verweilt bei religiösen (2/2)
Religious - speculations, dwells on
* Gedanken: Alle großen Religionen sind in der Wüste entstanden [H014]
* Gedanke: die katholische Kirche benutzt Weihrauch, um die Gläubigen zu besänftigen [H024]
• Gedanke: Weihrauch in der Kirche; unbeteiligt alles mitmachen [H064]
* Fragt: hat Jesus Sehnsuchtsaugen? [Q01]
* Gedanke: „Turmbau zu Babel“; man wollte zu hoch hinaus [Q01]
* Frage: hat Jesus Drogen genommen? [Q04]

187. Religiös - Spekulationen, Betrachtungen; verweilt bei religiösen - fragt „hat Jesus Drogen genommen?“ (1/1)
Religious - speculations, dwells on - asking „did Jesus take drugs?“
* Frage: hat Jesus Drogen genommen? [Q04]

188. Religiös - Spekulationen, Betrachtungen; verweilt bei religiösen - fragt „hat Jesus Sehnsuchtsaugen?“ (1/1)
Religious - speculations, dwells on - asking „has Jesus yearning eyes?“
* Fragt: hat Jesus Sehnsuchtsaugen? [Q01]

189. Respekt, Ehrfurcht vor seiner Umgebung (1/11)
Reverence for those around him
* Gedanke: Es geht um das Verstehen und Akzeptieren, Respektieren der Dinge und des Anderen [N09]

190. Ruhe - Verlangen nach (1/23)
Rest - desire for
• Sehnsucht nach Ruhe [A09]
• Sehnsucht nach Frieden und Ruhe [N09]

191. Ruhe und Frieden - Sehnsucht nach (1/1)
Peace and quiet - yearning for
• Sehnsucht nach Ruhe [A09]
* Sehnsucht nach Frieden und Ruhe [N09]

192. *Ruhelosigkeit* (2/444)
Restlessness
• Tagsüber ruhiger, entspannter [gS] [A14]
• Ruhiger - ausgeglichener [gS] [A17]
• Ruhelosigkeit [B04]
• Ruhelosigkeit [B07]
• Werde ruhiger [gS] [G051]
• Unordentlich, durcheinander, unruhig, kriege nichts auf die Reihe [H024]
• Unruhe und Angst [L032]
* Tierische Unruhe mit ständigem Vorwärtstrieb [N05]
• Unruhe [N07]
• Unruhe [Q01]

193. Ruhelosigkeit - abends (1/52)
Restlessness - evening
• Ruhelosigkeit abends [B12]

194. Ruhelosigkeit - nachts - Mitternacht - nach - 3 h (1/10)
Restlessness - night - midnight - after - 3 h
* Große innere Unruhe und Angst wegen Kälte (3 Uhr) [H041]

195. Ruhelosigkeit - innerlich (1/41)
Restlessness - internal
• Innere Unruhe [B09]

196. Ruhelosigkeit - treibt ihn von einem Ort zum anderen (1/7)
Restlessness - drives him from place to place
* Tierische Unruhe mit ständigem Vorwärtstrieb [N05]

197. Schmetterlinge - Bauch; Gefühl von Schmetterlingen im (1/1)
Butterflies - abdomen; sensation of butterflies in the
* Gefühl von Schmetterlingen im Bauch [H021]

198. Schmetterlinge - Zunge; Gefühl von Schmetterlingen auf der (1/1)

Butterflies - tongue; sensation of butterflies on the
* Gefühl von Schmetterlingen auf der Zunge, was meine Sprechfähigkeit angeht [R01]

199. Schmutzig - fühlt sich schmutzig (1/1)
Dirty - sensation of being
• Phantasie: ich fühle mich dreckig [M]
* Fühle mich rein und sauber; auch von innen heraus [gS] [Q01]

200. Schöne Dinge - Seele; Gefühl von Schönheit der (1/1)
Beautiful things - soul; sensation of beauty of the
• Schönheit der Seele [K012]

201. Schöne Dinge - Sehnsucht nach allem Schönen (2/1)
Beautiful things - yearning for anything beautiful
* Möchte, daß dieser wunderbare Zustand erhalten bleibt; frage mich: ist das schon Sucht? [H023]
• Sehnsucht nach allem Schönem und guten Gefühlen, Zärtlichkeit [N01]
* Möchte schöne Gefühle nicht verlieren, bin süchtig danach [Q01]
• Spüre Sehnsucht; Sehnsucht, nach allem Schönen und Guten [Q01]
* Sehnsuchtsgefühle (Reisen, fremde Länder, Natur, alles was schön ist) [Q04]

202. Schöne Dinge - Wahrnehmen von; deutlicheres (1/1)
Beautiful things - awareness of; heighened
• Nehme die Schönheit der Landschaft mit neuen, schärferen Augen wahr [T01]

203. Schüchternheit, Zaghaftigkeit - schamhaft (1/64)
Timidity - bashful
* Schamgefühl [Q01]

204. Schweigsam (1/255)
Taciturn
• Will nicht sprechen [I031]

205. Seelenbegegnung; Gefühl einer (1/1)
Meeting of souls; sensation of a
* Gefühl einer Seelenbegegnung [H024]
* Gefühl einer Seelenbegegnung [R01]
* Gefühl einer Seelenbegegnung [T01]

206. Seelenheil, Erlösung - Sehnsucht nach (1/1)
Salvation - yearning for
• Sehnsucht nach dem erlösenden Wort, erlösenden Gefühlen [N01]

207. Seelenruhe, Gelassenheit (3/101)
Tranquillity, serenity, calmness
• Auftreten von Ruhe, valiumähnlich [A05]
• Entspannt, Seelenruhe [G024]
• Ruhig [G034]
• Ganz ruhig und ausgeglichen [G041]
• Ausgeprägte innere Ruhe [G042]
* Fühle mich richtig entspannt mit Seelenruhe (zu Beginn der Verreibung angespannt) [gS] [H011]
• Die Gedanken sind frei, sie kommen und gehen, wann sie wollen [H013]

* Mir geht's gut (am Abend zuvor nach C1-Verreibung) in total verräucherter Kneipe gesessen, wo ich sonst schon an der Tür umgedreht wäre. Es machte mir überhaupt nichts aus, ich habe sogar selber geraucht und drei Bier getrunken [H012]
* Lockerer Geist, Zufriedenheit [H021]
• Friede, Stille ist in mir [H023]
• Werde ruhiger, friedlich, zärtlich [H024]
* Entspanntheit (Seelenruhe und Gelassenheit) [H041]
• Zuviel Reden stört nicht [H052]
• Entspannung [H061]
• Total entspannt, abgegrenzt, zufrieden [H062]
• Akzeptieren der Dinge, wie sie sind [H063]
• Insgesamt sehr beruhigt [I091]
• Tiefe Ruhe [K012]
• Tiefe Ruhe wie ein Stillstand [K013]
* Eine ruhige, friedliche Stimmung ist in mir [L011]
• In der Stille ohne Wille liegt die Kraft [L031]

208. Seelenruhe, Gelassenheit - ergeben, fügt sich in sein Schicksal (1/3)
Tranquillity, serenity, calmness - reconciled to fate
* Akzeptieren der Dinge, wie sie sind [H063]
• Alles geht seinen Lauf [K012]

209. Seelenruhe, Gelassenheit - Obszönitäten; gegenüber (1/1)
Tranquillity, serenity, calmness - obscenities; with regard to
* Obszönitäten tangieren nicht [H023]
• Obszönitäten, die auftauchen, für die anderen kein Problem zu sein scheinen [H063]

210. Selbstbetrachtung (2/64)
Introspection
• Bin ich mir eigentlich der Auswirkung der Droge im Klaren? [H054]
• Selbstreflexion [I022]
* Gefühl der Zentrierung auf sich selbst, Wendung nach innen, weniger Aufmerksamkeit nach außen, ohne die Wahrnehmung der Außenwelt zu verlieren [I041]
• Kann in mich gehen [I062]
* Gefühl: ich darf und muß ich selbst sein [Q01]

211. Selbstbetrachtung - Wahrnehmung der Umgebung; mit (1/1)
Introspection - awareness of surroundings, with
• Gefühl der Zentrierung auf sich selbst, Wendung nach innen, weniger Aufmerksamkeit nach außen, ohne die Wahrnehmung der Außenwelt zu verlieren [I041]

212. Selbstvertrauen - Mangel an Selbstvertrauen (1/95)
Confidence - want of self-confidence
• Selbstbewußt [gS] [I031]

213. Selbstzufrieden (1/3)
Self-satisfied
• Zufrieden mit Tätigkeit, gleichgültig gegenüber Ergebnis [H062]

214. Sentimental, schwärmerisch, rührselig (1/65)
Sentimental
• Stimmung traurig, sentimental [N01]

- Sentimental, kann weinen über Tod von mir unbekannter Sängerin [Q01]
- Schwärmerische Gedanken [Q02]

215. Seufzen (1/114)
Sighing
* Muß seufzen und ganz tief einatmen [L031]

216. Seufzen - Erschöpfung; aus geistiger, seelischer (1/1)
Sighing - prostration; from mental, psychological
- Seufzen vor Erschöpfung [H051]

217. Singen (1/68)
Singing
* Könnte singen und tanzen [N09]
* Großes Glücksgefühl, könnte singen [T01]

218. Singen - heiter, freudig (1/8)
Singing - hilarious, joyously
- Singen, summen [H053]

219. Sinnlichkeit (= erotisch) (1/25)
Amativeness
- Anflug von sexuellem Verlangen [H052]

220. Spaßen (1/54)
Jesting
- Erzähle Witze (mache ich sonst nie) [G054]

221. Sprache - fremder Sprache; in - Gefühl in fremder Sprache zu sprechen (1/1)
Speech - foreign tongue, in a - sensation as if talking in a foreign tongue
- Mitten im Gespräch plötzlich das Gefühl, eine andere Sprache zu sprechen [Q01]

222. Sprache - lebhaft (1/4)
Speech - vivacious
- Gefühl von Schmetterlingen auf der Zunge, was meine Sprechfähigkeit angeht [R01]

223. Sprache - unsinnig (1/30)
Speech - nonsensical
- Gedanke: „Das einzige, worüber wir eigentlich immer ernsthaft nachgedacht und gesprochen haben, war doch Essen, Trinken (Alkohol), Rauchen, Drogen, sowie alle körperlichen und seelischen Bedürfnisse?!" [H064]

224. Sprache - verworren (1/28)
Speech - confused
- Verlust jeglicher Drogen, d.h. Ablenkung von essentiellen Dingen? [H053]
- Gedanke: „Das einzige, worüber wir eigentlich immer ernsthaft nachgedacht und gesprochen haben, war doch Essen, Trinken (Alkohol), Rauchen, Drogen, sowie alle körperlichen und seelischen Bedürfnisse?!" [H064]

225. *Sprache - Wortschwall, gehaltloser* (2/5)
Speech - bombast, worthless
* „Die Hunde bellen, aber die Karawane zieht weiter" [H063]
* „Was macht es einer deutschen Eiche, wenn sich eine Wildsau an ihr schabt?" [H063]
- Verlust jeglicher Drogen, d.h. Ablenkung von essentiellen Dingen? [H053]

* Erinnerung an LSD-Erlebnis: Leben besteht aus Essen, Trinken, Pinkeln etc., sowie Drogen und Schlafen, auch im Sinne von Sex [H053]
* Gedanke: „Das einzige, worüber wir eigentlich immer ernsthaft nachgedacht und gesprochen haben, war doch Essen, Trinken (Alkohol), Rauchen, Drogen, sowie alle körperlichen und seelischen Bedürfnisse?!" [H064]

226. Sprechen - Beschwerden; von ihren (1/6)
Talking - complaints; of her
* Gefühl von Schmetterlingen auf der Zunge, was meine Sprechfähigkeit angeht [R01]

227. Sprechen - sich selbst ; mit (= Selbstgespräche) (1/33)
Talking - himself, to
• Selbstgespräche, weil sich niemand mit mir unterhalten will [H053]

228. Stimmung, Laune - angenehm (1/10)
Mood - agreeable
• Gelassene, lustige Stimmung [H021]
• Gute Stimmung [H041]

229. Stimmung, Laune - wechselnd, wechselhaft (1/96)
Mood - alternating
• Heilig, abwechselnd mit albern [I032]

230. Stöhnen (1/125)
Moaning
* Stöhnen [G051]
• Stöhnen [Q01]

231. Streitsüchtig - nachts (1/2)
Quarrelsome - night
• Nachts Streit mit Sohn [H033]

232. Stumpfheit (= Trägheit, schwieriges Denken und Verstehen, Benommenheit) (1/352)
Dullness
• Benommenheit [A05]
* Benommenheit [A06]
* Kann keinen einzigen klaren Gedanken fassen [H013]
• Bin „lätschig", aber mit warmen Kopf [M]

233. Stumpfheit - Nebel gehüllt; wie in einen (1/2)
Dullness - fog, as enveloped in a
• Kopf befreit [gS] [L011]
* Kopf wie benebelt[L012]
* Gefühl: „letzter Nebelvorhang hat sich geöffnet" [gS] [R01]

234. Tadelt sich selbst (1/43)
Reproaching himself
• Mir geht's schlecht; denke: das ist die Strafe für deine Lustbedürfnisse [Q01]

235. Tanzen (1/34)
Dancing
* Könnte singen und tanzen [N09]

236. *Theoretisieren* (2/23)

Theorizing

* Große Diskussion über Rechts- und Linkshändigkeit; rechte und linke Gehirnhälfte etc. [H013]
* Gedanke: Der Schleier ist nur das nach außen getragene „Haus für die Frau“ [H014]
* Gedanken: Alle großen Religionen sind in der Wüste entstanden [H014]
* Frage: Ist Materie direkt mit Materie verbunden? [H053]
• Gedanke: „regt die rechte Gehirnhälfte an“ [H053]
• Gefühl, dem Punkt des Lebens oder des zentralen Problems der Menschheit oder besser von uns als Gruppe sehr nahe gekommen zu sein [H053]
* Erinnerung an LSD-Erlebnis: Leben besteht aus Essen, Trinken, Pinkeln etc., sowie Drogen und Schlafen, auch im Sinne von Sex [H053]
• Gedanke: „Das einzige, worüber wir eigentlich immer ernsthaft nachgedacht und gesprochen haben, war doch Essen, Trinken (Alkohol), Rauchen, Drogen, sowie alle körperlichen und seelischen Bedürfnisse?!“ [H064]

237. Tod - Gedanken an den Tod (1/58)

Death - thoughts of

* Bild einer Beerdigung [K011]
* Bild: Priester, Totenbett [K011]
* Bilder: von Tod und Geburt [K012]

238. *Traurigkeit (= Niedergeschlagenheit, Verzagtheit, Depression, Schwermut, Melancholie)* (2/507)

Sadness

• Trauer [A17]
* Trostlosigkeit [K013]
• Stimmung traurig, sentimental [N01]
* Schatten und Gefahren sind mir von der Seele gefallen [gS] [N02]
• Latente Depressivität [N02]
• Depressive Stimmung [Q01]

239. Traurigkeit - getröstet werden; kann nicht (1/2)

Sadness - consoled; cannot be

* Unglaubliche Melancholie [H024]

240. Traurigkeit - Musik - durch (1/18)

Sadness - music - from

* Musik voll Melancholie berührt mich tief, möchte mitjauchzen oder weinen [T01]

241. <u>Traurigkeit - Tatkraft; trotz</u> (1/1)

Sadness - vigour; in spite of

* Fühle mich total fit, aber grau und trübsinnig [N04]

242. <u>Umarmt - sich selbst</u> (1/1)

Embraces - himself

* Beim Aufwachen fällt mir auf, daß ich mich selbst umarmt habe [N09]
• Bin in Umarmung mit mir selbst [N09]

243. Unbekümmert (1/11)

Carefree

• Gesprächig, leichter Sinn [G012]

244. Unbeständigkeit - Gedanken, der (1/7)
Inconstancy - thoughts, of
• Flüchtige Gedanken [H063]
245. Ungeduld (2/139)
Impatience
• Ungeduld [A19]
* Ungeduldig, hektisch [H024]
• Ungeduld [H052]
• Ungeduldig und zappelig [H053]
* Ungeduld - will fertig sein [K011]
246. Ungeschicklichkeit (1/47)
Awkward
• Tölpelhaft [H014]
247. Unordentlich (1/9)
Untidy
• Unordentlich, durcheinander, unruhig, kriege nichts auf die Reihe [H024]
248. Unordnung, empfindlich gegen (1/2)
Disorder, sensitive to
• Ärger über Unordnung anderer [H033]
249. Unzüchtig, obszön (2/35)
Obscene, lewd
* Obszön: „wir reiben uns warm" [G012]
• Obszön: „er rieb und rieb, bis nichts mehr blieb" [G013]
* Obszön: „du bist ein geriebenes Luder" [G014]
• Zunehmend albern, fast obszön [H033]
* Obszöne Sprache [H033]
* Bin lustig, teilweise obszön, nachmittags [N09]
250. Unzüchtig, obszön - Sprechen (1/15)
Obscene, lewd - talk
* Obszön: „wir reiben uns warm" [G012]
* Obszön: „er rieb und rieb bis nichts mehr blieb" [G013]
251. Unzufrieden (= mißvergnügt, unbefriedigt) (1/187)
Discontented
• Insgesamt „nicht gut drauf", matt, lustlos [F04]
252. Unzufrieden - sich selbst, mit (1/38)
Discontented - himself, with
• Ärger über eigenes Zuspätkommen [H042]
253. <u>Verantwortung - sich selbst; übernimmt Verantwortung für</u> (1/1)
Responsibility - himself; takes responsibility for
• Selbstverantwortung [H053]
* Entschluß: „mich und mein Leben in die eigene Hand nehmen" [N02]
254. Verantwortung - Unfähigkeit, Verantwortung zu übernehmen (1/2)
Responsibility - inability to take
* Gedanke: Kümmere dich erst um deine Probleme, bevor du die der anderen ansiehst

[gS] [H051]
• Gefühl: ich darf und muß ich selbst sein [gS] [Q01]

255. Verführung - Verlangen nach (1/1)
Seduction - desire for
* Verführe Ehemann, Verführungsakt wird sehr genossen [Q01]

256. Vergeßlich (1/204)
Forgetful
• Vergeßlichkeit [E03]
• Vergeßlich, frech [G042]
• Vergeßlich [G043]

257. Vergeßlich - morgens (1/10)
Forgetful - morning
* Vergeßlich (7.30 Uhr), steige aus der Badewanne, ohne mich vorher kalt abzuduschen, passiert mir sonst nie [T01]

258. Verjüngt; fühlt sich (1/1)
Rejuvenated; feeling of being
* Erwache mit dem Gefühl, geschrumpft und verjüngt zu sein [T01]

259. Verlangen, Wunsch nach - nichts; nach (1/9)
Desires - nothing; desires
• Insgesamt „nicht gut drauf", matt, lustlos [F04]

260. Verstand geschärft, vermehrt (1/2)
Reason increased, power of
* Führe hochspirituelles Gespräch, was ich schon lange führen wollte, mit großer Klarheit, verstehe plötzlich Zusammenhänge [N05]
* Sehe die Dinge, wie sie sind [N09]
• Kann morgens sehr klar denken, weiß sehr schnell, welche Arzneien die Patienten brauchen [T01]

261. Verstanden zu werden - Sehnsucht (1/1)
Understood; to be - yearning
* Sehnsucht nach lieben Menschen, Sehnsucht, verstanden zu werden [N09]
* Sehne mich danach, verstanden zu werden [Q05]
• Sehnsucht nach Verstandenwerden [R01]

262. Vertrauensvoll (1/344)
Confiding
* „Vertrauen des Kindes, daß es gefühlt und wahrgenommen wird in Liebe von den Eltern" [L032]

263. *Verwirrung, geistige* (2/344)
Confusion of mind
• Schusselig [G052]
• Unkonzentriert und durcheinander [H054]
• Dumm im Kopf [I082]
• Verwirrung [M]
• Verwirrung, kann meiner Arbeit kaum nachgehen [N01]

264. Verwirrung, geistige - morgens (1/117)

Confusion of mind - morning
• Total neben mir morgens [D03]
• Verwirrt, nervös (9 Uhr) [G054]

265. Verwirrung, geistige - abends (1/79)
Confusion of mind - evening
• Völlige Verwirrung des Geistes abends [G044]

266. Verwirrung, geistige - geistige Anstrengung - durch (1/51)
Confusion of mind - mental exertion - from
• Geistige Arbeit verwirrt [Q01]

267. Verwirrung, geistige - Identität; in bezug auf seine (1/23)
Confusion of mind - identity, as to his
* Gefühl, als sei meine Seele vertauscht worden [Q04]

268. <u>Verwirrung, geistige - Koitus - amel.</u> (1/1)
Confusion of mind - coition - amel.
• Kopfschmerzen und Verwirrheitsgefühl nach zärtlichem Sex verschwunden [H013]

269. Verwirrung, geistige - Umgebung; in bezug auf die (1/2)
Confusion of mind - surroundings, of
* Wahnidee mit ängstlicher Unruhe: Das Zimmer war dämmrig wie bisher, aber die Möbel standen verkehrt, ich fand den Lichtschalter nicht. Ging zur Tür, um Licht zu machen [B10]

270. Verwirrung, geistige - Verlorenheit; Gefühl der (1/2)
Confusion of mind - lost feeling
* Völlig verwirrt und verloren [H013]

271. Verzweiflung (1/150)
Despair
* Bild: Slumkinder im Schmutz [K013]
• Trostlosigkeit [K013]
• Hoffnungslosigkeit [K013]

272. Wahnideen - alt - gealtert; fühlt sich (1/3)
Delusions - old - aged; feels
• Fühle mich um Jahre gealtert [Q04]
• Fühle mich wie ein alter Mann [T01]

273. Wahnideen - auflösen; sie würde sich (1/2)
Delusions - dissolving, she is
• Panische Angst, mich aufzulösen (früher bei Cannabis ähnliche Ängste) [H054]

274. Wahnideen - beobachtet, sie würde (1/9)
Delusions - watched, she is being
* Phantasie: ich spüre die Gegenwart eines seit Jahren verstorbenen, vertrauten Freundes. Er steht hinter mir und schaut mir über die Schulter zu, beim Verreiben, sehr neugierig und interessiert. [M]

275. Wahnideen - bespitzelt, beobachtet zu werden (1/3)
Delusions - spied, being
• Wahnidee, überwacht zu werden [I031]

276. Wahnideen - Bilder, Phantome; sieht (1/77)

Delusions - images, phantoms; sees
• Hatte das Bild von riesengroßen Hunden, die vor sich hinziehen und sich um das Gekläffe der kleinen Hunde gar nicht kümmern [H063]
* Bild: Jesus am Kreuz in der Kirche [K014]
* Bild: unebene Straße, es geht hart auf hart [M]
* Phantasie: ich sehe in mir auf einmal ein Wüstenbild, Sanddünen in leuchtenden Gelb- und Brauntönen, von der Sonne beschienen, mit Schattenbildung. Die Sandberge sind pyramidenartig, klar abgegrenzt. Darüber ein tiefblauer Himmel in intensiver Blautönung [M]

277. Wahnideen - Drogen; wie unter (1/3)
Delusions - drugged; as if
* Habe immer noch Probleme von „diesem Trip" runter zu kommen [H054]
* Bin wie unter Drogen [Q01]

278. Wahnideen - Engel, sieht (1/4)
Delusions - angels, seeing
• Phantasie: Der untere Teil eines Rauschgoldengels wird immer breiter und breiter [K014]
* Sehe lauter Engel [Q01]

279. Wahnideen - Erscheinung sehen; er werde eine (1/2)
Delusions - apparition; he would see an
* Bild: Jesus am Kreuz in der Kirche [K014]

280. Wahnideen - Fliegen (1/16)
Delusions - flying
* Phantasie: in einer Kirche zu fliegen [I033]

281. <u>Wahnideen - Fliegen - Kirche; in der</u> (1/1)
Delusions - flying - church; in
* Phantasie: in einer Kirche zu fliegen [I033]

282. Wahnideen - Fliegen - könne er fliegen; als (1/5)
Delusions - flying - could fly; as if he
* Phantasie: könnte aus dem Dach fliegen [R01]

283. <u>Wahnideen - geboren; fühlt sich wie von Neuem in die Welt hinein</u> (1/1)
Delusions - born into the world; he was newly
* Phantasie: „wie ein neugeborenes Kind" [L032]
• Fühle mich wie neugeboren, trotz Schmerzen in den Gelenken [R01]

284. Wahnideen - Gefahr, Empfindung von (1/8)
Delusions - danger, impression of
* Schatten und Gefahren sind mir von der Seele gefallen [gS] [N02]

285. Wahnideen - Gefangener; sie wäre ein (1/3)
Delusions - prisoner; she is a
• Phantasie, Bild: abgeschlossene Türen und keine Schlüssel [H014]

286. Wahnideen - Geräusche - hören; Geräusche zu (1/15)
Delusions - noise - hearing noise
• Höre Geräusche hinter mir [I071]
• Höre Geräusche hinter mir [I072]

287. Wahnideen - geteilt - zwei Teile; in (1/12)
Delusions - divided - two parts; into
- * Gefühl von Geteiltsein [G054]
- • Gefühl von Geteiltsein [H024]

288. Wahnideen - Gott - Verbindung mit Gott; er stehe in (1/12)
Delusions - God - communication with God; he is in
- • In erlöster Verbindung mit Gott sein [L031]

289. Wahnideen - Hunde - sieht (1/20)
Delusions - dogs - sees
- • Hatte das Bild von riesengroßen Hunden, die vor sich hinziehen und sich um das Gekläffe der kleinen Hunde gar nicht kümmern [H063]

290. Wahnideen - Identität - Grenzen und er wäre überall; seine Identität hätte keine (1/2)
Delusions - identity - boundaries, has no; everywhere, and is
- • Gefühl von Erweiterung über den Körper hinaus [L020]

291. <u>Wahnideen - Kathedrale; er sei in einer</u> (1/1)
Delusions - cathedral; he is in a
- * Phantasie: er steht in einer Kirche [I031]

292. Wahnideen - kindliche Phantasien, hat (1/2)
Delusions - childish fantasies, has
- • Fühle mich wie ein Kind an Weihnachten [H021]

293. Wahnideen - Kleidung - wunderschön; die Kleider seien (1/3)
Delusions - clothes - beautiful, clothes are
- * Phantasie: er trägt edle Kleider [I031]

294. Wahnideen - klein - Körper sei kleiner; der (1/16)
Delusions - small - body is smaller
- • Erwache mit dem Gefühl, geschrumpft und verjüngt zu sein [T01]

295. Wahnideen - Kloster gehen müssen; sie würde ins (1/2)
Delusions - convent, she will have to go to a
- • Denke: es ist am besten, du gehst ins Kloster [Q01]

296. Wahnideen - Königin; sie sei eine (1/2)
Delusions - queen, she is a
- * Gefühl bin eine Königin (keine Nonne mehr) [N08]

297. Wahnideen - Körper - geteilt, sei (1/7)
Delusions - body - divided, is
- * Gefühl von Geteiltsein [G054]
- • Gefühl von Geteiltsein [H024]

298. Wahnideen - Körper - leichter als Luft; der Körper sei (1/9)
Delusions - body - lighter than air; body is
- • Fühle mich wie 50 cm über dem Erdboden [Q01]

299. Wahnideen - mißverstanden; sie würde (1/3)
Delusions - misunderstood; she is
- • Habe das Gefühl, verstanden zu werden [gS] [Q01]

300. Wahnideen - Musik - hört Musik - lieblichste und erhabenste Melodie; die (1/3)
Delusions - music - hearing music - sweetest and sublimest melody
* Phantasie: Musik: „Gloria, Gloria, Gloria in excelsis ..." [K014]

301. Wahnideen - Nonne zu sein; eine (1/1)
Delusions - nun; being a
• Gefühl, bin eine Nonne [N08]

302. Wahnideen - Person - andere Person; sie sei eine (1/9)
Delusions - person - other person; she is some
* Gefühl, als sei meine Seele vertauscht worden [Q04]

303. Wahnideen - Person - anwesend; jemand sei (1/4)
Delusions - person - present; someone is
* Phantasie: ich spüre die Gegenwart eines seit Jahren verstorbenen, vertrauten Freundes. Er steht hinter mir und schaut mir über die Schulter zu, beim Verreiben, sehr neugierig und interessiert. [M]

304. Wahnideen - Phantasiegebilde, Illusionen (1/122)
Delusions - fancy, illusions of
* Bild: Jesus am Kreuz in der Kirche [K014]
* Phantasie: ich sehe in mir auf einmal ein Wüstenbild, Sanddünen in leuchtenden Gelb- und Brauntönen, von der Sonne beschienen, mit Schattenbildung. Die Sandberge sind pyramidenartig, klar abgegrenzt. Darüber ein tiefblauer Himmel in intensiver Blautönung [M]

305. Wahnideen - Ruhelosigkeit; mit - ängstlicher; mit (1/1)
Delusions - restlessness; with - anxious; with
• Wahnidee mit ängstlicher Unruhe: Das Zimmer war dämmrig wie bisher, aber die Möbel standen verkehrt, ich fand den Lichtschalter nicht. Ging zur Tür, um Licht zu machen. [B10]

306. Wahnideen - Schlangen - Schlauch der Brause für eine Schlange; hält (1/1)
Delusions - snakes - hose of shower is a snake; thinks the
* Wahnidee: Brauseschlauch sei Schlange [H033]

307. Wahnideen - Schlangen - sieht (1/1)
Delusions - snakes - sees
* Kurze optische Halluzination von Schlangen [H034]

308. Wahnideen - schön - Kitsch erscheint schön (1/1)
Delusions - beautiful - kitsch seems beautiful
* Finde alles Kitschige schön [Q01]

309. Wahnideen - schweben - Luft, in der (1/57)
Delusions - floating - air, in
* Phantasie: zu schweben [I033]
* Fühle mich wie 50 cm über dem Erdboden [Q01]
• Wahnidee: zu schweben [Q02]

310. Wahnideen - Seele - vertauscht worden; die Seele wäre (1/1)
Delusions - soul - exchanged; the souls had been

• Gefühl, als sei meine Seele vertauscht worden [Q04]

311. Wahnideen - Tiere - schreckliche (1/7)
Delusions - animals - frightful
• Wahnidee, sieht Auge von Wolf, behaarter Kopf [I012]

312. Wahnideen - tot - Personen, sieht tote (1/61)
Delusions - dead - persons, sees
• Phantasie: Großvater liegt auf dem Totenbett, sehr friedvoll mit geschlossenen Augen [I012]

313. Wahnideen - vergrößert - Kopf sei (1/17)
Delusions - enlarged - head is
• Phantasie: Kopf sei vergrößert [I053]

314. Wahnideen - verlieren - Kontrolle über seine Gefühle verlieren; er werde die (1/2)
Delusions - lose - control; he would lose his emotional self
• Habe Angst, die Kontrolle zu verlieren [H024]

315. Wahnideen - Visionen, hat (1/86)
Delusions - visions, has
* Ich bin der große Reiniger für den Anfang und das Ende eures Lebens; und dazwischen für eure Sünden und Süchte [H015]

316. Wahnideen - Visionen, hat - Erhabenheit, von großartiger (1/4)
Delusions - visions, has - grandeur, of magnificent
* Gefühl von großer Erhabenheit [I083]
* Phantasie: ich sehe in mir auf einmal ein Wüstenbild, Sanddünen in leuchtenden Gelb- und Brauntönen, von der Sonne beschienen, mit Schattenbildung. Die Sandberge sind pyramidenartig, klar abgegrenzt. Darüber ein tiefblauer Himmel in intensiver Blautönung [M]
* Phantasie: ich spüre die Gegenwart eines seit Jahren verstorbenen, vertrauten Freundes. Er steht hinter mir und schaut mir über die Schulter zu, beim Verreiben, sehr neugierig und interessiert. [M]

317. Wahnideen - Visionen, hat - schön (1/9)
Delusions - visions, has - beautiful
* Phantasie: ich spüre die Gegenwart eines seit Jahren verstorbenen, vertrauten Freundes. Er steht hinter mir und schaut mir über die Schulter zu, beim Verreiben, sehr neugierig und interessiert. [M]

318. Wahnideen - Visionen, hat - Ungeheuern, von (1/10)
Delusions - visions, has - monsters, of
• Wahnidee, sieht Auge von Wolf, behaarter Kopf [I012]

319. Wahrheit - sagt (vorbehaltlos, rücksichtslos) die reine Wahrheit (1/6)
Truth; telling the plain
• Bin sehr direkt [C04]
* Ich bin sehr ehrlich und direkt [Q01]
* Kann sagen, ich bin Alkoholikerin (kann die Wahrheit sagen) [Q05]
* Spreche alles offen aus, ohne daß sich jemand verletzt fühlt [R01]

320. Waschen - Verlangen zu waschen - Sauberkeitswahn, Reinlichkeitswahn (1/4)
Washing - desire to wash - cleanness; mania for
* Putzwut - brauche Arbeit, die mich der Erde näher bringt [Q01]

321. <u>Wehmut (= Herzschmerz)</u> (1/1)
Nostalgia (= heartache)
• Spüre und fühle mein Herz ganz stark [R01]
* Gefühl von Herzschmerz [Q04]
* Verspüre Herzschmerz [Q01]

322. Weinen - Gedichten; bei sanften, zärtlichen (1/2)
Weeping - poetry, at soothing
* Schlage das Buch „Der Prophet" (von Khalil Gibran) unwillkürlich im Kapitel von der Liebe auf und war kurz vorm Weinen [H052]

323. Weinen - grundlos (1/36)
Weeping - causeless
• Tränen ohne Auslösung beim Autofahren [A19]

324. Weinen - leicht (1/24)
Weeping - easily
• Sentimental, kann weinen über Tod von mir unbekannter Sängerin [Q01]

325. Weinen - Musik; durch (1/16)
Weeping - music, from
* Musik voll Melancholie berührt mich tief, möchte mitjauchzen oder weinen [T01]

326. Witzig, geistreich (1/15)
Witty
• Erzähle Witze (mache ich sonst nie) [G054]

327. Wohlbehagen (1/3)
Ease, feeling of
• Wohliges Gefühl [N02]
• Im psychischen Bereich geht es mir unglaublich gut [R01]

328. <u>Zärtlichkeit - empfindet</u> (1/1)
Affection - feels
• Großes Zärtlichkeitsgefühl [H024]

329. *<u>Zärtlichkeit - Sehnsucht nach</u>* (2/1)
Affection - yearning for
• Bedürfnis nach Harmonie und Zärtlichkeit [H023]
* Große Sehnsucht und Zärtlichkeitsbedürfnis [H054]
* Sehnsucht nach Zärtlichkeit [H054]
* Sehnsucht nach allem Schönem und guten Gefühlen, Zärtlichkeit [N01]
* Sehnsucht nach Zärtlichkeit [N05]
• Sehnsucht nach Zärtlichkeit [N08]
• Sehnsucht nach Zärtlichkeit [Q01]
• Sehnsucht nach Zärtlichkeit, Liebe [R01]

330. Zeit - schnell, scheint kürzer; vergeht zu (1/17)
Time - quickly, appears shorter; passes too

- Zeit vergeht sehr schnell [I013]
- Zeit vergeht zu schnell [I082]
- Zeit vergeht wie im Flug [T01]

331. Zorn (1/259)
Anger
* Vermehrt aggressiv [A11]
- Teilweise aggressives Schaben [H052]

332. Zorn - Unordnung; über (1/1)
Anger - disorder; about
- Ärger über Unordnung anderer [H033]

333. *Zufrieden* (2/34)
Content
- Heitere Stimmung, zufrieden [G051]
* Alles ist friedlich und fröhlich in mir, so könnte ich 200 Jahre leben (11 Uhr) [H012]
- Mir geht's gut (am Abend zuvor nach C1-Verreibung) in total verräucherter Kneipe gesessen, wo ich sonst schon an der Tür umgedreht wäre. Es machte mir überhaupt nichts aus, ich habe sogar selber geraucht und drei Bier getrunken [H012]
* Lockerer Geist, Zufriedenheit [H021]
- Zufrieden mit Tätigkeit, gleichgültig gegenüber Ergebnis [H062]
* Total entspannt, abgegrenzt, zufrieden [H062]
* Sehe die Dinge, wie sie sind [N09]
* Bin zufrieden mit mir und der Umwelt [N09]

334. Zufrieden - sich selbst; mit (1/7)
Content - himself, with
* Bin zufrieden mit mir und der Umwelt [N09]

335. Zufrieden - sich selbst; mit - Welt; und der (1/1)
Content - himself, with - world; and the
* Bin zufrieden mit mir und der Umwelt [N09]
- Großes Glücksgefühl, könnte singen [T01]

336. Zuversichtlich (1/4)
Confident
- Selbstbewußt [I031]

Schwindel / Vertigo

337. *Schwindel im allgemeinen* (2/494)
Vertigo
* Schwindel [A05]
- Schwindelig [A06]
- Schwindel [G053]
* Schwindel [L031]
- Schwindel [L032]

338. Begleitet von - Sehen - Trübsichtigkeit (1/72)
Accompanied by - vision - dim vision
- Schwindel, wie durch Watte gesehen, leicht verschwommen [E03]

339. Berauscht, wie (1/108)
Intoxicated, as if
* Schwindel - wie benommen (gleich nach Einnahme) [E01]

340. Fahren, beim - Wagen, im (1/11)
Riding - carriage; in a
- Schwindel beim Busfahren - in Kurven [F01]

341. Schmutz und Abfall; durch Anblick von (1/1)
Dirt and garbage; at sight of
- Schmutz und Abfall erregt Schwindel [T01]

342. Übelkeit, mit (1/126)
Nausea, with
- Schwindel - mit Übelkeit [A17]
- Schmutz und Abfall erregt Schwindel [T01]

343. Watte; Gefühl von (1/1)
Cottonwool; sensation of
* Schwindel, plötzlich - wie durch Watte [C04]

Kopf / Head

344. Ameisenlaufen - Scheitel (1/14)
Formication - Vertex
- Parästhesien an der Glabella [I082]

345. Ausgedehnt, Gefühl wie - aufgeblasen, wie (1/2)
Expanded sensation - inflated, feels
- Wahnsinnige Kopfschmerzen, abends, wie wenn Kopf aufgeblasen wäre [H013]

346. Bewegungen des Kopfes - Wackeln mit dem Kopf (1/3)
Motions of head - wagging
- Kopfwackeln in Ruhe vor dem Einschlafen [N01]

347. Bewegungen des Kopfes - Wackeln mit dem Kopf - Einschlafen; vor dem (1/1)
Motions of head - wagging - going to sleep; before
- Kopfwackeln in Ruhe vor dem Einschlafen [N01]

348. Empfindlichkeit - Kämmen, Bürsten der Haare; gegen (1/20)
Sensitiveness - brushing of hair; to
- Empfindliche Kopfhaut, Kämmen ist unangenehm [B02]

349. Hitze (1/279)
Heat
- Hitzegefühl im Kopf [I011]

350. Hitze - aufsteigend (1/13)
Heat - rising up
- Hitze zum Kopf [I031]

351. Hitze - brennend (1/25)
Heat - burning
* Kopfschmerz Scheitel und Stirn mit Augenschmerz, bzw. brennendes Gefühl und

Hitze im Kopf [C01]
* Ganz heißer Kopf, wie Feuer [G044]

352. Hitze - brennend - Feuer; wie (1/1)
Heat - burning - fire; like
* Ganz heißer Kopf, wie Feuer [G044]

353. Jucken der Kopfhaut (1/167)
Itching of scalp
• Jucken am Kopf [I052]
* Kribbeln und Jucken an der Kopfhaut [M]
• Juckreiz am behaarten Kopf [M]

354. Jucken der Kopfhaut - Scheitel (1/13)
Itching of scalp - Vertex
• Druckgefühl Scheitel mit leichtem Jucken [I053]

355. Kleiner - scheint kleiner (1/7)
Smaller - feels
• Gefühl als ob Schädel zu klein wäre [I081]

356. Jucken der Kopfhaut - Stirn (1/58)
Itching of scalp - Forehead
• Punktförmiger Juckreiz an der Stirn [M]

357. Kribbeln (1/41)
Tingling
• Kribbeln und Jucken an der Kopfhaut [M]

358. Leichtigkeit, Gefühl von - Kopf; im (1/1)
Lightness; sensation of - Head; in
• Leichtes Gefühl im Kopf [I051]

359. Rausch, wie durch einen (1/42)
Intoxication; as from
• Dicker Kopf, wie nach Alkohol oder Drogen [G044]

360. Rucken des Kopfes (1/19)
Jerking of the head
• Ruckartiges Wackeln des Kopfes [G054]

361. Schmerz (= Kopfschmerzen im allgemeinen) (1/438)
Pain (= headache in general)
• Kopfschmerzen [L012]

362. Schmerz - abends (1/173)
Pain - evening
• Wahnsinnige Kopfschmerzen, abends, wie wenn Kopf aufgeblasen wäre [H013]

363. Schmerz - begleitet von - Auge; Schmerz im (1/13)
Pain - accompanied by - eye; pain
• Kopfschmerz Scheitel und Stirn mit Augenschmerz bzw. brennendes Gefühl und Hitze im Kopf [C01]

364. Schmerz - Husten - beim (1/110)
Pain - coughing - on
• Husten mit starken Kopfschmerzen [N01]

365. Schmerz - Koitus - amel. (1/1)
Pain - coition - amel.
- Kopfschmerzen und Verwirrheitsgefühl nach zärtlichem Sex verschwunden [H013]

366. Schmerz - steigt - plötzlich - sinkt - plötzlich (1/13)
Pain - increasing - suddenly - decreasing - suddenly
- Kopfschmerz, rechts hinter dem Auge, drückend, kurz, aber immer wiederkehrend, plötzlich kommend und plötzlich vergehend [C01]

367. Schmerz - wahnsinnig machender Schmerz (1/39)
Pain - maddening pains
- Wahnsinnige Kopfschmerzen rund um den Schädel - wie Reifen [N05]
- Kopfschmerz am Scheitel, dumpf, dröhnend [I083]

368. Schmerz - warm - Zimmer, im warmen - agg. (1/99)
Pain - warm - room - agg.
- Hitzekopfschmerz [im warmen Zimmer] [H043]

369. Schmerz - Waschen - Kopfes; durch Waschen des (1/23)
Pain - washing - head, from
- Kopfschmerzen nach Haarewaschen [N01]

370. Schmerz - erstreckt sich zu - Augen - linkes Auge (1/2)
Pain - extending to - eyes - left eye
- Kopfschmerz, zog zum linken Auge [E04]

371. Schmerz - Hinterkopf (1/300)
Pain - Occiput
- Kopfschmerz; Hinterkopf [H051]

372. Schmerz - Scheitel (1/215)
Pain - Vertex
- Kopfschmerz Scheitel und Stirn mit Augenschmerz bzw. brennendes Gefühl und Hitze im Kopf [C01]
- Ganz feine Kopfschmerzen im Scheitelbereich [N06]
- Leichte Kopfschmerzen, bis zur Mitte des Kopfes [I063]

373. Schmerz - Schläfen - links (1/30)
Pain - Temples - left
- Schmerz, Schläfe, links [I051]

374. Schmerz - Schläfen - Luft - Freien, im - amel. (1/18)
Pain - Temples - air - open - amel.
- Kopfschmerz rechts in der Schläfe mit feinen Stichen, frische Luft amel. [P01]

375. Schmerz - Seiten - links (1/116)
Pain - Sides - left
- Stechendem Schmerz im linken Nasenloch - Krankheitsgefühl über die ganze linke Kopfseite (1/2 Stunde nach Einnahme) [T01]

376. Schmerz - Seiten - rechts (1/100)
Pain - Sides - right
- Kopfschmerz rechts [H051]

377. Schmerz - Seiten - rechts - dann links (1/15)
Pain - Sides - right - then left

- Kopfschmerz von rechts nach links [G021]

378. Schmerz - Stirn, in der (1/346)
Pain - Forehead, in
- Diffuser Kopfdruck, eher Stirn (zwei Stunden nach Einnahme des Medikamentes) [B10]
- Kopfschmerz Scheitel und Stirn mit Augenschmerz, bzw. brennendes Gefühl und Hitze im Kopf [C01]

379. Schmerz - Stirn, in der - linke Seite (1/103)
Pain - Forehead, in - left side
- Kopfschmerz links, über dem Auge [I061]

380. Schmerz - Stirn, in der - rechte Seite (1/109)
Pain - Forehead, in - right side
- Kopfschmerz, rechte Stirn, stechend [I073]
- Kopfschmerz Stirn rechts mit feinen Stichen, Bewegung amel. [P01]

381. Schmerz - Stirn, in der - nachmittags (1/82)
Pain - Forehead, in - afternoon
- Stirnkopfschmerz (14.30 Uhr) [I081]
- Stirnkopfschmerz nachmittags [I081]

382. Schmerz - Stirn, in der - nachts (1/39)
Pain - Forehead, in - night
- Kopfschmerz, nachts, brüllend, Stirn, wie Spange [N04]

383. Schmerz - Stirn, in der - Bewegung, bei (1/60)
Pain - Forehead, in - motion, on
- Zeitweise starke Kopfschmerzen (Vorderkopf), Bewegung verschlechtert [N01]

384. Schmerz - Stirn, in der - Augen - hinter den Augen (1/55)
Pain - Forehead, in - eyes - behind
- Schmerz hinter den Augen [G012]

385. Schmerz - brennend (1/116)
Pain - burning
- Kopfschmerz Scheitel und Stirn mit Augenschmerz, bzw. brennendes Gefühl und Hitze im Kopf [C01]

386. Schmerz - drückend (1/223)
Pain - pressing
- Kopfdruck [B11]

387. Schmerz - drückend - nachmittags (1/24)
Pain - pressing - afternoon
- Dumpfes Gefühl im Kopf, drückend (15 Uhr) [I081]

388. Schmerz - drückend - wiederkehrend (1/2)
Pain - pressing - recurrent
- Kopfschmerz, rechts hinter dem Auge, drückend, kurz, aber immer wiederkehrend, plötzlich kommend und plötzlich vergehend [C01]

389. Schmerz - drückend - zusammenschnürend (1/3)
Pain - pressing - constricting
- Schmerz dumpf, morgens beim Aufstehen, als ob jemand den Kopf zusammen-

drückt [A04]

390. Schmerz - drückend - Hinterkopf (1/172)
Pain - pressing - Occiput
- Kopfschmerzen dumpf drückend, Hinterkopf, Nacken, abends und auch am nächsten Morgen [D04]

391. Schmerz - drückend - Hinterkopf - morgens (1/12)
Pain - pressing - Occiput - morning
- Kopfschmerzen dumpf drückend, Hinterkopf, Nacken, abends und auch am nächsten Morgen [D04]

392. Schmerz - drückend - Hinterkopf - abends (1/8)
Pain - pressing - Occiput - evening
- Kopfschmerzen dumpf drückend, Hinterkopf, Nacken, abends und auch am nächsten Morgen [D04]

393. Schmerz - drückend - Scheitel (1/191)
Pain - pressing - Vertex
- Druckgefühl Scheitel mit leichtem Jucken [I053]
- Druck am Kopf unter dem Scheitel (15.30 Uhr) [I082]
- Druck im Stirn- und Oberkopfbereich [M]
- Schweregefühl auf dem Scheitel [E03]

394. Schmerz - drückend - Scheitel - nachmittags (1/6)
Pain - pressing - Vertex - afternoon
- Druck am Kopf unter dem Scheitel (15.30 Uhr) [I082]

395. Schmerz - drückend - Scheitel - abends (1/13)
Pain - pressing - Vertex - evening
- Schweregefühl auf dem Scheitel (21 Uhr) [E04]

396. Schmerz - drückend - Schläfen (1/205)
Pain - pressing - Temples
- Druck in den Schläfen (1 Stunde nach Einnahme) [B09]
- Druck in beiden Schläfen [G041]
- Kopfschmerz - Druck auf der Schläfe [M]
- Leichter Druck in der Schläfengegend [M]

397. Schmerz - drückend - Stirn (1/239)
Pain - pressing - Forehead
- Druck im Stirn- und Oberkopfbereich [M]

398. Schmerz - drückend - Stirn - Augen - hinter den Augen (1/3)
Pain - pressing - Forehead - eyes - behind
- Schmerzhafter Druck im Kopf hinter den Augen bis Scheitel [I082]
- Kopfschmerz, rechts hinter dem Auge, drückend, kurz, aber immer wiederkehrend, plötzlich kommend und plötzlich vergehend [C01]

399. <u>Schmerz - drückend - Stirn - Augen - hinter den Augen - erstreckt sich zu - Scheitel</u> (1/1)
Pain - pressing - Forehead - eyes - behind - extending to - Vertex
- Schmerzhafter Druck im Kopf hinter den Augen bis Scheitel [I082]

400. Schmerz - drückend - Stirn - Augen - über den Augen (1/122)

Pain - pressing - Forehead - eyes - over
- Druck über Augen [G053]

401. Schmerz - drückend - Stirn - Augen - über den Augen - rechts (1/20)
Pain - pressing - Forehead - eyes - over - right
- Druck über dem rechten Auge [I081]

402. Schmerz - dumpf - morgens - Aufstehen, nach dem (1/3)
Pain - dull pain - morning - rising, after
- Schmerz dumpf, morgens beim Aufstehen, als ob jemand den Kopf zusammendrückt [A04]
- Aufwachen mit leichtem, dumpfem Kopfschmerz [H034]

403. Schmerz - dumpf - Scheitel (1/26)
Pain - dull pain - Vertex
- Kopfschmerz am Scheitel, dumpf, dröhnend [I083]

404. Schmerz - dumpf - Seiten - links (1/10)
Pain - dull pain - Sides - left
- Links dumpfer Kopfschmerz [A05]

405. Schmerz - dumpf - Stirn (1/61)
Pain - dull pain - Forehead
- Stirnkopfschmerz, dumpf [H031]

406. <u>Schmerz - dumpf - Stirn - links</u> (1/1)
Pain - dull pain - Forehead - left
- Dumpfer Kopfschmerz linke Stirn [A05]

407. <u>Schmerz - dumpf - Stirn - rechts</u> (1/1)
Pain - dull pain - Forehead - right
- Stirnkopfschmerz rechts, dumpf [A20]

408. <u>Schmerz - Gespräche amel.</u> (1/1)
Pain - conversation amel.
- Kopfschmerzen weg, nach gutem, klarem Gespräch mit Freundin [N05]

409. Schmerz - stechend - Schläfen - links (1/55)
Pain - stitching - Temples - left
- Kopfschmerz stechend, linke Schläfe [H011]

410. Schmerz - stechend - Schläfen - rechts (1/41)
Pain - stitching - Temples - right
- Kopfschmerz rechts in den Schläfen mit feinen Stichen, frische Luft amel. [P01]

411. Schmerz - stechend - Stirn (1/144)
Pain - stitching - Forehead
- Kopfschmerz, rechte Stirn, stechend [I073]
- Schmerz stechend, hinter linkem Auge, dann Stirn [N03]

412. <u>Schmerz - stechend - Stirn - Bewegung, bei - amel.</u> (1/1)
Pain - stitching - Forehead - motion, on - amel.
- Kopfschmerz Stirn rechts mit feinen Stichen, Bewegung amel. [P01]

413. <u>Schmerz - stechend - Stirn - hinter den Augen - links</u> (1/1)
Pain - stitching - Forehead - behind eyes - left
- Schmerz stechend, hinter linkem Auge, dann Stirn [N03]

414. Schmerz - ziehend (1/124)
Pain - drawing
- Starkes Ziehen im Kopf [G023]

415. Schmerz - zusammenziehend - Seiten - links (1/1)
Pain - contracting - Sides - left
- Kopfschmerz links, zusammenziehend [K011]

416. Schwellung; Gefühl von - Scheitel (1/2)
Swollen feeling - Vertex
- Auftreibungsgefühl am Scheitel [I083]

417. Schwellung; Gefühl von - Stirn (1/19)
Swollen feeling - Forehead
- Auf der Stirn, Gefühl wie eine Beule [G051]

418. Schweregefühl (1/254)
Heaviness
- Schweregefühl Kopf [A01]

419. Schweregefühl - nachmittags (1/29)
Heaviness - afternoon
- Dumpfes Gefühl im Kopf, drückend (15 Uhr) [I081]

420. Watte; Gefühl von - Scheitel; unter dem (1/1)
Cottonwool; sensation of - Vertex; below the
* Gefühl, als ob Watte wäre zwischen Schädeldecke und Gehirn im Scheitelbereich, beim Aufstehen [F02]

421. Zusammenschnürung - Band oder Reifen; wie ein (1/86)
Constriction - band or hoop
- Kopfschmerz, nachts, brüllend, Stirn, wie Spange [N04]
- Wahnsinnige Kopfschmerzen rund um den Schädel - wie Reifen [N05]

422. Zusammenschnürung - Stirn - links (1/1)
Constriction - Forehead - left
- Zusammenschnürungsgefühl linke Stirn [K014]

423. Zusammenziehung der Kopfhaut; Gefühl der (1/21)
Contraction of scalp; sensation of
- Kopfhaut gespannt [I053]

Auge / Eye

424. Absonderungen - gelb (1/40)
Discharges - yellow
- Verkrustete Augen, gelbe Bröckchen [G044]

425. Absonderungen - Canthi - trockene Absonderung darin (1/9)
Discharges - Canthi - dry discharge in
- Verkrustete Augen, gelbe Bröckchen [G044]

426. Ekchymose (1/39)
Ecchymosis
- Linkes Auge blutunterlaufen, morgens beim Aufstehen [E03]

427. Haare - Gefühl eines Haares im Auge (1/13)
Hair - sensation of hair in eye
• Haargefühl am rechten Unterlid [I082]

428. Hautausschläge - Lidern, an den - Krusten (1/14)
Eruptions - Lids, on - crusts
• Augen beiderseits, vor allem rechts stark verklebt, verkrustet - kann nicht aus den Augen schauen [P01]

429. Hautausschläge - Lidern, an den - Krusten - Lidrändern; an den - morgens (1/1)
Eruptions - Lids, on - crusts - margins - morning
• Harte, körnige Krusten in den Augen - morgens [C02]

430. Jucken (1/131)
Itching
• Augen brennen und jucken [M]

431. Jucken - Canthi - innere (1/46)
Itching - Canthi - inner
• Jucken der inneren Augenwinkel [I082]

432. Jucken - Lider - Lidränder - rechts (1/1)
Itching - Lids - Margin - right
• Juckreiz rechter Augenlidrand [I011]

433. Jucken - um das Auge (1/13)
Itching - About
* Zunahme des Juckreizes um die Augen [H042]
• Juckreiz um die Augen [H043]

434. Müdigkeitsgefühl (1/52)
Tired sensation
• Müdigkeit der Augenlider [H031]
• Müde Augen [I043]

435. Photophobie - nachts (1/3)
Photophobia - night
• Nachts beim Autofahren große Probleme: entgegenkommende Fahrzeuge blenden erheblich [Q01]

436. Reiben; Verlangen zu (1/30)
Rub, desire to
• Bedürfnis, Augenlider zu reiben [H031]

437. *Schmerz - brennend (= beißend, scharf)* (2/225)
Pain - burning (= smarting / biting)
• Augenbrennen [A09]
* Brennen und Jucken der Augen [C02]
• Augenschmerz, brennend [I021]
• Schmerz am Auge, brennend [I051]
• Augen brennen [M]
* Augen brennen und jucken [M]
• Augen laufen und brennen (erinnert mich an Zwiebeln) [M]

438. Schmerz - brennend - juckend (1/5)
Pain - burning - itching
- Brennen und Jucken der Augen [C02]
- Augen brennen und jucken [M]

439. Schmerz - drückend, Druck etc. (1/192)
Pain - pressing, pressure, etc.
- Druck auf beiden Augen [I061]
- Druckgefühl in beiden Augen [M]

440. Schmerz - drückend, Druck etc. - rechts (1/10)
Pain - pressing, pressure, etc. - right
- Rechtes Auge Druck - wie Beule [G051]
- Druck rechtes Auge [G054]
- Stechen und Druck im rechten Augapfel [I082]

441. Schmerz - drückend, Druck etc. - morgens (1/18)
Pain - pressing, pressure, etc. - morning
- Augendruck morgens [B07]

442. Schmerz - stechend - rechts (1/6)
Pain - stitching - right
- Stechen und Druck im rechten Augapfel [I082]

443. <u>Schmerz - stechend - Augenbrauen - links</u> (1/1)
Pain - stitching - Eyebrows - left
- Schmerz, stechend, linke Augenbraue [A03]

444. <u>Schmerz - stechend - Augenbrauen - rechts</u> (1/1)
Pain - stitching - Eyebrows - right
- Schmerz stechend, oberhalb rechte Augenbraue [B06]

445. <u>Schmerz - stechend - Lider - Oberlider - rechts</u> (1/1)
Pain - stitching - Lids - upper lids - right
- Stechen im rechten Oberlid (Mitte) [I081]

446. Schwellung - Gefühl von Schwellung (1/28)
Swelling - sensation of
- Gefühl wie geschwollen, verweint [F04]
- Rechtes Auge Druck - wie Beule [G051]

447. Schweregefühl - Lider (2/98)
Heaviness - Lids
- Augenlider zunehmend schwer [H031]
- Schwere der Lider [I061]
- Schwere Lider [I081]

* Müde, schwere Augenlider [L013]

448. Tränenfluß (2/190)
Lachrymation
- Augen tränen [G021]
- Augentränen [G053]
- Tränenfluß [I021]

* Augen laufen und brennen (erinnert mich an Zwiebeln) [M]

• Nach Säubern, Tränen der Augen [P01]

449. Tränenfluß - links (1/16)

Lachrymation - left

• Tränen des linken Auges beim Lesen [E04]

• Tränen der Augen, vor allem links [H011]

* Tränen des linken Auges (drei Tage lang); danach Tränen des rechten Auges (zwei Tage lang) [T01]

450. Tränenfluß - rechts (1/20)

Lachrymation - right

• Rechtes Auge tränt [G031]

• Tränen des linken Auges (drei Tage lang); danach Tränen des rechten Auges (zwei Tage lang) [T01]

451. Tränenfluß - abends (1/16)

Lachrymation - evening

• Augen tränen (18 Uhr) [G054]

452. Tränenfluß - Lesen, beim (1/16)

Lachrymation - reading, while

• Tränen des linken Auges beim Lesen [E04]

453. Tränenfluß - Schmerzen, durch - Nase, in der (1/5)

Lachrymation - pain, from - nose, in

• Linkes Auge Einschießen von Tränen durch Schmerz im linken Nasenloch [T01]

454. *Trockenheit* (2/119)

Dryness

• Trockenes Gefühl der Augen [A05]

* Trockenes Gefühl der Augen gebessert [gS] [A05]

* Trockenes Gefühl der Augen [A06]

• Augen trocken [F04]

455. Verklebt (1/107)

Agglutinated

• Augen beiderseits, vor allem rechts stark verklebt, verkrustet - kann nicht aus den Augen schauen [P01]

456. Zucken - Lider (1/94)

Twitching - Lids

• Zucken Lider, vor allem links [N03]

457. Zucken - Lider - links (1/12)

Twitching - Lids - left

• Zucken Lider, vor allem links [N03]

Sehen / Vision

458. Akkommodation - gestört (1/24)

Accommodation - defective

• Beim Lesen Verschwimmen der Seiten [E03]

• Unscharfes Sehen [I081]

• Akkommodationsstörungen [I082]

459. Akkommodation - vermindert (1/5)
Accommodation - diminished
• Unscharfes Sehen [I081]

460. Blitze - Dunkelheit; in der (1/4)
Lightnings - dark, in
• Nachts beim Autofahren sehe ich ständig blaues Licht, wie von Polizeiwagen [Q01]

461. <u>Farben vor den Augen - links</u> (1/1)
Colors before the eyes - left
• Farbensehen im linken Auge [A10]

462. Farben vor den Augen - blau - abends (1/2)
Colors before the eyes - blue - evening
• Nachts beim Autofahren sehe ich ständig blaues Licht, wie von Polizeiwagen [Q01]

463. Farben vor den Augen - dunkel - Gegenstände - scheinen dunkel (1/6)
Colors before the eyes - dark - objects - seem dark
• Eindruck, als ob es dunkel würde [I082]

464. Flimmern, Flackern - links (1/4)
Flickering - left
• Flimmern linkes Auge [B08]

465. <u>Klar, deutlich</u> (1/1)
Clear, distinct
• Sehe die Dinge sehr intensiv [T01]

466. Nebelig (1/162)
Foggy
• Sehe die Dinge sehr intensiv [gS] [T01]
• Schleier vor den Augen [A10]

467. Schwach, Schwachsichtigkeit (1/96)
Weak
• Besseres Sehen, wie neue Augen [A10]

468. Trübsichtigkeit, trübes Sehen (1/247)
Dim
• Unscharfes Sehen [I081]
• Unklarer Blick [I082]

469. Verschwimmen von - Buchstaben (1/3)
Swimming of - letters
• Buchstaben verschwimmen beim Lesen in künstlichem Licht [E03]
• Buchstaben verschwommen beim Lesen in künstlichem Licht (1/2 Stunde nach Einnahme) [E04]

470. Verschwommen - Buchstaben (1/24)
Blurred - letters
• Buchstaben verschwimmen beim Lesen in künstlichem Licht [E03]
• Buchstaben verschwommen beim Lesen in künstlichem Licht (1/2 Stunde nach Einnahme) [E04]

471. <u>Verschwommen - Licht - künstliches Licht</u> (1/1)
Blurred - light - artificial light

- Buchstaben verschwimmen beim Lesen in künstlichem Licht [E03]
- Buchstaben verschwommen beim Lesen in künstlichem Licht (1/2 Stunde nach Einnahme) [E04]

Ohr / Ear

472. Farbe - rot (1/80)
Discoloration - redness
   - Hitze an den Ohren mit Rötung [A10]
473. Geräusche im Ohr, Ohrgeräusche - Singen (1/92)
Noises in - singing
   - Ohrgeräusche, Singen, hell [I051]
474. Hitze (1/140)
Heat
   - Hitze an den Ohren mit Rötung [A10]
475. Jucken - Gehörgang (1/113)
Itching - Meatus
   - Jucken in den Ohren [E04]
   - Juckreiz im linken Ohr, mehr als im rechten [M]
476. Jucken - Gehörgang - links (1/24)
Itching - Meatus - left
   - Juckreiz im linken Ohr, mehr als im rechten [M]
477. Jucken - Gehörgang - rechts (1/13)
Itching - Meatus - right
   - Juckreiz im rechten Ohr [M]
478. Kribbeln (1/68)
Tingling
   - Kribbeln am Ohr [G014]
479. Schmerz - drückend (1/109)
Pain - pressing
   - Ohrenschmerzen beiderseits drückend [H022]
480. Schmerz - krampfartig - Trommelfell (1/1)
Pain - cramping - tympanum
   - Krampf, Trommelfell [I051]
481. Schmerz - stechend - links (1/39)
Pain - stitching - left
   - Stechen im linken Ohr [I081]
482. Wärmegefühl - abends (1/1)
Warmth; sensation of - evening
   - Rechtes Ohr wärmer als links, abends (20-21 Uhr) [A09]

Hören / Hearing

483. Überempfindliches Gehör (1/103)
Acute

• Geräuschempfindlich [G054]

Nase / Nose

484. Absonderung (1/3)
Discharge
• Nase läuft [I061]
485. Absonderung - nachmittags (1/2)
Discharge - afternoon
• Nase läuft nachmittags [G021]
486. <u>Absonderung - blutig - links</u> (1/1)
Discharge - bloody - left
• Blutiges, dunkles Sekret aus linkem Nasenloch [A10]
487. Absonderung - dick (1/139)
Discharge - thick
• Beide Nasenlöcher, vor allem links verstopft, abwechselnd mit dickem, gelblich-grauem Schleim [T01]
488. Absonderung - gelb (1/132)
Discharge - yellow
• Schnupfen mit gelbzähem Sekret [D03]
489. Absonderung - gelb - schmutzig (1/2)
Discharge - yellow - dirty
• Beide Nasenlöcher, vor allem links verstopft, abwechselnd mit dickem, gelblich-grauem Schleim [T01]
490. <u>Absonderung - Krusten, Schorfe in der Nase - Gefühl von</u> (1/1)
Discharge - crusts, scabs, inside - sensation of
• Borkengefühl in der Nase [M]
491. Absonderung - wäßrig (1/161)
Discharge - watery
• Schnupfen, wäßrig klar [F04]
492. Absonderung - wäßrig - morgens (1/2)
Discharge - watery - morning
• Wäßriger Schnupfen (9-10 Uhr) [D01]
493. Absonderung - wäßrig - links (1/5)
Discharge - watery - left
• Linkes Nasenloch entleert wäßriges Sekret ununterbrochen (zwei Tage lang); danach rechtes Nasenloch desgleichen (einen Tag lang) [T01]
494. Absonderung - wäßrig - rechts (1/6)
Discharge - watery - right
• Linkes Nasenloch entleert wäßriges Sekret ununterbrochen (zwei Tage lang); danach rechtes Nasenloch desgleichen (einen Tag lang) [T01]
495. Absonderung - zäh (1/53)
Discharge - viscid, tough
• Schnupfen mit gelbzähem Sekret [D03]

496. Fremdkörpers; Gefühl eines (1/11)
Foreign body; sensation of a
• Borkengefühl in der Nase [M]

497. Geruch, Geruchssinn - überempfindlicher Geruchssinn (3/93)
Smell - acute
• Weihrauchduft immer noch wahrnehmbar [G012]
• Geruchsempfinden wird immer intensiver [G041]
• Verstärktes Geruchsempfinden [H011]
• Intensiver Weihrauchgeruch [H031]
• Übersensible Geruchsempfindsamkeit [H033]
• Leichtes Geruchsempfinden von gebratenen Zwiebeln (zwei Stockwerke tiefer vor einem Tag Zwiebeln gebraten) [H042]
• Nehme Essensgeruch wahr (zwei Stock tiefer) [H051]
• Geruch intensiv [H064]
• Geruch nach Weihrauch nimmt zu [I081]
• Großes Geruchsempfinden [N04]
* Registriere feinste Gerüche, die meine Begleiter nicht wahrnehmen [T01]

498. Geruch, Geruchssinn - überempfindlicher Geruchssinn - unangenehme Gerüche (1/6)
Smell - acute - unpleasant odors
• Der Gestank von Abwasser macht mir körperliches Unwohlsein [T01]

499. Gerüche; eingebildete und wirkliche - angenehm (1/3)
Odors; imaginary and real - agreeable
• Geruch, stechend, angenehm [I021]
• Angenehmes Geruchsempfinden [G051]

500. <u>Gerüche; eingebildete und wirkliche - Fleischbrühe</u> (1/1)
Odors; imaginary and real - broth
* Spüre plötzlich Essensduft, als hätte jemand Fleischbrühe gekocht [H021]
* Nehme Geruch von Fleischbrühe wahr [H032]

501. <u>Gerüche; eingebildete und wirkliche - Grab; wie in einem</u> (1/1)
Odors; imaginary and real - grave; like in a
• Plötzlich „Kellergruftgeruch“ in der Nase wie in einem Grab [H014]

502. Geweitete Nasenlöcher - Gefühl von Weitung der Nasenlöcher (1/2)
Dilated nostrils - sensation of
• Hohles Gefühl in der Nase [M]

503. Jucken (1/142)
Itching
* Juckreiz in der Nase [M]
• Jucken in der Nase [M]

504. Jucken - Nasenflügel (1/15)
Itching - Wings
• Jucken, Nasenflügel [I012]

505. Jucken - Nasenflügel - links (1/10)
Itching - Wings - left

- Juckreiz am linken Nasenflügel [M]

506. Jucken - Nasenlöcher (1/11)
Itching - Nostrils
- Haut am Naseneingang trocken, juckend, besonders morgens [F04]

507. Kribbeln - innen (1/42)
Tingling - Inside
- Kribbeln in der Nase [G014]
- Kitzel in der Nase mit Niestendenz [M]

508. Kribbeln - Nasenwurzel (1/2)
Tingling - Root
- Kribbeln in der Nasenwurzel [F04]

509. Nasenbluten - morgens (1/69)
Epistaxis - morning
- Nase links verstopft, dann Nasenbluten morgens [F01]

510. Nasenbluten - nachts (1/29)
Epistaxis - night
- Schmerzen im linken Unterbauch (um 5 Uhr) zusammen mit Nasenbluten [F01]

511. Nasennebenhöhlen; Beschwerden der (1/9)
Sinuses; complaints of
- Alte Nebenhöhlengeschichte flammte wieder auf [N07]

512. Niesen (1/283)
Sneezing
- Niesen [I012]
- Niesreiz [L011]

513. Niesen - vormittags (1/5)
Sneezing - forenoon
- Niesen morgens (zwischen 9 und 10 Uhr) [D06]
- Niesen (9 - 10 Uhr) [E02]

514. Niesen - häufig (1/102)
Sneezing - frequent
- Viel niesen [Q01]

515. Schmerz - Einatmen von Luft; beim (1/18)
Pain - air; during inspiration of
- Leichter ziehender Schmerz rechtes Nasenloch bei tiefer Inspiration [A15]

516. Schmerz - brennend, beißend (1/105)
Pain - burning, smarting
- Brennen in der Nase [M]

517. Schmerz - drückend - Nasenwurzel (1/65)
Pain - pressing - Root
- Druckgefühl in der Nasenwurzel [M]

518. <u>Schmerz - stechend - Nasenlöcher - links</u> (1/1)
Pain - stitching - Nostrils - left
- Stechendem Schmerz im linken Nasenloch - Krankheitsgefühl über die ganze linke Kopfseite (1/2 Stunde nach Einnahme) [T01]

• Nachmittags beim Betreten des Hauses plötzlich scharfes Stechen im linken Nasenloch, als wenn jemand einen Eisendraht hineingebohrt hätte, sehr unangenehm [T01]

519. Schmerz - ziehend - Nasenlöcher - links (1/1)
Pain - drawing - Nostrils - left
• Das linke Nasenloch zieht [M]

520. Schmerz - ziehend - Nasenlöcher - rechts (1/1)
Pain - drawing - Nostrils - right
• Leichter ziehender Schmerz rechtes Nasenloch bei tiefer Inspiration [A15]

521. Schniefen (1/35)
Snuffles
• Ständiges Schniefen [H022]

522. Schnupfen - Absonderung; mit - links - rechts; dann (1/1)
Coryza - discharge, with - left - right; then
* Linkes Nasenloch entleert wäßriges Sekret ununterbrochen (zwei Tage lang); danach rechtes Nasenloch desgleichen (einen Tag lang) [T01]

523. Schnupfen - Absonderung; ohne (= Stockschnupfen) (1/101)
Coryza - discharge, without
• Drei Nächte lang Schnupfen in beiden Nasenlöchern mit Verstopfung [A18]

524. Staub in der Nase; Gefühl von (1/1)
Dust in the nose; sensation of
• Gefühl von Puder in der Nase [M]

525. Trockenheit - innen in der (1/191)
Dryness - Inside
* Trockenheit der Nase [M]

526. Trockenheit - innen in der - morgens (1/7)
Dryness - Inside - morning
• Haut am Naseneingang trocken, juckend, besonders morgens [F04]

527. Trockenheit - innen in der - Einatmen agg.; tiefes (1/1)
Dryness - Inside - inspiration agg.; deep
• Trockene Nase; Verschlimmerung bei tiefer Inspiration [A15]

528. Verstopfung - links (1/26)
Obstruction - left
• Nase verstopft links, besser in frischer Luft, in warmen Räumen agg. [D03]
• Nase links verstopft, dann Nasenbluten morgens [F01]

529. Verstopfung - abwechselnd mit - Absonderung (1/8)
Obstruction - alternating with - discharge
• Beide Nasenlöcher, vor allem links verstopft, abwechselnd mit dickem, gelblichgrauem Schleim [T01]

530. Verstopfung - Luft - Freien, im - amel. (1/11)
Obstruction - air - open, in - amel.
• Nase verstopft links, besser in frischer Luft, in warmen Räumen agg. [D03]
• Nasenloch verstopft, besser liegend im Warmen, besser an frischer Luft [E02]

531. Verstopfung - warm - Zimmer; warmes (1/23)
Obstruction - warm - room

- Nase verstopft links, besser in frischer Luft, in warmen Räumen agg. [D03]

532. Verstopfung - warm - Zimmer; warmes - amel. (1/2)
Obstruction - warm - room - amel.
- Nasenloch verstopft, besser liegend im Warmen, besser an frischer Luft [E02]

Gesicht / Face

533. Farbe - blaß (1/281)
Discoloration - pale
- Gesichtsfarbe blaß [N01]

534. Farbe - rot (1/331)
Discoloration - red
- Gesichtsröte, ohne äußere Beeinflussung [A04]
- Roter Kopf im Laufe des Tages [A09]

535. Farbe - rot - Flecken (1/49)
Discoloration - red - spots
- Rotes, fleckiges Gesicht [Q01]

536. <u>Farbe - rot - Wangen</u> (1/1)
Discoloration - red - Cheeks
- Hitze in den Wangen mit Rötung [A10]

537. Gefühllosigkeit, Taubheit - Kinn (1/4)
Numbness - Chin
- Parästhesien, Kinn, rechts [I051]

538. <u>Hautausschläge - Bläschen - Lippen - Unterlippe - links</u> (1/1)
Eruptions - vesicles - Lips - lower - left
- Lippenbläschen links unten [H052]

539. Hautausschläge - brennend (1/30)
Eruptions - burning
* Roter Hautausschlag im Gesicht mit Brennen [N09]

540. Hautausschläge - Herpes - Mund - um den (1/19)
Eruptions - herpes - Mouth - around
- Herpesbläschen am Mund [G053]

541. Hautausschläge - Pickel (1/115)
Eruptions - pimples
- Dicke Pickel im Gesicht trotz Trockenheitsgefühl [F04]
- Pickel im Gesicht [H034]
- Pickel im Gesicht [Q05]

542. Hautausschläge - rot (1/26)
Eruptions - red
* Roter Hautausschlag im Gesicht mit Brennen [N09]

543. Hitze (1/243)
Heat
- Hitze im Gesicht [I041]

544. <u>Hitze - rechts - Gefühl von</u> (1/1)

Heat - right - sensation of
• Hitzegefühl in der rechten Gesichtshälfte, bis zum rechten Ohr [B03]

545. Hitze - brennend (1/55)
Heat - burning
• Im Gesicht Hitze wie Feuer [A08]
• Hitze im Gesicht mit leichtem Brennen [M]

546. Hitze - brennend - Feuer; wie (1/1)
Heat - burning - fire; like
• Im Gesicht Hitze wie Feuer [A08]

547. Hitze - Gefühl von (1/37)
Heat - sensation of
• Wärmeempfinden im Gesicht [G012]

548. Hitze - Wangen (1/12)
Heat - Cheeks
• Hitze in den Wangen mit Rötung [A10]

549. Hitze - Wangen - Gefühl von (1/1)
Heat - Cheeks - sensation of
• Hitzegefühl beider Wangen [B08]

550. Jucken (2/99)
Itching
* Juckreiz im Gesicht [G012]
• Juckreiz im Gesicht [G013]
• Juckreiz im Gesicht [G021]
• Juckreiz im Gesicht [G034]
• Juckreiz im Gesicht [G052]
* Jucken im Gesicht [M]

551. Jucken - rechts (1/2)
Itching - right
• Jucken rechte Gesichtshälfte [G023]

552. Jucken - abends (1/8)
Itching - evening
• Jucken im Gesicht nimmt zu (18.30 Uhr) [G022]

553. Kribbeln - Lippen - Oberlippe (1/3)
Tingling - Lips - upper
• Kribbeln Oberlippe [G013]
• Prickeln an der Oberlippe [M]

554. Schmerz - brennend - nachts (1/5)
Pain - burning - night
• Nachts prickelndes, brennendes Gefühl im ganzen Gesicht [A16]

555. Schmerz - brennend - Wangen (1/1)
Pain - burning - Cheeks
• Brennen der Backen [M]

556. Schmerz - prickelnd, kribbelnd - nachts (1/1)
Pain - prickling - night

- Nachts prickelndes, brennendes Gefühl im ganzen Gesicht [A16]

557. Schweiß - nachts (1/4)
Perspiration - night
- Diskrete Schweißbildung im Gesicht, nachts [A16]

558. Trockenheit (1/16)
Dryness
- Dicke Pickel im Gesicht trotz Trockenheitsgefühl [F04]

559. Trockenheit - Lippen (1/138)
Dryness - Lips
- Trockene Lippen [F01]
- Lippen zunehmend trocken [H033]
- Lippen, trocken [I033]

Mund / Mouth

560. Aphthen (1/129)
Aphthae
- Vorhandene Aphthen schneller abgeheilt [gS] [A17]

561. Bluten - Zahnfleisch (1/136)
Bleeding - Gums
- Zahnfleischbluten gebessert [gS] [E01]

562. Bluten - Zahnfleisch - Putzen des Zahnfleisches; beim (1/14)
Bleeding - Gums - cleaning them, when
- Bluten des Zahnfleisches beim Zähneputzen [E02]

563. Geruch - übelriechend (1/135)
Odor - offensive
- Mundgeruch, übelriechend [B02]

564. Geschmack - faulig (1/112)
Taste - putrid
- Ekliger Mundgeschmack [P01]

565. Geschmack - geschärfter Geschmackssinn (1/17)
Taste - acute
- Geschmackssinn geschärft [N05]

566. Geschmack - rauchig (1/3)
Taste - smoky
- Rauchiger Geschmack [I082]

567. Geschmack - verändert (1/24)
Taste - altered
- Eigenartiger Geschmack im Mund [H033]
- Immer noch fremdartiger Geschmack im Mund [H033]

568. Hautausschläge - Bläschen (1/56)
Eruptions - vesicles
- Bläschen auf der Mundschleimhaut [A12]

569. <u>Hautausschläge - Bläschen - Lippen - Unterlippe - Innenseite</u> (1/1)

Eruptions - vesicles - Lips - Lower - Inside of
- Bläschen Unterlippe, innen [G052]

570. Hohl; Gefühl wie - zwischen Zunge und hartem Gaumen (1/2)
Hollow sensation - between tongue and hard palate
- Leere zwischen Zunge und Gaumen, wie Gewölbe [I081]

571. Jucken - Gaumen (1/21)
Itching - Palate
- Jucken am harten Gaumen [E04]

572. Kälte - Gefühl von Kälte (1/18)
Coldness - sensation of coldness
- Kaltes Gefühl breitet sich aus im Mundraum [M]

573. Klebrig, zäh - morgens (1/8)
Sticky, viscid - morning
- Mund morgens pappig [P01]

574. Pelzig - Zunge (1/4)
Furry - Tongue
- Zunge pelzig [H061]
- Pelziges Gefühl im Mund, Zunge [Q01]

575. Rauheit (1/20)
Roughness
- Rauhe Stellen auf der Mundschleimhaut [A12]

576. Schmerz - brennend - Zunge - tagsüber (1/1)
Pain - burning - Tongue - daytime
- Zungenbrennen, tagsüber [B04]

577. Schwellung - Gaumen (1/33)
Swelling - Palate
- Umschriebene kleine Schwellung am harten Gaumen, schmerzlos, drei Tage lang [E02]

578. *Speichelfluß* (2/283)
Salivation
* Vermehrter Speichelfluß [A01]
- Vermehrte Speichelproduktion [A02]
- Speichelfluß vermehrt [A05]
- Speichelfluß [I061]
* Speichelfluß [M]

579. Speichelfluß - Trockenheit - Gefühl von, mit (1/20)
Salivation - dryness - sensation of, with
- Starker Speichelfluß, trotz Trockenheitsgefühls [A10]

580. Sprache - belegt, undeutlich - betrunken; wie (1/3)
Speech - thick - drunk; as if
- Verwaschene Sprache, wie nach zuviel Alkoholgenuß [Q05]

581. Sprache - stotternd (1/70)
Speech - stammering
- Stottern [G054]

582. Sprache - undeutlich (1/19)
Speech - indistinct
• Verwaschene Sprache [H033]
• Verwaschene Sprache, wie nach zuviel Alkoholgenuß [Q05]

583. Trockenheit (2/227)
Dryness
* Mundtrockenheit [A19]
• Mundtrockenheit [E04]
• Trockener Mund [G041]
• Trockener Mund [H051]
• Mundtrockenheit nachmittags [I081]
• Mundtrockenheit (15.30 Uhr) [I082]
* Mundtrockenheit [M]

584. Trockenheit - nachmittags (1/4)
Dryness - afternoon
• Mundtrockenheit nachmittags [I081]
• Mundtrockenheit (15.30 Uhr) [I082]

585. Trockenheit - Durst; mit (1/60)
Dryness - thirst, with
• Trockene Lippen, mußte trinken [F01]

586. Trockenheit - Zunge (1/184).
Dryness - Tongue
* Trockenheitsgefühl Zungengrund bis Zungenspitze [A10]

Zähne / Teeth

587. Empfindlichkeit (1/53)
Sensitive, tender
• Empfindlichkeit des Zahnes, wie geschwollen [E04]

588. Schmerz (1/222)
Pain (= toothache in general)
• Zahnschmerz [G054]

589. Schmerz - ziehend - unten (1/3)
Pain - drawing - Lower teeth
• Ziehen in den Zähnen beider Unterkiefer [L020]
• Starke Zahnschmerzen, ziehend, Unterkiefer [N02]

590. Schwellung; Gefühl von (1/2)
Swollen sensation
• Empfindlichkeit des Zahnes, wie geschwollen [E04]

591. Zähneknirschen (1/57)
Grinding
• Zähneknirschen [M]

Innerer Hals / Throat

592. Kitzeln (1/3)
Tickling
• Kitzeln im linken Hals [I011]
593. Kitzeln - Husten; verursacht (1/2)
Tickling - cough; causing
• Kitzeln im Hals mit Hüsteln [I071]
594. Klumpens; Gefühl eines - linke Seite (1/5)
Lump; sensation of a - left side
• Globusgefühl, linker Hals [I053]
595. Kratzen; schabendes, scharrendes (1/162)
Scraping
• Kratzreiz im Hals [G011]
• Kratzen im Hals [G024]
• Kratzen im Hals [M]
596. Kratzen; schabendes, scharrendes - Husten, beim (1/10)
Scraping - coughing, when
• Kratzen im Hals mit Hustenreiz [M]
597. Kratzen, scharfes (1/57)
Scratching
• Scharfkantiges Gefühl im Hals, als ob Grippe käme [E01]
598. Räuspern; Neigung sich zu (1/123)
Hawk; disposition to
• Räuspern, schleimlösend [G033]
* Räuspern, viel Schleim [G054]
599. Räuspern; Neigung sich zu - Kitzeln; durch (1/2)
Hawk; disposition to - tickling, from
* Räusperzwang mit Kitzeln im Rachen [A10]
600. Schleim (1/180)
Mucus
• Räuspern, schleimlösend [G033]
601. Schleim - abzulösen, schwer (1/9)
Mucus - difficult to detach
• Speichel sitzt fest im Rachen, Verlangen abzuhusten [M]
• Abhusten von Sekret aus dem Hals ist hart und schmerzhaft [T01]
602. Schleim - dick (1/54)
Mucus - thick
* Dicke, gelblichgraue Batzen lösen sich aus dem Rachen [T01]
603. Schleim - gelb (1/30)
Mucus - yellow
* Dicke, gelblichgraue Batzen lösen sich aus dem Rachen [T01]
604. Schleim - gräulich (1/10)
Mucus - grayish

* Dicke, gelblichgraue Batzen lösen sich aus dem Rachen [T01]

605. Schleim - Klumpen (1/6)
Mucus - lumps
* Dicke, gelblichgraue Batzen lösen sich aus dem Rachen [T01]

606. Schleim - reichlich (1/2)
Mucus - copious
* Räuspern, viel Schleim [G054]

607. Schleim - wäßrig (1/5)
Mucus - watery
• Schleim läuft hinten im Rachen herunter, dünnflüssig [E04]

608. Schlucken - schwierig - Speichel (1/6)
Swallowing - difficult - saliva
• Erschwertes Schlucken des Speichels [A10]

609. Schmerz (1/149)
Pain
• Halsweh [A05]
• Halsweh, Trockenheit im Hals [A06]
• Schmerz im Hals [I032]

610. Schmerz - Getränke - warme Getränke (1/13)
Pain - drinks - warm
• Schluckbeschwerden linke Mandelregion, nicht besser durch heißen Tee, besser durch Leerschlucken [H052]

611. Schmerz - Schlucken - nach - amel. (1/12)
Pain - swallowing - after - amel.
• Schluckbeschwerden linke Mandelregion, nicht besser durch heißen Tee, besser durch Leerschlucken [H052]

612. <u>Schmerz - drückend - Tonsillen - links</u> (1/1)
Pain - pressing - Tonsils - left
• Druckschmerz linke Tonsille [B06]

613. Schmerz - kratzig, scharrig (1/2)
Pain - scratching
• Kratzen im Hals [G031]

614. Schwellung - Tonsillen - links (1/17)
Swelling - Tonsils - left
• Schwellung linke Tonsille [B06]

615. Trockenheit (2/261)
Dryness
• Trockenheit im Hals [A05]
• Halsweh, Trockenheit im Hals [A06]
* Starkes Trockenheitsgefühl im Rachen [A10]
• Vorübergehende Besserung der starken Rachentrockenheit durch Kaffeetrinken, ca. 1/2 Stunde lang [A10]
• Trockenheit im Hals [A17]
• Trockener Hals [B03]

• Trockener Rachen [B03]
• Trockener Hals [B12]
• Hals ist ausgetrocknet [L012]
• Trockener Hals [L013]
* Trockenheit im Hals [M]

616. Trockenheit - abends (1/22)
Dryness - evening
• Trockener Hals abends [B05]
• Trockener Hals abends [B10]
• Trockener Hals abends [B11]

Äußerer Hals / External Throat

617. Hautausschläge - rechts (1/1)
Eruptions - right
• Rechter Hals außen streifenartige rote Flecken [G021]

618. Hautausschläge - Flecken (1/6)
Eruptions - blotches
• Rechter Hals außen streifenartige rote Flecken [G021]

619. Hautausschläge - rot (1/8)
Eruptions - red
• Rechter Hals außen streifenartige rote Flecken [G021]

620. Schweiß - nachts (1/2)
Perspiration - night
• Starkes Schwitzen nachts besonders im Hals- und Sternum-Bereich [N01]

621. Torticollis - rechts gezogen; nach (1/6)
Torticollis - right; drawn to the
• Torticollis rechts [P01]

622. Zusammenschnürung (1/18)
Constriction
• Gefühl als würde Hals zugezogen, wie beim Geborenwerden [Q01]

Magen / Stomach

623. Appetit - fehlend - Hunger, mit (1/36)
Appetite - wanting - hunger, with
• Kein Hunger, esse trotzdem viel [H033]

624. *Appetit - Heißhunger (= übermäßiger Appetit)* (2/165)
Appetite - ravenous
• Heißhunger [H021]
* Mittags und abends doppelte Menge gegessen [H034]
* Großer Hunger - könnte dauernd nur essen, alles schmeckt so lecker [N05]

625. Appetit - Heißhunger - mittags (1/9)
Appetite - ravenous - noon
* Mittags und abends doppelte Menge gegessen [H034]

626. Appetit - Heißhunger - abends (1/23)
Appetite - ravenous - evening
* Mittags und abends doppelte Menge gegessen [H034]
627. Appetit - vermehrt (= Hunger im allgemeinen) (1/197)
Appetite - increased (= hunger)
• Hunger [H031]
• Verstärktes Hungergefühl [H051]
628. Appetit - vermehrt - morgens (1/34)
Appetite - increased - morning
• Sehr starker Hunger am Morgen [E01]
629. Appetit - vermehrt - vormittags (1/12)
Appetite - increased - forenoon
• Hunger (11 h) [eine Stunde nach dem Frühstück] [H032]
630. Appetit - vermehrt - mittags (1/20)
Appetite - increased - noon
* Mittags und abends doppelte Menge gegessen [Q05]
631. Appetit - vermehrt - abends (1/40)
Appetite - increased - evening
* Mittags und abends doppelte Menge gegessen [Q05]
632. Appetit - vermehrt - Essen - nach (1/46)
Appetite - increased - eating - after
• Hunger (11 h) [eine Stunde nach dem Frühstück] [H032]
633. Appetit - vermehrt - Geruch von Speisen; durch den (1/1)
Appetite - increased - smell of food; from
* Hunger durch Fleischbrühduft [H022]
634. Aufstoßens; Art des - sauer (1/159)
Eructations; type of - sour
* Saures Aufstoßen [B02]
635. Brechreiz, Würgen (1/19)
Gagging
• Übelkeit, als ob etwas hochkommen wollte [B02]
636. Durst (2/298)
Thirst
• Durst [A05]
• Durst [A06]
* Viel Durst [G041]
• Durst [I062]
637. Durst - nachts (1/74)
Thirst - night
• Durst um (22.30 Uhr) [F01]
638. Flaues Gefühl (1/96)
Sinking
• Gefühl von flauem Magen [A08]
639. Schmerz - Essen - nach - amel. (1/40)

Pain - eating - after - amel.
- Oberbauchschmerzen gebessert durch Nahrungsaufnahme [A20]

640. Sodbrennen - Essen, nach dem - amel. (1/1)
Heartburn - eating, after - amel.
- Sodbrennen mit Hunger, durch Essen amel. (ungewöhnlich) [E01]

641. Sodbrennen - Hunger; mit (1/1)
Heartburn - hunger; with
- Sodbrennen mit Hunger, durch Essen amel. (ungewöhnlich) [E01]

642. *Übelkeit* (2/416)
Nausea
- Übelkeit, vom Magen ausgehend [A02]
- * Übelkeit [A08]
- Übelkeit [A09]
- Übelkeit, als ob etwas hochkommen wollte [B02]
- Leichte Übelkeit [L020]

643. Übelkeit - Abdomen - im Abdomen gespürt; wird - oberes Abdomen (1/3)
Nausea - abdomen - in abdomen - upper abdomen
- Druck rechter Oberbauch mit leichter Übelkeit [P01]

644. Übelkeit - Gerüche, durch (1/10)
Nausea - odors, from
- Übelkeit durch Gestank von Abwasser [T01]

645. Übelkeit - Liegen; beim - amel. (1/19)
Nausea - lying - amel.
- Übelkeit - im Liegen besser [F02]

646. Übelkeit - plötzlich (1/17)
Nausea - sudden
- Übelkeit, plötzlich [A08]

Abdomen / Abdomen

647. Beklemmung (1/2)
Oppression
- * Solarplexus wie weit geöffnet, pulsiert, wird immer größer [gS] [L020]

648. Besorgnis, Bangigkeit im Abdomen; Gefühl von (1/5)
Apprehension in, sensation of
- * Solarplexus wie weit geöffnet, pulsiert, wird immer größer [gS] [L020]

649. Flatulenz (1/219)
Flatulence
- Blähungen [A12]
- Rückgang von Blähneigung und Flatulenz [gS] [A15]
- Verstärkung von bereits bestehenden Blähungen [A19]
- Blähungen [D06]

650. Flatulenz - abends (1/24)

Flatulence - evening

- Blähungen, abends [B03]
- Blähungen abends [B07]
- Blähungen abends [B10]
- Blähungen abends [B11]
- Blähungen abends [B12]

651. Geräusche (1/2)

Noises

- Laute Darmgeräusche [L012]

652. Gluckern; Gurgeln (1/89)

Gurgling

- Laute Darmgeräusche [L012]

653. Hitze (1/100)

Heat

- Warmer Bauch [I031]
- Hitzegefühl im Bauch [K012]

654. Hitze - Hypogastrium (1/10)

Heat - Hypogastrium

- Wärmegefühl rechten Oberbauch [H011]
- Wärme am Solarplexus [I041]

655. Leber und Lebergegend; Beschwerden der (1/122)

Liver and region of liver; complaints of

- Spüre meine Leber und Galle, wie nach einer durchzechten Nacht [H023]

656. Rumoren, Kollern - Hypogastrium (1/20)

Rumbling - Hypogastrium

- Darm leichtes Knurren, linker Mittelbauch [I011]

657. Schmerz - nachts (1/89)

Pain - night

- Schmerzen im linken Unterbauch um (5 Uhr) zusammen mit Nasenbluten [F01]

658. Schmerz - drückend - Hypogastrium (1/82)

Pain - pressing - Hypogastrium

- Diskretes Druckgefühl im Oberbauch [H063]

659. Schmerz - drückend - Hypogastrium - rechts (1/5)

Pain - pressing - Hypogastrium - right

- Druck rechter Oberbauch mit leichter Übelkeit [P01]

660. Schmerz - drückend - Seiten - links (1/19)

Pain - pressing - Sides - left

- Druck unter dem linken Rippenbogen [M]

661. Schmerz - stechend - Hypochondrien - rechts (1/74)

Pain - stitching - Hypochondria - right

- Schmerz, stechend rechter Rippenbogen, unterhalb [I012]

662. Schmerz - stechend - Seiten - links (1/39)

Pain - stitching - Sides - left

- Stechen im linken Unterleib [L012]

• Ziehendes und stechendes Gefühl unterhalb des Herzens, linke Seite des oberen Abdomens [M]

663. Schmerz - ziehend - Leber (1/3)
Pain - drawing - Liver
• Plötzliches Ziehen in der Lebergegend [M]

664. Schmerz - ziehend - Seiten - links (1/2)
Pain - drawing - Sides - left
• Ziehendes und stechendes Gefühl unterhalb des Herzens, linke Seite des oberen Abdomens [M]

665. Völlegefühl (1/149)
Fullness, sensation of
• Völlegefühl im Unterbauch [H033]

666. <u>Völlegefühl - Stuhlgang - nach</u> (1/1)
Fullness, sensation of - stool - after
• Nach Stuhlabgang Unterbauchvöllegefühl noch vorhanden [H033]

Rektum / Rectum

667. Diarrhoe (1/428)
Diarrhea
• Neigung zu Durchfall [F04]

668. Flatus (1/156)
Flatus
• Viele Blähungen, kaum riechend [T01]

669. Flatus - geruchlos (1/15)
Flatus - odorless
• Viele Blähungen, kaum riechend [T01]

670. Obstipation (= Verstopfung) (1/261)
Constipation
• Obstipation [B05]

671. Stuhldrang - abends (1/7)
Urging - evening
• Vermehrter Stuhlgang, abends statt morgens [D06]

672. *Stuhldrang - nachts* (2/18)
Urging - night
• Unregelmäßiger Stuhl, auch nachts [D04]
• Stuhlgang nachts [E01]
• Imperativer Stuhldrang nachts [H033]

673. <u>Stuhldrang - nachts - Mitternacht - nach - 3 h</u> (1/1)
Urging - night - midnight - after - 3 h
• Stuhlgang (um 3 Uhr) [T01]

674. <u>Stuhldrang - nachts - Mitternacht - nach - 5 h</u> (1/1)
Urging - night - midnight - after - 5 h
• (Gegen 5 Uhr) starker Stuhldrang [T01]

675. Stuhldrang - häufig (1/56)
Urging - frequent
- Vermehrter Stuhlgang, abends statt morgens [D06]
- Häufige Stuhlentleerung [N01]

Stuhl / Stool

676. Breiig, weich (1/37)
Mushy
- Breiige Stühle [N01]
- Stuhl voluminös, weich, hellbraun (5 Uhr) [T01]

677. Geruch - eigenartig, fremdartig (1/1)
Odor - strange
- Fremdartiger Stuhlgeruch [H033]

678. Hell (1/73)
Light colored
- Stuhl voluminös, weich, hellbraun (5 Uhr) [T01]

679. Reichlich - nachts (1/13)
Copious - night
- (Gegen 5 Uhr) starker Stuhldrang, [T01]

680. Schafskot, wie (1/44)
Sheep dung, like
- Schafskotstühle [B05]

681. Weich (1/265)
Soft
- Stuhl weicher als sonst [F04]

Blase / Bladder

682. Harndrang (= krankhafter Drang) (1/164)
Urging to urinate
- Weniger Harndrang und Brennen beim Wasserlassen [gS] [A09]
- Harndrang [H034]

683. Harndrang - abends (1/19)
Urging to urinate - evening
- Fast extremer Harndrang abends ab 18 Uhr - bis ich im Bett lag [E03]

684. Harndrang - Gehen, beim (1/16)
Urging to urinate - walking, while
- Häufiger Harndrang mit Harnträufeln, durch Laufen agg. [A15]

685. Harndrang - heftig (1/23)
Urging to urinate - violent
- Fast extremer Harndrang abends ab 18 Uhr - bis ich im Bett lag [E03]

686. Harnverhaltung (1/141)
Retention of urine
- Harnverhalten [H033]

687. Schmerz - brennend - Urinieren - beim (1/18)
Pain - burning - urination - during
• Brennen beim Wasserlassen [A09]

688. Schweregefühl (1/14)
Heaviness
• Druck auf Blase [H032]

689. Urinieren - häufig (1/223)
Urination - frequent
• Extrem häufiges Wasserlassen [A19]

690. Urinieren - tröpfelnd (= tropfenweise, Harntröpfeln) (1/108)
Urination - dribbling
• Häufiger Harndrang mit Harnträufeln, durch Laufen agg. [A15]

691. Urinieren - unwillkürlich - Gehen - beim (1/29)
Urination - involuntary - walking - while
• Häufiger Harndrang mit Harnträufeln, durch Laufen agg. [A15]

692. Urinieren - unwillkürlich - Husten, beim (1/54)
Urination - involuntary - cough, during
• Urinabgang beim Husten und Niesen [N01]

693. Urinieren - unwillkürlich - Niesen, beim (1/15)
Urination - involuntary - sneezing, when
• Urinabgang beim Husten und Niesen [N01]

Nieren / Kidneys

694. Schmerz - rechts (1/7)
Pain - right
• Rechte Niere schmerzhaft [I083]

695. Schmerz - Nierengegend - rechts (1/3)
Pain - Region of - right
• Schmerz rechte Nierengegend [G051]

Harnröhre / Urethra

696. Schmerz - brennend - Urinieren - beim (1/167)
Pain - burning - urination - during
• Weniger Harndrang und Brennen beim Wasserlassen [gS] [A09]

Urin / Urine

697. Geruch - aromatisch (1/6)
Odor - aromatic
* Abendlicher Urin riecht stark nach aromatischer Verbindung - wie nach „Binotal“ [T01]

698. Geruch - modrig (1/5)
Odor - moldy

* Urin riecht stark süßlich, schwefelig, dreckig [P01]

699. Geruch - Schwefel; wie (1/3)
Odor - sulphur, like
* Urin riecht stark süßlich, schwefelig, dreckig [P01]

700. Geruch - süßlich (1/10)
Odor - sweetish
* Urin riecht stark süßlich, schwefelig, dreckig [P01]

Weibliche Genitalien / Femal Genitalia/Sex

701. Fluor - weiß (1/96)
Leukorrhea - white
• Weißlicher Ausfluß [N01]

702. Menses - häufig, zu (1/270)
Menses - frequent; too
• Periode kommt verfrüht [N09]

703. Menses - kurz, zu (1/82)
Menses - short, too
• Verkürzte Blutung mit Krämpfen, nachts [A20]

704. Menses - lange sich hinziehend (1/144)
Menses - protracted
• Menses verlängert [A02]

705. Orgasmus - leicht zum Orgasmus; kommt (1/2)
Orgasm - easy
* Große Orgasmusfähigkeit [Q01]

706. Schmerz - nachts (1/1)
Pain - night
• Krampfartige Unterleibsbeschwerden (3 Uhr) [G054]

707. Schmerz - brennend - Vagina (1/38)
Pain - burning - Vagina
• Brennendes Gefühl in der Vagina [N09]

708. Schmerz - krampfartig (1/5)
Pain - cramping
• Krampfartige Unterleibsbeschwerden (3 Uhr) [G054]

709. Schmerz - krampfartig - nachts (1/1)
Pain - cramping - night
• Verkürzte Blutung mit Krämpfen, nachts [A20]

710. Sexuelles Verlangen - heftig (1/50)
Sexual desire - violent
• Großes sexuelles Verlangen mit Zärtlichkeit [H021]
* Starkes sexuelles Verlangen mit großer Zärtlichkeit [H023]

711. Sexuelles Verlangen - lesbisch (1/1)
Sexual desire - lesbian
• Verlangen, andere Frau zu streicheln (ihren weichen Körper zu erleben) [N08]

712. <u>Sexuelles Verlangen - oralem Sex; nach</u> (1/1)
Sexual desire - oral sex; for
* Große sexuelle Lust, oraler Sex mit viel Zärtlichkeit [Q01]

713. Sexuelles Verlangen - unersättlich (1/10)
Sexual desire - insatiable
• Sehr großes sexuelles Verlangen, wie süchtig [Q01]

714. *Sexuelles Verlangen - vermehrt* (2/132)
Sexual desire - increased
* Sehr großes sexuelles Verlangen [Q01]
• Großes sexuelles Verlangen [Q03]
* Ehemann vernascht [R01]

715. *<u>Sexuelles Verlangen - vermehrt - Zärtlichkeit; mit</u>* (2/1)
Sexual desire - increased - tenderness; with
• Großes sexuelles Verlangen mit Zärtlichkeit [H021]
* Starkes sexuelles Verlangen mit großer Zärtlichkeit [H023]
* Große sexuelle Erregung mit Zärtlichkeit [N08]
* Große sexuelle Lust, oraler Sex mit viel Zärtlichkeit [Q01]

716. <u>Wärme; Gefühl von</u> (1/1)
Warmth; feeling of
• Wärmegefühl im Unterleib [D02]

Kehlkopf und Trachea / Larynx and Trachea

717. Kratzen, scharfes - Kehlkopf (1/31)
Scratching - Larynx
• Ständiges starkes Kratzen im Hals [T01]

718. *Räuspern, Freimachen des Kehlkopfes* (2/119)
Scraping, clearing larynx
• Räuspern abends [G053]
• Räuspern, Schleim löst sich [H021]
* Speichel sitzt fest im Rachen, Verlangen abzuhusten [M]
* Speichel sitzt fest im Hals, Versuch abzuhusten [T01]

719. Schmerz - drückend - Kehlkopf (1/14)
Pain - pressing - Larynx
• Druck auf dem Kehlkopf nach unten [M]

720. Stimme - belegt - abends (1/2)
Voice - husky - evening
• Leicht belegte, heisere Stimme, abends [A02]

721. Stimme - heiser, Heiserkeit - abends (1/30)
Voice - hoarseness - evening
• Leicht belegte, heisere Stimme, abends [A02]

Atmung / Respiration

722. *Atemnot, Dyspnoe, erschwertes Atmen* (2/283)

Difficult
* Erschwertes Atmen, 10 Minuten nach der Einnahme [A10]
• Bekomme kaum Luft [N01]
• Kurzatmigkeit ist vorbei [gS] [T01]

723. Atemnot, Dyspnoe, erschwertes Atmen - Anstrengung - nach (1/72)
Difficult - exertion - after
• Atemnot bei Belastung [B06]

724. Atemnot, Dyspnoe, erschwertes Atmen - Bewegung, bei (1/47)
Difficult - motion
• Atembeschwerden nach den geringsten Bewegungen schlechter, Beklemmungsgefühl am Herzen [N09]

725. *Befreit, freies Durchatmen* (2/1)
Free, relieved respiration
* Befreites Durchatmen [H031]
• Tiefes Durchatmen [H032]
• Gefühl von freieren Atemwegen [H051]
• Befreites Atmen [L011]
• Tiefes befreiendes Durchatmen [I011]
• Durchatmen leicht, als ob man Pfefferminz riecht [L020]
• Kann gut und frei durchatmen [T01]
• Kurzatmigkeit ist vorbei [T01]

726. *Behindert, gehemmt* (2/85)
Impeded, obstructed
• Unangenehmes Atemgefühl [B05]
• Unangenehmes Atemgefühl beim Schnaufen [B07]
* Leichte Atembeschwerden [H041]
• Tiefes befreiendes Durchatmen [gS] [I011]
• Befreites Atmen [gS] [L011]
• Muß seufzen und ganz tief einatmen [L031]
• Erschwertes Atmen [T01]

727. Behindert, gehemmt - Beklemmung, durch - Herzen, im (1/2)
Impeded, obstructed - oppression; from - heart; in
• Atembeschwerden nach den geringsten Bewegungen schlechter, Beklemmungsgefühl am Herzen [N09]

728. Schmerzhaft - Einatmen, beim (1/5)
Painful - inspiration, on
• Die Luft beißt beim Einatmen wie kalte Luft [M]

729. Seufzend (1/92)
Sighing
• Erschwertes Atmen mit viel Stöhnen und Seufzen [T01]

730. Stöhnend (1/36)
Moaning
• Erschwertes Atmen mit viel Stöhnen und Seufzen [T01]

731. Tief - Verlangen, tief zu atmen (1/90)

Deep - desire to breathe
* Reiz, tief durchzuatmen [I011]
* Verlangen, tief zu atmen [I031]
• Verlangen, tief zu atmen [I033]

Husten / Cough

732. Husten im allgemeinen (1/15)
Cough in general
• Muß husten [L031]
* Husten und Hüsteln sind weg [gS] [T01]

733. Atmen - tiefes Atmen - amel. (1/6)
Breathing - deep - amel.
• Tiefes Einatmen bessert den Hustenreiz [T01]

734. Aufsetzen, muß sich (1/35)
Sit up, must
• Nachts viel Hustenreiz, verstärkt im Liegen, besser durch Aufsitzen im Bett und durch frische Luft [T01]

735. Hüsteln (1/198)
Hacking
• Hüsteln [I011]
* Husten und Hüsteln sind weg [gS] [T01]

736. Hüsteln - mittags (1/3)
Hacking - noon
• Hüsteln, am Mittag [H031]

737. *Kitzelhusten* (2/128)
Tickling
* Kitzelhusten [A13]
• Kitzelhusten [H033]
* Ständiger Räusperzwang mit Kitzelhusten [T01]

738. Kitzelhusten - morgens (1/10)
Tickling - morning
* Husten bringt keine Erleichterung, Kitzeln kehrt sofort zurück (9 Uhr) [T01]

739. Liegen, beim - agg. (1/114)
Lying - agg.
* Nachts viel Hustenreiz, verstärkt im Liegen, besser durch Aufsitzen im Bett und durch frische Luft [T01]

740. Luft - Freien, im - amel. (1/30)
Air - open - amel.
* Nachts viel Hustenreiz, verstärkt im Liegen; besser durch Aufsitzen im Bett und durch frische Luft [T01]

741. Räuspern (1/2)
Hawking
* Ständiger Räusperzwang mit Kitzelhusten [T01]

742. Reizhusten, steter Reiz (1/20)
Irritable
• Hustenreiz, trocken [I032]

743. Trocken (= ohne Auswurf) (1/310)
Dry
• Trockener Husten [I032]
• Hustenreiz, trocken [I032]

Auswurf / Expectoration

744. Schleimig (1/225)
Mucous
• Abhusten von Schleim aus dem Hals [L011]

Brust / Chest

745. Beklemmung - Gewicht darauf; wie ein (1/3)
Oppression - weight as from, on
* Als liege ein Gewicht auf der Brust, 10 Min. nach Einnahme [A10]

746. Beklemmung - Brustbein (1/9)
Oppression - Sternum
• Beklemmung am Brustbein [Q01]

747. Beklemmung - Herz (1/94)
Oppression - Heart
• Beklemmung Herz [K011]

748. Beklemmung - Herz - nachts (1/4)
Oppression - Heart - night
• Herzbeklemmung in Ruhe, nachts [N09]

749. Beklemmung - Herz - Ruhe; in der (1/1)
Oppression - Heart - rest; during
• Herzbeklemmung in Ruhe, nachts [N09]

750. Bewußt; ist sich der Herztätigkeit (1/4)
Conscious of heart's action
* Herzgefühl, ich spüre mein Herz [I053]
* Spüre und fühle mein Herz ganz stark [R01]

751. Flattern (1/62)
Fluttering
• Herzflattern, plötzlich [A08]

752. Herzens; Beschwerden des (= Herzleiden) (1/106)
Heart; complaints of the
• Herzbeschwerden [N03]
• Herzbeschwerden [Q02]
* Herzbeschwerden (kenne ich von früher, von Haschischkonsum) [Q04]

753. Herzklopfen (2/237)
Palpitation of heart

* Herzklopfen [A08]
• Palpitationen [A17]
• Herzklopfen [A19]
• Palpitation [H034]
• Dumpfes Herzklopfen [L013]
* Herzklopfen [N07]
• Herzklopfen [N08]
• Kurze Palpitationen [Q05]
* Starkes Herzpochen [R01]

754. Herzklopfen - morgens - Erwachen, beim (1/14)
Palpitation of heart - morning - waking, on
• Palpitation (7.30 Uhr) beim Erwachen [H034]

755. Herzklopfen - vormittags (1/5)
Palpitation of heart - forenoon
• Wieder Palpitation, vormittags [Q05]

756. Herzklopfen - abends (1/35)
Palpitation of heart - evening
• Palpitation abends [H034]

757. Herzklopfen - nachts - Mitternacht - nach (1/3)
Palpitation of heart - night - midnight - after
• Herzklopfen (1 Uhr) [H033]

758. Herzklopfen - nachts - Bett, im (1/12)
Palpitation of heart - night - bed, in
• Herzklopfen mit schnellem Puls, nachts im Bett [H021]

759. Herzklopfen - Liegen, beim (1/29)
Palpitation of heart - lying
• Herzklopfen beim Hinlegen [A10]

760. Herzklopfen - Tabak, durch (1/11)
Palpitation of heart - tobacco from
• Starkes Herzklopfen; nach Zigarettengenuß [Q01]

761. Herzklopfen - unregelmäßig (1/15)
Palpitation of heart - irregular
* Rhythmusstörungen [A08]

762. <u>Jucken - Mammae - Brustwarzen - links</u> (1/1)
Itching - Mammae - nipples - left
• Jucken der linken Brustwarze [M]

763. Leeregefühl (1/28)
Emptiness, sensation of
• Brust - Weite, Höhle und Leere [I083]

764. Reifens; Gefühl eines eisernen - um die Brust (1/2)
Bar of iron; sensation of a - around the chest
* Gefühl wie ein Ring um die Brust [B05]

765. Schmerz - Schlüsselbein (1/30)
Pain - Clavicle

• Schmerzen in den Schlüsselbeinen [L020]

766. Schmerz - drückend (1/142)
Pain - pressing
• Druck auf der Brust [A08]

767. Schmerz - drückend - Brustbein (1/74)
Pain - pressing - Sternum
* Druck auf der Brust, am Sternum [G051]
• Druck auf Sternum [H051]

768. Schmerz - drückend - Brustbein - hinter dem - Atmen, beim - tiefem, bei (1/2)
Pain - pressing - Sternum - behind - breathing - deep
• Druck bei tiefem Einatmen, retrosternal [I012]

769. Schmerz - drückend - Herz (1/76)
Pain - pressing - Heart
* Herz Druckgefühl [L020]

770. Schmerz - stechend - Seiten - links (1/119)
Pain - stitching - Sides - left
• Stechen links des Sternums in Herzhöhe für kurze Zeit [H033]

771. Schmerz - stechend - Seiten - rechts - oberer Teil (1/1)
Pain - stitching - Sides - right - Upper part
• Schmerz, stechend, Brustkorb, oben rechts [I052]

772. Schmerz - ziehend - Herz - im Herzen (1/13)
Pain - drawing pain - Heart - in the
• Ziehen an der Herzspitze [M]

773. Schwäche (1/73)
Weakness
• Müdigkeit im Oberkörper [I011]

774. Schweiß (1/49)
Perspiration
• Schweiß am Oberkörper [M]

775. Schweiß - Achselhöhle (= Achselschweiß) (1/56)
Perspiration - Axilla
• Vermehrt Achselschweiß [I083]

776. Schweiß - Brustbein (1/2)
Perspiration - Sternum
• Starkes Schwitzen nachts, besonders im Hals- und Sternumbereich [N01]

777. Unruhe, Ruhelosigkeit, Unbehagen etc. (1/1)
Restlessness, uneasiness etc.
• Sehr aufgeregt im Brustkorb [I011]

778. Zusammenschnürung (= Spannung, Engegefühl) (1/208)
Constriction
* Brustkorb, Gefühl der Weite [gS] [I012]
* Brust - Weite, Höhle und Leere [gS] [I083]

Rücken / Back

779. Hitze - Zervikalregion - erstreckt sich zu - oben, nach (1/4)
Heat - Cervical region - extending to - up
• Aufsteigende Hitze im Nackenbereich [A17]

780. Jucken - abends (1/9)
Itching - evening
• Starker Juckreiz am Rücken (20-21 Uhr) [A09]

781. Jucken - Zervikalregion (1/59)
Itching - Cervical region
• Unangenehmer Juckreiz im Nacken [A16]

782. Knacken - Lumbalregion (1/3)
Cracking - Lumbar region
• LWS kracht [I083]

783. Schmerz (1/233)
Pain
• Rückenschmerzen [I061]
• Schmerz über ganzen Rücken [N01]

784. Schmerz - Drehen, beim - Bett; beim Herumdrehen im - aufsetzen, um sich herumzudrehen; muß sich (1/3)
Pain - turning - bed; when turning in - sit up to turn over; must
• Muß mich erst aufsetzten, um aus dem Bett aufstehen zu können, so verspannt ist mein Rücken [T01]

785. Schmerz - Lumbalregion (1/254)
Pain - Lumbar region
• Schmerzen im LWS-Bereich [A09]
• Hexenschuß [N05]

786. Schmerz - Lumbalregion - nachts (1/30)
Pain - Lumbar region - night
• Zunehmend Lumbalgie nachts [H033]

787. Schmerz - Lumbalregion - erstreckt sich zu - Füße (1/7)
Pain - Lumbar region - extending to - feet
* Lumbalgie bis ins rechte Knie und Fuß [H044]
* Lumbalgie bis ins rechte Knie und zum Fuß [N01]

788. Schmerz - Lumbalregion - erstreckt sich zu - Knie (1/6)
Pain - Lumbar region - extending to - knee
* Lumbalgie bis ins rechte Knie und Fuß [H044]
* Lumbalgie bis ins rechte Knie und zum Fuß [N01]

789. Schmerz - Sakralregion (1/192)
Pain - Sacral region
* Schmerz über Sakrum [H034]
* Schmerz über Sakrum [Q05]

790. Schmerz - Sakralregion - abends (1/10)
Pain - Sacral region - evening

- Leichte Kreuzschmerzen abends [H033]
- Zunehmend Sakralschmerz abends [H034]

791. Schmerz - Zervikalregion (1/185)
Pain - Cervical region
* Nackenschmerzen - Schulterpartie wie Muskelkater [F03]

792. Schmerz - Zervikalregion - rechts (1/4)
Pain - Cervical region - right
- Rechter Nacken und rechte Halsaußenseite so verspannt, daß ich nicht drauf liegen kann [P01]

793. Schmerz - Zervikalregion - Beugen des Kopfes; beim - vorne, nach (1/4)
Pain - Cervical region - bending head - forward
- Schmerz im Nacken bei Drehung nach links und beim Kopfneigen [M]

794. Schmerz - Zervikalregion - Drehen des Kopfes; beim - links; nach (1/4)
Pain - Cervical region - turning head - left; to
- Schmerz im Nacken bei Drehung nach links und beim Kopfneigen [M]

795. Schmerz - drückend - Zervikalregion (1/57)
Pain - pressing - Cervical region
* Kopfschmerzen dumpf drückend, Hinterkopf, Nacken, abends und auch am nächsten Morgen [D04]

796. Schmerz - drückend - Zervikalregion - morgens (1/4)
Pain - pressing - Cervical region - morning
* Kopfschmerzen dumpf drückend, Hinterkopf, Nacken, abends und auch am nächsten Morgen [D04]

797. Schmerz - drückend - Zervikalregion - abends (1/3)
Pain - pressing - Cervical region - evening
* Kopfschmerzen dumpf drückend, Hinterkopf, Nacken, abends und auch am nächsten Morgen [D04]

798. <u>Schmerz - drückend - Zervikalregion - Bewegung amel.</u> (1/1)
Pain - pressing - Cervical region - motion amel.
- Druckgefühl vom Nacken hochziehend, Bewegung amel. [E01]

799. Schmerz - drückend - Zervikalregion - erstreckt sich zu - Hinterkopf (1/6)
Pain - pressing - Cervical region - extending to - occiput
- Druckgefühl vom Nacken hochziehend, Bewegung amel. [E01]

800. <u>Schmerz - dumpf - Zervikalregion</u> (1/1)
Pain - dull - Cervical region
- Dumpfer Nackenschmerz [F04]

801. <u>Schmerz - krampfartig - links</u> (1/1)
Pain - cramping - left
* Ziehen und Verkrampfung links neben der Wirbelsäule [M]

802. Schmerz - krampfartig - Zervikalregion (1/16)
Pain - cramping - Cervical region
- Hals entspannt - entkrampft [gS] [G024]

803. <u>Schmerz - krampfartig - Zervikalregion - rechts</u> (1/1)
Pain - cramping - Cervical region - right

- HWS-Syndrom rechts [H031]

804. Schmerz - stechend - Lumbalregion (1/133)
Pain - stitching - Lumbar region
- Stechender Schmerz im rechten unteren LWS-Bereich bis ISG, in Ruhe stärker [S01]

805. Schmerz - stechend - Lumbalregion - rechts (1/2)
Pain - stitching - Lumbar region - right
- Stechender Schmerz im rechten unteren LWS-Bereich bis ISG, in Ruhe stärker [S01]

806. Schmerz - ziehend - links (1/5)
Pain - drawing - left
* Ziehen und Verkrampfung links neben der Wirbelsäule [M]

807. Schmerz - ziehend - Zervikalregion (1/91)
Pain - drawing - Cervical region
- Ziehen im Nacken am Nachmittag [I081]

808. Schmerz - ziehend - Zervikalregion - nachmittags (1/5)
Pain - drawing - Cervical region - afternoon
- Ziehen im Nacken am Nachmittag [I081]

809. Spannung - Dorsalregion (1/10)
Tension - Dorsal region
* Wirbelsäule entlang sind die Muskeln verspannt, vor allem rechts im HWS- und BWS-Bereich [P01]

810. Spannung - Zervikalregion (1/81)
Tension - Cervical region
- Verspannung im Nacken [F04]
- Verspannung Nacken [I032]

* Wirbelsäule entlang sind die Muskeln verspannt, vor allem rechts im HWS- und BWS-Bereich [P01]

811. Steifheit (1/105)
Stiffness
* Wirbelsäule war total blockiert [N04]

812. Steifheit - Lumbalregion (1/17)
Stiffness - Lumbar region
- Hexenschuß [N05]

813. Steifheit - Zervikalregion (1/182)
Stiffness - Cervical region
* Nackenstarre, Kopfheben ist mühsam [A05]
- Nackenstarre [A06]
- Steifer Nacken [B07]

Extremitäten / Extremities

814. Aufgesprungene Hände - Finger - Fingerspitzen (1/2)
Chapped hands - Fingers - tips
- Fingerkuppen aufgeplatzt, brennend [R01]

815. Farbe - Hände - Handfläche - rot (1/2)

Discoloration - Hand - palm - redness
• Beide Handflächen ganz rot [H044]

816. Gefühllosigkeit, Taubheit - Unterschenkel - links (1/23)
Numbness - Leg - left
* Flüchtiges pelziges Gefühl linker Fuß und Unterschenkel [E04]

817. Gefühllosigkeit, Taubheit - Füße - links (1/13)
Numbness - Foot - left
* Flüchtiges pelziges Gefühl linker Fuß und Unterschenkel [E04]

818. Hautausschläge - Hof, roter (1/2)
Eruptions - areola, red
• Knoten mit rötlichem Hof und leichtem Juckreiz, Oberarm [E04]

819. Hautausschläge - Knötchen (1/3)
Eruptions - nodules
• Knoten mit rötlichem Hof und leichtem Juckreiz, Oberarm [E04]

820. Hautausschläge - Oberarm - juckend (1/3)
Eruptions - Upper arm - itching
• Knoten mit rötlichem Hof und leichtem Juckreiz, Oberarm [E04]

821. <u>Jucken - Unterarm - links</u> (1/1)
Itching - Forearm - left
• Jucken linke Elle und Unterarm [G012]

822. Jucken - Daumen (1/12)
Itching - Thumb
• Jucken rechter Daumen [G013]

823. Jucken - Unterschenkel - abends (1/7)
Itching - Leg - evening
* Juckreiz Beine, mehr Unterschenkel, eher links, abends, Kratzen amel. [B12]

824. Jucken - Unterschenkel - Kratzen amel. (1/2)
Itching - Leg - scratching amel.
* Juckreiz Beine, mehr Unterschenkel, eher links, abends, Kratzen amel. [B12]

825. <u>Jucken - Unterschenkel - Schienbein, über dem - rechts</u> (1/1)
Itching - Leg - tibia, over - right
• Jucken am rechten Unterschenkel / Schienbein [M]

826. Kälte - Füße (1/242)
Coldness - Foot
• Kalte Füße, vor allem rechts [G041]
• Kalte Füße [H024]
• Kalte Füße [H043]

827. Kälte - Füße - rechts (1/13)
Coldness - Foot - right
• Kalte Füße, vor allem rechts [G041]

828. Knotenförmige Schwellungen - Muskeln - Rheumatismus; mit (1/2)
Nodules - Muscles - rheumatism; with
• Rechtes Daumengelenk, äußeres Glied Rheumaknoten, schmerzhaft [Q05]

829. Kontraktion von Muskeln und Sehnen (1/53)
Contraction of muscles and tendons
• Muskeln sind wie verkrampft [L031]

830. Extremitäten - Krämpfe - Unterschenkel - Wade (1/137)
Cramps - Leg - calf
• Massiver Muskelkater in den Waden [A12]

831. Lähmung - Knie - Gefühl von - Gehen - beim (1/3)
Paralysis - Knee - sensation of - walking - while
• Rechtes Knie knickt beim Laufen immer nach außen weg, wie wenn es keinen Halt hätte [T01]

832. Pelziges Gefühl - Hände (1/4)
Fuzziness, sensation of - Hand
* Pelziges Gefühl, Hände [L020]

833. <u>Pelziges Gefühl - Daumen</u> (1/1)
Fuzziness, sensation of - Thumb
* Rechter Daumen ist wie pelzig [L031]

834. <u>Pulsieren - Hände - Handfläche</u> (1/1)
Pulsation - Hand - Palm
• Pulsieren in der Handfläche [L020]

835. Schmerz - links (1/2)
Pain - left
* Ganze linke Körperseite schmerzhaft, Schulter-Kopf-Schmerz; in Bewegung agg. [R01]

836. Schmerz - Bewegung, bei (1/33)
Pain - motion
• Jede Bewegung schmerzhaft [N01]
* Ganze linke Körperseite schmerzhaft, Schulter-Kopf-Schmerz; in Bewegung agg. [R01]

837. Schmerz - Gehen - beim (1/7)
Pain - walking - on
• Schmerz, rechter Unterschenkel beim Gehen [C02]

838. Schmerz - Gelenke (1/153)
Pain - Joints
* Mehr und mehr Gelenke tun weh, vor allem links [S01]
• Starke Schmerzen in den Gelenken sind weg [gS] [T01]

839. <u>Schmerz - Gelenke - links</u> (1/1)
Pain - Joints - left
* Mehr und mehr Gelenke tun weh, vor allem links [S01]

840. Schmerz - Gelenke - Bewegung, bei (1/29)
Pain - Joints - motion
• Punktuelle Schmerzen in den Gelenken, Bewegung verschlechtert [N01]

841. Schmerz - Gelenke - Bewegung, bei - amel. (1/21)
Pain - Joints - motion - amel.
* Starke rheumatische Gelenkschmerzen bei sanfter Bewegung langsam besser [N09]

• Vorsichtige Bewegung verbessert die Schmerzen und Steifheit in den Gelenken langsam [T01]

842. *Schmerz - Gelenke - rheumatisch* (2/109)
Pain - Joints - rheumatic
* Starke rheumatische Gelenkschmerzen bei sanfter Bewegung langsam besser [N09]
* Rheumatische Gelenkschmerzen sind weg [gS] [N09]
* Starke rheumatische Gelenkbeschwerden [Q01]

843. Schmerz - Arme - Bewegung, bei (1/43)
Pain - Upper limbs - motion
• Gliederschmerzen an Armen und Beinen vor allem bei Bewegung [Q03]

844. Schmerz - Schulter - links (1/30)
Pain - Shoulder - left
* Starke rheumatische Schmerzen im linken Schultergelenk [S01]

845. Schmerz - Schulter - rechts (1/46)
Pain - Shoulder - right
• Schulterschmerz rechts [M]

846. Schmerz - Schulter - rheumatisch (1/104)
Pain - Shoulder - rheumatic
* Starke rheumatische Schmerzen im linken Schultergelenk [S01]

847. Schmerz - Schulter - erstreckt sich zu - Kopf (1/2)
Pain - Shoulder - extending to - head
* Ganze linke Körperseite schmerzhaft, Schulter-Kopf-Schmerz; in Bewegung agg. [R01]

848. Schmerz - Daumen - rheumatisch (1/3)
Pain - Thumb - rheumatic
* Rechtes Daumengelenk, äußeres Glied Rheumaknoten, schmerzhaft [Q05]

849. Schmerz - Daumen - Gelenke - rheumatisch (1/4)
Pain - Thumb - joints - rheumatic
* Rechtes Daumengelenk, äußeres Glied Rheumaknoten, schmerzhaft [Q05]

850. Schmerz - Beine - rechts (1/1)
Pain - Lower limbs - right
• Leichter Schmerz im rechten Bein [H044]

851. Schmerz - Beine - Bewegung - agg. (1/26)
Pain - Lower limbs - motion - agg.
• Gliederschmerzen an Armen und Beinen vor allem bei Bewegung [Q03]

852. Schmerz - Beine - Ischialgie - rechts (1/19)
Pain - Lower limbs - sciatica - right
• Ischialgie rechts [B05]

853. Schmerz - Hüfte - rechts (1/31)
Pain - Hip - right
• Leichter Schmerz in Hüfte und Knie, rechts [H043]

854. Schmerz - Knie (1/180)
Pain - Knee
• Ohne Schmerzen in den Knien [gS] [H042]

855. Schmerz - Knie - links (1/15)
Pain - Knee - left
• Knieschmerzen links beim Treppenhinuntergehen [H031]

856. Schmerz - Knie - rechts (1/14)
Pain - Knee - right
• Nachlassen der alten Knieschmerzen rechts (die alten Beschwerden vom Anfang der Woche) [gS] [H041]
• Leichter Schmerz in Hüfte und Knie, rechts [H043]
• Schmerzen, Knie, rechts [N06]

857. Schmerz - Knie - Bewegung, bei - amel. (1/22)
Pain - Knee - motion - amel.
• Starke rheumatische Schmerzen im rechten Knie, Bewegung amel. [R01]

858. Schmerz - Knie - rheumatisch - rechts (1/11)
Pain - Knee - rheumatic - right
• Starke rheumatische Schmerzen im rechten Knie, Bewegung amel. [R01]

859. Schmerz - Knie - Treppen; beim Hinabsteigen von (1/9)
Pain - Knee - descending stairs
• Knieschmerzen links beim Treppenhinuntergehen [H031]

860. Schmerz - Unterschenkel - rechts (1/4)
Pain - Leg - right
• Schmerz, rechter Unterschenkel beim Gehen [C02]

861. Schmerz - Füße - Ferse - links (1/3)
Pain - Foot - heel - left
• Schmerz Ferse links [B04]

862. Schmerz - Zehen - große Zehe (1/57)
Pain - Toes - first
• Großzeh tut weh [M]

863. Schmerz - brennend - Gelenke (1/25)
Pain - burning - Joints
* Schmerz brennend in den großen Gelenken [B11]
* Starke brennende Schmerzen mit Steifheitsgefühl in den Gelenken verbessert [gS] [R01]

864. Schmerz - brennend - Schulter (1/33)
Pain - burning - Shoulder
• Brennen der Schulter [G053]
• Rechte Schulter: teilweises Brennen [N01]
• Brennendes Gefühl Schulter [N09]

865. Schmerz - brennend - Hände - Handfläche (1/48)
Pain - burning - Hand - palm
* Brennen der Handinnenflächen [N01]

866. Schmerz - brennend - Finger - Fingerspitze (1/20)
Pain - burning - Fingers - tip
• Fingerkuppen aufgeplatzt, brennend [R01]

867. Schmerz - brennend - Finger - Gelenke (1/7)

Pain - burning - Fingers - joints
* Schmerz brennend in den Fingergelenken [B11]

868. Schmerz - brennend - Beine (1/38)
Pain - burning - Lower limbs
* Schwere brennende Beine [L013]

869. <u>Schmerz - brennend - Füße - Ferse - rechts</u> (1/1)
Pain - burning - Foot - heel - right
• Beißende, brennende Schmerzen in rechter Ferse gebessert [gS] [R01]

870. Schmerz - brennend - Füße - Fußsohle (1/98)
Pain - burning - Foot - sole
• Brennen der Fußsohlen [N01]

871. Schmerz - brennend - Zehen - große Zehe - rechts (1/6)
Pain - burning - Toes - first - right
• Schmerz, brennend, großer Zeh, rechts [I053]

872. Schmerz - drückend - Schulter (1/81)
Pain - pressing - Shoulder
• Druck auf beiden Schultern [H032]

873. Schmerz - krampfartig (1/5)
Pain - cramping
• Muskeln sind wie verkrampft [L031]

874. Schmerz - krampfartig - Unterschenkel - Wade (1/3)
Pain - cramping - Leg - calf
• Massiver Muskelkater in den Waden [A12]

875. Schmerz - stechend - Schulter - links (1/7)
Pain - stitching - Shoulder - left
• Stechender Schmerz linke Schulter [H011]
• Stechen unter dem linken Schulterblatt [I082]

876. Schmerz - stechend - Handgelenk - rechts (1/2)
Pain - stitching - Wrist - right
• Stechen im rechten Handgelenk [M]

877. Schmerz - stechend - Daumen - links (1/3)
Pain - stitching - Thumb - left
• Daumensattelgelenk links plötzlich stechender Schmerz [H033]

878. <u>Schmerz - stechend - Daumen - plötzlich</u> (1/1)
Pain - stitching - Thumb - sudden
• Daumensattelgelenk links plötzlich stechender Schmerz [H033]

879. Schmerz - stechend - Hüfte - links (1/11)
Pain - stitching - Hip - left
* Schmerz, stechend, plötzlich, linke Hüfte [A03]

880. Schmerz - stechend - Hüfte - plötzlich (1/2)
Pain - stitching - Hip - sudden
* Schmerz, stechend, plötzlich, linke Hüfte [A03]

881. Schmerz - stechend - Knie - Gehen - beim (1/25)

Pain - stitching - Knee - walking - while
- Laufen fällt ein wenig schwer, weil das rechte Knie wieder so Probleme macht; diesmal leicht stechender Schmerz [T01]

882. Schmerz - stechend - Knie - Kniescheibe - links (1/1)
Pain - stitching - Knee - patella - left
- Stechen in der linken Kniescheibe - dauernd [D06]

883. Schmerz - stechend - Füße - Fußsohle - links (1/1)
Pain - stitching - Foot - sole - left
- Fußsohlen stechen links [M]

884. Schmerz - wund schmerzend - Schulter (1/74)
Pain - sore, bruised - Shoulder
- Nackenschmerzen - Schulterpartie wie Muskelkater [F03]

885. Schmerz - wund schmerzend - Unterschenkel - Wade (1/38)
Pain - sore, bruised - Leg - calf
- Massiver Muskelkater in den Waden [A12]

886. Schmerz - ziehend - Oberschenkel - links (1/1)
Pain - drawing - Thigh - left
- Schmerzen ziehend, linker Oberschenkel, distal beginnend, zum Becken nach oben strahlend, Bewegung agg. [D03]

887. Schmerz - ziehend - Oberschenkel - erstreckt sich zu - Sakralregion (1/2)
Pain - drawing - Thigh - extending to - sacral region
- Schmerzen ziehend, linker Oberschenkel, distal beginnend, zum Becken nach oben strahlend, Bewegung agg. [D03]

888. Schmerz - ziehend - Oberschenkel - Bewegung - agg. (1/3)
Pain - drawing - Thigh - motion - agg.
- Schmerzen ziehend, linker Oberschenkel, distal beginnend, zum Becken nach oben strahlend, Bewegung agg. [D03]

889. Schwäche - Oberarm - links (1/1)
Weakness - Upper arm - left
- Kraftlosigkeit linker Oberarm [E04]

890. Schwäche - Beine (1/157)
Weakness - Lower limbs
- Ganz schwach auf den Beinen [G053]

891. Schwäche - Knie (1/161)
Weakness - Knee
- Weiche Knie [A09]

892. Schweiß - Hände (1/95)
Perspiration - Hand
- Schwitznasse Hände [H054]

893. Schweiß - Hände - Handfläche (1/70)
Perspiration - Hand - palm
- Schweiß an den Handflächen [I082]

894. Schweiß - Füße - kalt (1/56)
Perspiration - Foot - cold

• Kalte, feuchte Füße [A15]

895. Schwellung - Hände (1/112)
Swelling - Hand
• Kann die Hände kaum bewegen, so steif und verschwollen sind sie [T01]

896. Schweregefühl (2/145)
Heaviness
• Schwere der Glieder [E03]
• Schwere der Glieder [E04]
* Sehr schwere Glieder [N09]

897. Schweregefühl - Gelenke (1/9)
Heaviness - Joints
* Schwere in den Gelenken [N01]

898. Schweregefühl - Arme (1/129)
Heaviness - Upper limbs
* Schwere Arme [H032]

899. Schweregefühl - Beine (1/157)
Heaviness - Lower limbs
• Schwere brennende Beine [L013]
* Schwere der Beine [Q03]

900. Schweregefühl - Unterschenkel (1/97)
Heaviness - Leg
• Schwere Unterschenkel [H023]

901. Spannung - Schulter (1/43)
Tension - Shoulder
• Verspannung Schulter [I032]

902. Steifheit - morgens - Bett, im (1/7)
Stiffness - morning - bed, in
• Morgens Erwachen mit Steifheitsgefühl in allen großen Gelenken [T01]

903. Steifheit - Gelenke (1/69)
Stiffness - Joints
• Starke brennende Schmerzen mit Steifheitsgefühl in den Gelenken verbessert [gS] [R01]

904. Steifheit - Hände (1/55)
Stiffness - Hand
* Kann die Hände kaum bewegen, so steif und verschwollen sind sie [T01]

905. <u>Steifheit - Hände - rechts</u> (1/1)
Stiffness - Hand - right
* Bei Erwachen rechte Hand steif und unbeweglich, muß kräftig bewegen, um es zu bessern [T01]

906. <u>Steifheit - Hände - Bewegung amel.</u> (1/1)
Stiffness - Hand - motion amel.
* Bei Erwachen rechte Hand steif und unbeweglich, muß kräftig bewegen, um es zu bessern [T01]

907. Steifheit - Hände - Erwachen, beim (1/4)

Stiffness - Hand - waking, on
* Bei Erwachen rechte Hand steif und unbeweglich, muß kräftig bewegen, um es zu bessern [T01]

908. Steifheit - Füße (1/51)
Stiffness - Foot
• Beide Füße wie versteift [T01]

909. Steifheit - Füße - Gehen - amel. (1/3)
Stiffness - Foot - walking - amel.
* Vorsichtiges Laufen verbessert die Steifheit in den Gelenken [T01]

910. Unsicherheit der Gelenke - Knie (1/13)
Unsteadiness, joints - Knee
• Rechtes Knie knickt beim Laufen immer nach außen weg, wie wenn es keinen Halt hätte [T01]

911. Zittern - Hände - vormittags (1/4)
Trembling - Hand - forenoon
* Zittrige Hände (10 Uhr) [H024]

912. Zittern - Beine (1/89)
Trembling - Lower limbs
* Zittern der Beine, nachmittags und abends [Q05]

913. Zittern - Beine - morgens (1/4)
Trembling - Lower limbs - morning
• Zittern der Beine, morgens [Q05]

914. Zittern - Beine - nachmittags (1/1)
Trembling - Lower limbs - afternoon
* Zittern der Beine, nachmittags und abends [Q05]

915. Zittern - Beine - abends (1/4)
Trembling - Lower limbs - evening
* Zittern der Beine, nachmittags und abends [Q05]

Schlaf / Sleep

916. Einschlafen - schwierig (3/39)
Falling asleep - difficult
* Sehr schlecht eingeschlafen [A01]
• Einschlafen schwierig, periodisch, alle zwei Tage [A08]
• Leichtes Einschlafen [gS] [A15]
• Einschlafen schwierig [D03]
• Einschlafprobleme (22.30 Uhr) [H021]
• Schlecht eingeschlafen [H031]
• Gut ein- und durchgeschlafen [gS] [H033]
• Schlaf gut [gS] [H034]
• Schnelles Einschlafen am Abend [gS] [H043]
• Schlecht eingeschlafen [H051]
• Kann nicht einschlafen [P01]
* Schweres Einschlafen wegen Gedankenandrang [T01]

917. Einschlafen - schwierig - Herzens; durch Beschwerden des (1/1)
Falling asleep - difficult - heart; from complaints of
* Einschlafen schwierig wegen Herzbeschwerden [N03]

918. Erwachen - morgens - 6 h (1/2)
Waking - morning - 6 h
• Erwachen 6 Uhr, ohne Wecker [A15]

919. Erwachen - nachts (1/9)
Waking - night
• Erwachen, nachts, auf dem Rücken liegend (sonst nie auf dem Rükken!) [A01]

920. Erwachen - nachts - Mitternacht - um (1/40)
Waking - night - midnight - at
• Mitternächtliches Erwachen [A08]

921. Erwachen - nachts - Mitternacht - nach - 2.30 h (1/1)
Waking - night - midnight - after - 2.30 h
• Erwachen um 2.30 Uhr [F01]

922. Erwachen - nachts - Mitternacht - nach - 3 h (1/53)
Waking - night - midnight - after - 3 h
• Erwachen um 3 Uhr morgens [H043]
• Erneutes Erwachen gegen 3 Uhr [T01]

923. Erwachen - nachts - Mitternacht - nach - 3 h - Stuhldrang, mit (1/2)
Waking - night - midnight - after - 3 h - stool; with urging to
• Stuhlgang um 3 Uhr [T01]

924. Erwachen - nachts - Mitternacht - nach - 5 h - Stuhldrang, mit (1/4)
Waking - night - midnight - after - 5 h - stool; with urging to
• Gegen 5 Uhr starker Stuhldrang, [T01]

925. Erwachen - ausgeschlafen habe; als ob er (1/27)
Waking - slept one's fill; as having
• Wenig Schlaf - trotzdem ausgeruht [H061]

926. Erwachen - früh; zu (1/168)
Waking - early; too
• Frühes Erwachen [B05]

927. *Erwachen - häufig* (2/230)
Waking - frequent
* Erwachen nachts, mehrfach [A07]
• Erwachen nachts, häufig, periodisch, alle zwei Tage [A08]
* Wache nachts mehrmals auf [D03]

928. Erwachen - Niesen, durch (1/3)
Waking - sneezing, from
• Gegen 5.30 Uhr Erwachen mit häufigen Niesanfällen [T01]

929. Erwachen - periodisch - Tage - zwei Tage; alle (1/1)
Waking - periodical - days - other day; every
• Erwachen nachts, häufig, periodisch, alle zwei Tage [A08]

930. Erwachen - Zerschlagenheit, mit (1/4)

Waking - soreness, with
• Morgens erschöpftes Erwachen, als ob ich tatsächlich die ganze Nacht geputzt hätte [K014]

931. *Gähnen* (2/288)
Yawning
* Gähnen [H033]
• Gähnen [I042]
• Gähnen [I082]
• Gähnen [M]

932. Gähnen - tagsüber (1/15)
Yawning - daytime
• Gähnen am Tag [H032]

933. Gähnen - nachmittags - 16 h (1/2)
Yawning - afternoon - 16 h
• Starkes Gähnen (16 Uhr) [G043]

934. *Gähnen - häufig* (2/127)
Yawning - frequent
* Gähnen, unentwegt (14.50 Uhr)[I011]
• Gähnen, Gähnen [I061]
• Häufiges Gähnen [I083]
• Häufiges Gähnen [L013]

935. Gähnen - häufig - nachmittags (1/4)
Yawning - frequent - afternoon
* Gähnen, unentwegt (14.50 Uhr) [I011]

936. Gähnen - Müdigkeit, mit (1/24)
Yawning - weariness, with
• Gähnen, total abgeschlafft [G044]

937. Gestört - Gedanken, durch (1/38)
Disturbed - thoughts; by
• Schweres Einschlafen wegen Gedankenandrang [T01]

938. Halbschlaf (1/72)
Semi-conscious
• Nachts mehrfach halbwacher Zustand [T01]

939. Kurz - Nickerchen, in kurzen (1/9)
Short - catnaps, in
* Eingeschlafen für Sekunden (beim Verreiben) [I081]

940. Kurz - wiederholt, im Sitzen (1/2)
Short - repeated, while sitting
* Eingeschlafen für Sekunden (beim Verreiben) [I081]

941. Lage - genupektoral (1/10)
Position - genupectoral
• Schlafe wie ein Embryo zusammengerollt im Mutterleib [N09]

942. Lage - Rücken, auf dem (1/79)
Position - back, on

- Erwachen, nachts, auf dem Rücken liegend (sonst nie auf dem Rükken!) [A01]

943. Ruhelos (1/396)
Restless
* Ganze Nacht nicht richtig geschlafen, drehte mich von einer Seite auf die andere [P01]
- Unruhiger Schlaf bis zum Morgen [A14]

944. Schlaflosigkeit (1/436)
Sleeplessness
- Kann nicht einschlafen [P01]

945. Schlaflosigkeit - abends (1/45)
Sleeplessness - evening
- Schlafstörungen, abends [B02]

946. Schlaflosigkeit - nachts (1/73)
Sleeplessness - night
- Schwere Schlafstörung in der Nacht [N02]
* Ganze Nacht nicht richtig geschlafen, drehte mich von einer Seite auf die andere [P01]

947. Schlaflosigkeit - nachts - Mitternacht - vor - Mitternacht, bis nach (1/3)
Sleeplessness - night - midnight - before - midnight; until after
- Bis 0.30 Uhr nicht geschlafen wegen starkem Kältegefühl (insgesamt stark kälteempfindliche Persönlichkeit) [H041]

948. Schlaflosigkeit - Frösteln mit (1/4)
Sleeplessness - chilliness, with
- Bis 0.30 Uhr nicht geschlafen wegen starkem Kältegefühl (insgesamt stark kälteempfindliche Persönlichkeit) [H041]

949. Schlaflosigkeit - Gedanken - Gedankenandrang, durch (1/95)
Sleeplessness - thoughts - activity of thoughts; from
- Schweres Einschlafen wegen Gedankenandrang [T01]

950. Schlaflosigkeit - Müdigkeit - trotz Müdigkeit (1/30)
Sleeplessness - weariness - in spite of weariness
- Schlechter Schlaf trotz Müdigkeit [B08]

951. Schläfrigkeit (1/491)
Sleepiness
- Schläfrig [I041]
- Schläfrig [I043]

952. Schläfrigkeit - abends - 18 h (1/8)
Sleepiness - evening - 18 h
- Schläfrig um Schlag 18 Uhr [D03]

953. Schlecht (1/40)
Bad
- Guter Schlaf [gS] [Q05]

954. Tief (1/193)
Deep
- Schlaf tief und fest [gS] [H034]

955. Träumen; mit - Einschlafen, beim (1/29)
Dreaming - sleep; on going to
- Beim Einschlafen Traum [A14]

956. Unerquicklich (1/228)
Unrefreshing
- Morgens erschöpftes Erwachen, als ob ich tatsächlich die ganze Nacht geputzt hätte [K014]
- Fühlt sich schlecht ausgeschlafen [N03]

957. Unerquicklich - morgens (1/21)
Unrefreshing - morning
- Erfrischt und nicht zögerlich aufgestanden [gS] [H031]

958. Unerquicklich - aufstehen, möchte nicht (1/23)
Unrefreshing - rising, indisposed to
- Mühsames Aufstehen aus dem Bett - fühle mich wie ein alter Mann [T01]

959. Verlängert (1/101)
Prolonged
- Gut ein- und durchgeschlafen [gS] [H033]

Träume / Dreams

(Man lese dazu das Kapitel "Olibanum-Träume" ab Seite 263)

960. Angenehm (1/139)
Pleasant
- Träume mit zwei Personen zu fliegen, zuerst auf Kniehöhe schwebend. Langsam und vorsichtig steigen wir immer höher hinauf. Alles nehmen wir sehr klar und deutlich in uns auf. Es geht uns sehr gut dabei. [Q01]

961. Ängstlich (1/251)
Anxious
- Angstträume [N02]

962. Beschämend (1/15)
Shameful
- Traum: bin eine Kurtisane, lebe in zwei Welten, drehe einen Film als Schauspielerin, fliege mit einem Drachen und versuche meine Blöße zu verdecken - wache gegen 2 Uhr auf [Q01]

963. Drachen (1/2)
Dragons
- Traum: bin eine Kurtisane, lebe in zwei Welten, drehe einen Film als Schauspielerin, fliege mit einem Drachen und versuche meine Blöße zu verdecken - wache gegen 2 Uhr auf [Q01]

964. Erotisch (1/208)
Amorous
- Traum: bin eine Kurtisane, lebe in zwei Welten, drehe einen Film als Schauspielerin, fliege mit einem Drachen und versuche meine Blöße zu verdecken - wache gegen 2 Uhr auf [Q01]

965. Erotisch - nachts - Mitternacht - nach (1/4)
Amorous - night - midnight - after
- Traum: bin eine Kurtisane, lebe in zwei Welten, drehe einen Film als Schauspielerin, fliege mit einem Drachen und versuche meine Blöße zu verdecken - wache gegen 2 Uhr auf [Q01]

966. *Fliegen* (2/14)
Flying
- Traum vom Fliegen in der U-Bahn von Paris. Denke dabei immer: „Vorsichtig sein, nicht an die Oberleitung kommen." Fühle viel Klarheit und Verantwortungsgefühl. [N01]
- Träume mit zwei Personen zu fliegen, zuerst auf Kniehöhe schwebend. Langsam und vorsichtig steigen wir immer höher hinauf. Alles nehmen wir sehr klar und deutlich in uns auf. Es geht uns sehr gut dabei. [Q01]
- Traum: bin eine Kurtisane, lebe in zwei Welten, drehe einen Film als Schauspielerin, fliege mit einem Drachen und versuche meine Blöße zu verdecken - wache gegen 2 Uhr auf [Q01]

967. Hellsichtig (1/15)
Clairvoyant
- Der Traum spielt vor etwa 30 Jahren Bin etwa 25 Jahre alt und mit zwei jungen Frauen auf Kneipentour. Die eine Frau ist blond und die andere schwarzhaarig und beide sind sehr attraktiv. Ich konnte mich einfach nicht entscheiden, welche mir besser gefiel. Wir waren gerade dabei, uns in einem Restaurant an einen Tisch zu setzten. Da kam der Ober, ein gutaussehender typischer Italiener und fing sofort an, mit beiden Frauen zu flirten. Ihnen bot er einen bequemen Sessel an, mir selbst nur einen einfachen Stuhl. Als ich mich setzte, bemerkte ich leider zu spät, daß er mir einen Stuhl ohne Sitzfläche gegeben hatte. Ich fiel durch den Stuhl auf den Boden. Die Blonde stand auf, mit erschrockenem Gesicht, kam auf mich zugeeilt und kümmerte sich um mich. Die Schwarzhaarige stand nur da und lachte. Jetzt wußte ich, für welche ich mich entscheiden sollte. [H011]
- Habe einen Traum, ohne traumtypische Brüche, über unbehebbare Angelegenheit, die mich seit vielen Jahren begleitet: Führe ein Gespräch mit Schuldner und habe dabei klare Einsicht, daß dieser seine Schulden nie bezahlen wird. Dies regt mich aber gar nicht mehr auf. [H061]

968. Historisch (1/19)
Historic
- Traum: bin eine Kurtisane, lebe in zwei Welten, drehe einen Film als Schauspielerin, fliege mit einem Drachen und versuche meine Blöße zu verdecken - wache gegen 2 Uhr auf [Q01]

969. Jugend, von der (1/3)
Youth, time of
- Der Traum spielt vor etwa 30 Jahren Bin etwa 25 Jahre alt und mit zwei jungen Frauen auf Kneipentour. Die eine Frau ist blond und die andere schwarzhaarig und beide sind sehr attraktiv. Ich konnte mich einfach nicht entscheiden, welche mir besser gefiel. Wir waren gerade dabei, uns in einem Restaurant an einen Tisch zu setzten. Da kam der Ober, ein gutaussehender typischer Italiener und fing sofort an, mit

beiden Frauen zu flirten. Ihnen bot er einen bequemen Sessel an, mir selbst nur einen einfachen Stuhl. Als ich mich setzte, bemerkte ich leider zu spät, daß er mir einen Stuhl ohne Sitzfläche gegeben hatte. Ich fiel durch den Stuhl auf den Boden. Die Blonde stand auf, mit erschrockenem Gesicht, kam auf mich zugeeilt und kümmerte sich um mich. Die Schwarzhaarige stand nur da und lachte. Jetzt wußte ich, für welche ich mich entscheiden sollte. [H011]

970. *Klar* (2/2)
Lucid

* Der Traum spielt vor etwa 30 Jahren Bin etwa 25 Jahre alt und mit zwei jungen Frauen auf Kneipentour. Die eine Frau ist blond und die andere schwarzhaarig und beide sind sehr attraktiv. Ich konnte mich einfach nicht entscheiden, welche mir besser gefiel. Wir waren gerade dabei, uns in einem Restaurant an einen Tisch zu setzten. Da kam der Ober, ein gutaussehender typischer Italiener und fing sofort an, mit beiden Frauen zu flirten. Ihnen bot er einen bequemen Sessel an, mir selbst nur einen einfachen Stuhl. Als ich mich setzte, bemerkte ich leider zu spät, daß er mir einen Stuhl ohne Sitzfläche gegeben hatte. Ich fiel durch den Stuhl auf den Boden. Die Blonde stand auf, mit erschrockenem Gesicht, kam auf mich zugeeilt und kümmerte sich um mich. Die Schwarzhaarige stand nur da und lachte. Jetzt wußte ich, für welche ich mich entscheiden sollte. [H011]

- Bin mit meinem Mann in einem Hotel. Er schläft friedlich in seinem Bett, als ich ins Zimmer komme. Quer durch den Raum steht ein riesengroßer Tisch, an dem eine italienische Großfamilie feiert. Sie sind sehr laut und fröhlich. Eine richtig lustige Runde. Eigentlich hätte ich Lust mitzufeiern, doch dann entschließe ich mich, zu schimpfen, weil sie die Ruhe meines Mannes stören. Dabei schläft dieser doch friedlich weiter. Noch im Traum denke ich , daß dieser Traum mir meinen Weg zeigen will. Er mir sagen will, kümmere dich erstmal um dich selbst. [H021]
- Habe einen Traum, ohne traumtypische Brüche, über unbehebbare Angelegenheit, die mich seit vielen Jahren begleitet: Führe ein Gespräch mit Schuldner und habe dabei klare Einsicht, daß dieser seine Schulden nie bezahlen wird. Dies regt mich aber gar nicht mehr auf. [H061]
- Traum vom Fliegen in der U-Bahn von Paris. Denke dabei immer: „Vorsichtig sein, nicht an die Oberleitung kommen." Fühle viel Klarheit und Verantwortungsgefühl. [N01]
- Träume mit zwei Personen zu fliegen, zuerst auf Kniehöhe schwebend. Langsam und vorsichtig steigen wir immer höher hinauf. Alles nehmen wir sehr klar und deutlich in uns auf. Es geht uns sehr gut dabei. [Q01]

971. Klar - Aufschluß über unerklärliche Angelegenheit; gibt ihm (1/2)
Lucid - revealing a perplexed situation when waking

- Habe einen Traum, ohne traumtypische Brüche, über unbehebbare Angelegenheit, die mich seit vielen Jahren begleitet: Führe ein Gespräch mit Schuldner und habe dabei klare Einsicht, daß dieser seine Schulden nie bezahlen wird. Dies regt mich aber gar nicht mehr auf. [H061]

972. Lustig (1/17)
Joyous

- Der Traum spielt vor etwa 30 Jahren Bin etwa 25 Jahre alt und mit zwei jungen Frauen auf Kneipentour. Die eine Frau ist blond und die andere schwarzhaarig und beide sind sehr attraktiv. Ich konnte mich einfach nicht entscheiden, welche mir besser gefiel. Wir waren gerade dabei, uns in einem Restaurant an einen Tisch zu setzten. Da kam der Ober, ein gutaussehender typischer Italiener und fing sofort an, mit beiden Frauen zu flirten. Ihnen bot er einen bequemen Sessel an, mir selbst nur einen einfachen Stuhl. Als ich mich setzte, bemerkte ich leider zu spät, daß er mir einen Stuhl ohne Sitzfläche gegeben hatte. Ich fiel durch den Stuhl auf den Boden. Die Blonde stand auf, mit erschrockenem Gesicht, kam auf mich zugeeilt und kümmerte sich um mich. Die Schwarzhaarige stand nur da und lachte. Jetzt wußte ich, für welche ich mich entscheiden sollte. [H011]

973. Orient (1/4)

Orient

- Traum: bin eine Kurtisane, lebe in zwei Welten, drehe einen Film als Schauspielerin, fliege mit einem Drachen und versuche meine Blöße zu verdecken - wache gegen 2 Uhr auf [Q01]

974. Orte - öffentliche - verändern sich häufig (1/4)

Places - public - changing often

- Traum: bin eine Kurtisane, lebe in zwei Welten, drehe einen Film als Schauspielerin, fliege mit einem Drachen und versuche meine Blöße zu verdecken - wache gegen 2 Uhr auf [Q01]

975. Phantastisch (1/58)

Fantastic

- Traum: bin eine Kurtisane, lebe in zwei Welten, drehe einen Film als Schauspielerin, fliege mit einem Drachen und versuche meine Blöße zu verdecken - wache gegen 2 Uhr auf [Q01]

976. Prophetisch (1/12)

Prophetic

- Bin mit meinem Mann in einem Hotel. Er schläft friedlich in seinem Bett, als ich ins Zimmer komme. Quer durch den Raum steht ein riesengroßer Tisch, an dem eine italienische Großfamilie feiert. Sie sind sehr laut und fröhlich. Eine richtig lustige Runde. Eigentlich hätte ich Lust mitzufeiern, doch dann entschließe ich mich, zu schimpfen, weil sie die Ruhe meines Mannes stören. Dabei schläft dieser doch friedlich weiter. Noch im Traum denke ich , daß dieser Traum mir meinen Weg zeigen will. Er mir sagen will, kümmere dich erstmal um dich selbst. [H021]

977. Putzen, Reinigen (1/2)

Cleaning

- Träume vom Putzen, Aufräumen und Ordnung machen [K014]

978. Schauplätze, neue (1/2)

Scenes, new

- Traum: bin eine Kurtisane, lebe in zwei Welten, drehe einen Film als Schauspielerin, fliege mit einem Drachen und versuche meine Blöße zu verdecken - wache gegen 2 Uhr auf [Q01]

979. Schmutz (1/3)

Dirt

- Träume von unvorstellbarem Schmutz [K014]

980. Schmutzig - Straßen (1/2)

Dirty - roads

- Traum: bin eine Kurtisane, lebe in zwei Welten, drehe einen Film als Schauspielerin, fliege mit einem Drachen und versuche meine Blöße zu verdecken - wache gegen 2 Uhr auf [Q01]

981. Schweben, zu (1/2)

Floating

- Träume mit zwei Personen zu fliegen, zuerst auf Kniehöhe schwebend. Langsam und vorsichtig steigen wir immer höher hinauf. Alles nehmen wir sehr klar und deutlich in uns auf. Es geht uns sehr gut dabei. [Q01]
- Träume zu schweben, auf Kniehöhe. [Q01]

982. Ungeheuer (1/3)

Monsters

- Traum: Ungeheuer kommen und wollen einen wegtragen [N02]

983. Verirren, sich zu (1/7)

Astray, going

- Traum: bin eine Kurtisane, lebe in zwei Welten, drehe einen Film als Schauspielerin, fliege mit einem Drachen und versuche meine Blöße zu verdecken - wache gegen 2 Uhr auf [Q01]

984. <u>Vernünftig</u> (1/1)

Sensible

- Traum vom Fliegen in der U-Bahn von Paris . Denke dabei immer: „Vorsichtig sein, nicht an die Oberleitung kommen." Fühle viel Klarheit und Verantwortungsgefühl. [N01]
- Traum: bin eine Kurtisane, lebe in zwei Welten, drehe einen Film als Schauspielerin, fliege mit einem Drachen und versuche meine Blöße zu verdecken - wache gegen 2 Uhr auf [Q01]

985. Verstorbenen, von - Verwandte (1/10)

Dead; of the - relatives

- Träume von vor 30 Jahren verstorbenem geliebtem Bruder [R01]

986. Visionär (1/10)

Visionary

- Bin mit meinem Mann in einem Hotel. Er schläft friedlich in seinem Bett, als ich ins Zimmer komme. Quer durch den Raum steht ein riesengroßer Tisch, an dem eine italienische Großfamilie feiert. Sie sind sehr laut und fröhlich. Eine richtig lustige Runde. Eigentlich hätte ich Lust mitzufeiern, doch dann entschließe ich mich, zu schimpfen, weil sie die Ruhe meines Mannes stören. Dabei schläft dieser doch friedlich weiter. Noch im Traum denke ich , daß dieser Traum mir meinen Weg zeigen will. Er mir sagen will, kümmere dich erstmal um dich selbst. [H021]

987. <u>Wegweisend</u> (1/1)

Guiding

- Bin mit meinem Mann in einem Hotel. Er schläft friedlich in seinem Bett, als ich ins Zimmer komme. Quer durch den Raum steht ein riesengroßer Tisch, an dem eine italienische Großfamilie feiert. Sie sind sehr laut und fröhlich. Eine richtig lustige Runde. Eigentlich hätte ich Lust mitzufeiern, doch dann entschließe ich mich, zu schimpfen, weil sie die Ruhe meines Mannes stören. Dabei schläft dieser doch friedlich weiter. Noch im Traum denke ich , daß dieser Traum mir meinen Weg zeigen will. Er mir sagen will, kümmere dich erstmal um dich selbst. [H021]

Frost / Chill

988. *Frost im allgemeinen* (2/192)
Chill in general
• Frieren [A03]
• Frost/Kälte-Empfindlichkeit stärker [B11]
* Extreme Kälteempfindlichkeit [H061]
• Viel Frieren (22.30 Uhr) [N01]
• Viel Frieren [Q04]

989. Abends (18 - 22 h) (1/131)
Evening (= 18-22 h)
• Extreme Kälteempfindlichkeit (21.30 Uhr) [H061]

990. Nachts (22 - 6 h) - Mitternacht - vor - 22.30 h (1/2)
Night - midnight - before - 22.30 h
• Viel Frieren (22.30 Uhr) [N01]

991. Nachts (22 - 6 h) - Mitternacht - vor - 23 h (1/10)
Night - midnight - before - 23 h
* Extremes Frieren nachts mit Schüttelfrost - brauche zwei Wollpullover, Wollsocken, zwei Wärmeflaschen, drei Decken und Mantel (23 Uhr) [H041]

992. Nachts (22 - 6 h) - Bett, im (1/18)
Night - bed, in
* Starkes Frieren im Bett - benötige zwei Decken (22.30 Uhr) [H021]

993. <u>Nachts (22 - 6 h) - Bett, im - Schauder; mit</u> (1/1)
Night - bed, in - shivering; with
• Viel Frieren im Bett mit Kälteschauer (22.30 Uhr) [H023]

994. Eisige Kälte des Körpers (1/29)
Icy coldness of the body
* Eiseskälte [B07]

995. <u>Frösteln - links - rechts; dann</u> (1/1)
Chilliness - left - right; then
• Plötzlicher Kälteschauer, zuerst links dann rechts [E02]

996. Frösteln - Luft - Zugluft, nach (1/2)
Chilliness - air - draft of; after
• Frösteln, Frieren am ganzen Körper, schlechter bei Zugluft [A12]

997. Schüttelfrost (= Schauder, Rigor etc.) (1/174)
Shaking (= shivering, rigors)
• Schüttelfrost [I083]

998. Schüttelfrost - nachts (1/16)
Shaking - night
* Extremes Frieren nachts mit Schüttelfrost - brauche zwei Wollpullover, Wollsocken, zwei Wärmeflaschen, drei Decken und Mantel (23 Uhr) [H041]

999. Zittern und Schaudern; mit (1/63)
Trembling and shivering
* Extremes Frieren nachts mit Schüttelfrost - brauche zwei Wollpullover, Wollsocken, zwei Wärmeflaschen, drei Decken und Mantel (23 Uhr) [H041]

1000. Zittern und Schaudern; mit - nachts (1/2)
Trembling and shivering - night
* Starkes Frieren im Bett - benötige zwei Decken (22.30 Uhr) [H021]

Fieber / Fever

1001. Fieber, Hitze im allgemeinen (1/244)
Fever, heat in general
• Plötzliches Fieber (38,5 °C) - Hatte seit der Typhuserkrankung vor 22 Jahren nicht so hohes Fieber. Als Kind auch nie Fieber. [N01]

1002. Abwechselnd mit - Frost (1/114)
Alternating with - chills
• Frost abwechselnd mit Hitze [N01]

1003. Hektisches Fieber (1/84)
Hectic fever
• Plötzliches Fieber (38,5 °C) - Hatte seit der Typhuserkrankung vor 22 Jahren nicht so hohes Fieber. Als Kind auch nie Fieber. [N01]

1004. Schweiß - abwesend (1/77)
Perspiration - absent
• Fiebergefühl, kein Schweiß [A09]

Schweiß / Perspiration

1005. Schweiß im allgemeinen (2/233)
Perspiration in general
* Schwitzen am ganzen Körper - durch Ausziehen von Kleidung nicht veränderbar [D03]
• Schweißfilm über ganzen Körper [G042]
• Schweißfilm am ganzen Körper [G044]
• Schwitzen [M]
• Leichtes Schwitzen [M]

1006. Nachts (22 - 6 h) (1/197)
Night
• Starkes nächtliches Schwitzen [N02]

1007. Entblößen - Verlangen, sich zu entblößen (1/15)
Uncovering - desire for
* Schwitzen am ganzen Körper - mit Bedürfnis, sich auszuziehen, was aber nicht besserte [D03]

1008. Reichlich (1/190)
Profuse
• Schweißausbrüche [K011]

* Schweiß aus allen Poren [K011]

Haut / Skin

1009. Brennen - kaltem Wasser; nach Arbeiten in (1/2)
Burning - cold water; after working in
• Haut nach Waschen: Brennen und Juckreiz [Q01]

1010. <u>Brennen - warmes Wasser; durch</u> (1/1)
Burning - warm water; from
* Beim Duschen erscheint warmes Wasser viel zu heiß, brennt auf der Haut [T01]

1011. Empfindlichkeit (1/121)
Sensitiveness
* Beim Duschen erscheint warmes Wasser viel zu heiß, brennt auf der Haut [T01]
• Kaltes Wasser erscheint auf der Haut viel zu kalt [T01]

1012. <u>Empfindlichkeit - warm - Wasser; warmes</u> (1/1)
Sensitiveness - warm - water
* Beim Duschen erscheint warmes Wasser viel zu heiß, brennt auf der Haut [T01]

1013. Hautausschläge - brennend - Waschen; beim (1/2)
Eruptions - burning - washing; when
* Hautausschlag nach Waschen verschlimmert, brennend rote Flecken [N09]

1014. Hautausschläge - Exanthem, flüchtiges - chronisch (1/5)
Eruptions - rash - chronic
* Alte Hautsachen kommen wieder, wie Intertrigo beidseits [N02]

1015. Hautausschläge - Flohbisse, wie (1/2)
Eruptions - fleabites; like
• Hautausschlag, flohstichartig [A08]

1016. Hautausschläge - Pusteln - juckend (1/23)
Eruptions - pustules - itching
• Hautausschläge, Pusteln, gerötet, leicht juckend [B01]

1017. Hautausschläge - Pusteln - rot (1/17)
Eruptions - pustules - red
• Hautausschläge, Pusteln, gerötet, leicht juckend [B01]

1018. Hautausschläge - rot - gefleckt (1/4)
Eruptions - red - spotted
* Hautausschlag nach Waschen verschlimmert, brennend rote Flecken [N09]

1019. Hautausschläge - Waschen - kaltem Wasser agg.; in (1/4)
Eruptions - washing - cold water agg.; in
• Stark juckender Hautausschlag, Wasser agg. [N02]

1020. Hautausschläge - weißlich (1/21)
Eruptions - whitish
• Oberflächliche weiße Flecken auf der Haut [N02]

1021. <u>Hitze - Wasser erscheint heiß; warmes</u> (1/1)
Heat - water seems hot; warm
* Beim Duschen erscheint warmes Wasser viel zu heiß, brennt auf der Haut [T01]

1022. Intertrigo (1/54)
Intertrigo
• Alte Hautsachen kommen wieder, wie Intertrigo beidseits [N02]

1023. Jucken (2/211)
Itching
• Jucken überall [G053]
* Jucken am ganzen Körper [H011]
* Jucken auf der Haut [I072]

1024. Jucken - brennend - nachts (1/5)
Itching - burning - night
* Juckreizanfall, nachts, brennend (zum Verrücktwerden) [N02]

1025. <u>Jucken - brennend - Waschen; nach</u> (1/1)
Itching - burning - washing; after
• Haut nach Waschen: Brennen und Juckreiz [Q01]

1026. Jucken - kalt - Wasser, kaltes (1/3)
Itching - cold - water
• Stark juckender Hautausschlag, Wasser agg. [N02]
• Haut nach Waschen: Brennen und Juckreiz [Q01]

1027. <u>Jucken - Stellen; an einzelnen</u> (1/1)
Itching - spots; in
• Jucken, punktförmig [I022]
* Jucken an verschiedenen kleinsten Stellen, verteilt am ganzen Körper [I071]
• Juckreiz, punktuell [G033]

1028. Jucken - Verzweiflung, treibt zur (1/2)
Itching - despair from itching
* Juckreizanfall, nachts, brennend (zum Verrücktwerden) [N02]

1029. Jucken - wandernd (2/30)
Itching - wandering
• Juckreiz an verschiedenen Stellen [B06]
* Wanderjucken [G024]
* Juckreiz - wechselt rasch den Ort [M]

1030. Schmerz - wund, Gefühl wie (1/81)
Pain - sore feeling
• Schmerz, beißend, Haut [I021]

1031. Trocken (1/147)
Dry
• Trockene Haut [A05]
• Trockene Haut [A06]

Allgemeines / Generals

1032. Aktivität - amel. (1/8)
Activity - amel.
* Körperliche Arbeit tut gut [N07]

1033. Aktivität - körperlich (1/9)
Activity - physical
* Körperliche Arbeit tut gut [N07]

1034. Aktivität - körperlich - Mitternacht, bis (1/2)
Activity - physical - midnight, until
* Wahnsinniger Tatendrang bis tief in die Nacht, dann totale Erschöpfung [R01]

1035. Aktivität - körperlich - Mitternacht, bis - Erschöpfung; gefolgt von völliger (1/1)
Activity - physical - midnight, until - prostration; followed by utter
* Wahnsinniger Tatendrang bis tief in die Nacht, dann totale Erschöpfung [R01]

1036. Aktivität - vermehrt (2/15)
Activity - increased
* Den ganzen Tag sehr aktiv und wach [A15]
• Fühlt sich zunehmend frisch [I011]
* Energiegeladen [N06]
• Viel Energie [N07]
• Energiegeladen [N08]

1037. Anstrengung, körperliche - amel. (1/28)
Exertion; physical - amel.
* Körperliche Arbeit tut gut [N07]

1038. Bewegung - amel. (1/188)
Motion - amel.
• Körperliche Bewegung bessert [Q01]

1039. Bewegung - Verlangen nach (1/74)
Motion - desire for
• Bewegungsdrang [B09]

1040. Hitze - Gefühl von (3/128)
Heat - sensation of
• Hitzegefühl [A04]
* Wärmegefühl am ganzen Körper [D03]
• Wärmeschub [G013]
• Wärmeempfinden [G014]
• Ganzer Körper fühlt sich warm an [G042]
• Ganzer Körper heiß [G044]
* Wärmegefühl im ganzen Körper [H011]
• Wärmegefühl [H031]
• Wärmegefühl [H041]
• Wärmegefühl [H043]
• Fühlt sich warm [I031]
• Heiß [I031]
• Wärmegefühl [I062]
• Großes Hitzegefühl [K011]
• Große Hitze [K014]
• Hitzegefühl [M]

* Angenehmes, warmwohliges Gefühl im ganzen Körper [T01]

1041. Hitze - Gefühl von - nachts (1/15)
Heat - sensation of - night
• Hitze am ganzen Körper, nachts [A09]

1042. Hitze - Gefühl von - abwechselnd mit Gefühl von Kälte (1/2)
Heat - sensation of - alternating with sensation of cold
• Wechsel zwischen Kälte und Wärme [R01]

1043. Hitze - Lebenswärme, Mangel an (1/178)
Heat - lack of vital heat
• Kälte [A03]
• Frost und Kälte - Empfindlichkeit stärker [B02]

1044. Influenza - Gefühl von (1/2)
Influenza - sensation as if
• Subfebrile Temperatur, als ob eine Grippe kommt [B07]

1045. Kälte - agg. (1/228)
Cold - agg.
• Kälte verschlechtert [H043]

1046. Kater - Alkohol; durch übermäßigen Genuß von (1/2)
Hangover - alcohol; from excessive use of
• Kein Kater trotz Alkohol [gS] [A01]

1047. Kater - Gefühl von Kater (= ohne Genuß von Alkohol) (1/2)
Hangover - sensation as if from a hangover (= without use of alcohol)
* Während der Morgenzigarette wie sturzbetrunken (ohne Alkoholkonsum) [H034]
• Gefühl wie verkatert [N03]
* Wie sturzbesoffen - ohne Alkoholkonsum [Q05]

1048. Kraft, Gefühl von (2/49)
Strength, sensation of
• Energiegeladen [G041]
* Energiegeladen [H031]
* Kraftvoll [I013]

1049. Leistungsfähigkeit - erhöht (1/13)
Efficiency - increased
• Erhöhte Leistungsfähigkeit [B01]

1050. Luft - Freien, im - Verlangen nach Aufenthalt im (2/134)
Air - open air - desire for
* Drang nach draußen, möchte frische Luft [A13]
• Großes Verlangen nach frischer Luft [L031]
• Verlangen nach frischer Luft [Q01]
* Großes Verlangen nach frischer Luft [T01]

1051. Mattigkeit (1/325)
Lassitude
• Abgeschlagenheit [A09]
• Insgesamt „nicht gut drauf“, matt, lustlos [F04]

1052. Menses - während - agg. (1/121)

Menses - during - agg.
- Verschlechterung des Allgemeinzustandes während Menses [N01]

1053. Müdigkeit (3/226)
Weariness
- Müdigkeit [A05]
- Müdigkeit [A06]
- Müdigkeit [A17]
- Müdigkeit morgens; wie gebremst, wie gegen Widerstand [C03]
* Extreme Müdigkeit [D07]
- Müde, wie wenn Valium genommen [E01]
* Entsetzlich müde [F02]
* Hundemüde [G021]
- Müde, müde, müde zum Umfallen [G023]
- Müdigkeit [G031]
- Müdigkeit [G033]
- Müde [G034]
- Müde [G052]
* Unendlich müde, könnte mich in die Ecke legen (10.30 Uhr) [H022]
- Müde [H033]
- Werde sehr müde [H033]
- Müdigkeit [H043]
- Müdigkeit [H051]
- Müdigkeit [I011]
- Müdigkeit, leichte wohltuende [I051]
- Starke Müdigkeit [I061]
* Zum Umfallen müde [I061]
- Große Müdigkeit [I081]
- Große Müdigkeit [I082]
- Müdigkeit [K011]
- Müdigkeit [K014]
- Müdigkeit [M]
- Sehr, sehr müde [N02]
- Große Müdigkeit [N05]
- Große Müdigkeit [N08]

1054. Müdigkeit - tagsüber (1/1)
Weariness - daytime
- Müdigkeit tagsüber [A07]

1055. Müdigkeit - morgens (2/75)
Weariness - morning
- Müdigkeit morgens [B02]
- Müdigkeit morgens; wie gebremst, wie gegen Widerstand [C03]
- Unendlich müde, könnte mich in die Ecke legen (10.30 Uhr) [H022]
- Aufstehen fällt leicht [gS] [H033]
- Müdigkeit morgens [H043]

1056. Müdigkeit - vormittags (1/15)

Weariness - forenoon
• Starke Ermüdung (11 Uhr) [H042]

1057. Müdigkeit - mittags (1/6)
Weariness - noon
• Zunahme der Ermüdung (11.30 Uhr) [H042]

1058. Müdigkeit - nachmittags (1/30)
Weariness - afternoon
• Müde nachmittags [G053]

1059. Müdigkeit - abends (1/43)
Weariness - evening
• Müdigkeit (21 Uhr) [D03]
• Müde abends [G022]
• Große Müdigkeit abends [G043]
• Müdigkeit abends [G054]

1060. Müdigkeit - nachts (1/6)
Weariness - night
• Müdigkeit (22.30 Uhr) [F01]

1061. Müdigkeit - Alkohol; durch (1/1)
Weariness - alcohol; from
• Keine Müdigkeit trotz Alkohol [gS] [A01]

1062. Müdigkeit - plötzlich (1/1)
Weariness - sudden
• Plötzliche Müdigkeit [M]

1063. Puls - beschleunigt (= frequent, jagend, unzählbar, schnell) (1/402)
Pulse - frequent (= accelerated, elevated, exalted, fast, innumerable, rapid)
• Puls erhöht [L020]

1064. Schmerz (1/2)
Pain
* Ganzkörperschmerz - wie versteift [N01]

1065. Schmerz - linke Körperseite (1/23)
Pain - left side of body
• Ganze linke Körperseite schmerzhaft, Schulter-Kopf-Schmerz; in Bewegung agg. [R01]

1066. Schmerz - steif, wie versteift (1/1)
Pain - stiff, as if stiffened
* Ganzkörperschmerz - wie versteift [N01]

1067. Schwäche (2/679)
Weakness
* Schwäche [A05]
• Schwäche [A06]
• Kraftlos [A09]
* Alles strengt mich unheimlich an [H024]
* Körperliche Schwäche [I063]
• Große Erschöpfung [N01]

1068. Schwäche - nachmittags (1/76)
Weakness - afternoon
- Nun komme ich doch langsam in ein Energieloch (16 Uhr) [H013]

1069. Schwäche - berauscht; wie (1/2)
Weakness - intoxicated; as if
- Müde, wie wenn Valium genommen [E01]

1070. Schwäche - Koitus, nach (1/34)
Weakness - coition, after
- Schwäche nach Sex [Q01]

1071. Schwäche - Sitzen (1/41)
Weakness - sitting
- Gefühl, daß Kreislauf abfällt (im Sitzen) [A02]

1072. Schweregefühl - äußerlich (1/150)
Heaviness - externally
- Schwere [K011]

1073. Sitzen - aufrechtes - amel. (1/47)
Sitting - erect - amel.
- Sitzen, gerade [I022]
- Verlangen, aufrecht zu sitzen [I033]
- Aufsitzen, Geradesitzen [I093]

1074. Speisen und Getränke - Alkohol - Verlangen (2/90)
Food and drinks - alcoholic drinks - desire
* Kein Verlangen nach Alkohol (bei jemand, der täglich seinen Schoppen trinkt!) [gS] [A07]
- Lust auf Alkohol und Zigaretten [H011]
- Mir geht's gut (am Abend zuvor nach C1-Verreibung) in total verräucherter Kneipe gesessen, wo ich sonst schon an der Tür umgedreht wäre. Es machte mir überhaupt nichts aus, ich habe sogar selber geraucht und drei Bier getrunken [H012]
* Verlangen nach Alkohol (kenne ich von hektischen Tagen mit zuviel Kaffee und Zigaretten) [H061]
- Vermehrt Bedürfnis nach Alkohol und Zigaretten [N09]
- Lust auf Alkohol [Q01]
* Großes Verlangen auf Alkohol (Rückfall in Alkoholismus) [Q05]

1075. Speisen und Getränke - Fleisch - Verlangen (1/46)
Food and drinks - meat - desire
* Plötzlicher Heißhunger auf etwas Herzhaftes wie Wurst und Fleisch [L012]

1076. Speisen und Getränke - Fleisch - Verlangen - ohne es essen zu können (1/3)
Food and drinks - meat - desire - without being able to eat it
- Gelüste auf Fleisch, wollte dann aber keines essen [H023]
- Verlangen nach Fleisch - kann es aber nicht essen [Q01]

1077. Speisen und Getränke - herzhafte, kräftige Speisen - Verlangen (1/3)
Food and drinks - hearty food - desire
* Plötzlicher Heißhunger auf etwas Herzhaftes wie Wurst und Fleisch [L012]

1078. Speisen und Getränke - Kaffee - Abneigung (1/46)
Food and drinks - coffee - aversion
• Kaffee schmeckt nicht [B02]
• Kaffee schmeckt nicht [B07]

1079. Speisen und Getränke - Kaffee - Verlangen (1/50)
Food and drinks - coffee - desire
* Weniger Verlangen nach Kaffee [gS] [B05]
* Verlangen nach Kaffee [H033]

1080. Speisen und Getränke - kalte Getränke, kaltes Wasser - Verlangen (1/141)
Food and drinks - cold drink, cold water - desire
• Verstärkter Durst auf Wasser [E04]

1081. Speisen und Getränke - Käse - Verlangen (1/25)
Food and drinks - cheese - desire
• Heißhunger auf Käse (aber den Stinkkäse lasse ich liegen, ungewöhnlich) [T01]

1082. Speisen und Getränke - Käse - agg. - Geruch von Käse (1/4)
Food and drinks - cheese - agg. - smell
• Übermäßiges Geruchsempfinden (der Geruch des Käses war eine Tortur) [T01]

1083. Speisen und Getränke - Süßigkeiten - Abneigung (1/42)
Food and drinks - sweets - aversion
• Abneigung: süß [E03]

1084. Speisen und Getränke - Tee - Verlangen (1/14)
Food and drinks - tea - desire
* Geruch von Tee aufgeschnappt, danach Verlangen [H052]

1085. Speisen und Getränke - Würste - Verlangen (1/3)
Food and drinks - sausages - desire
• Verlangen: Wurst, herzhaft [E03]
* Plötzlicher Heißhunger auf etwas Herzhaftes wie Wurst und Fleisch [L012]

1086. Tabak - Verlangen nach Tabak (2/37)
Tobacco - desire for tobacco
* Lust auf Alkohol und Zigaretten [H011]
• Mir geht's gut (am Abend zuvor nach C1-Verreibung) in total verräucherter Kneipe gesessen, wo ich sonst schon an der Tür umgedreht wäre. Es machte mir überhaupt nichts aus, ich habe sogar selber geraucht und drei Bier getrunken [H012]
* Nikotinsucht [H034]
• Verlangen nach Zigarette [H034]
* Vermehrt Bedürfnis nach Alkohol und Zigaretten [N09]

1087. Tabak - Verlangen nach Tabak - rauchen, Verlangen zu (1/18)
Tobacco - desire for tobacco - smoking
• Noch immer kein Verlangen nach Zigarette [gS] [H033]
• Zwischendurch Lust zu rauchen (ungewöhnlich) [T01]

1088. Wärme - amel. (1/136)
Warm - amel.
• Kann Hitze gut vertragen [N04]

1089. Wärme - Bett, im warmen - amel. (1/56)

Warm - bed - amel.
- Wärmeempfinden (3 Uhr nachts) (vorher Kälte) [H043]
- Möchte im Bett bleiben, mich einhüllen [Q01]

1090. Wärme - Einhüllen, warmes - amel. (1/12)
Warm - wraps - amel.
- Möchte im Bett bleiben, mich einhüllen [Q01]

1091. Zittern - äußerlich (1/326)
Trembling - externally
* Zittrigkeit wie nach Alkohol [H023]

1092. Zittern - äußerlich - abends (1/18)
Trembling - externally - evening
* Zittrigkeit (18 Uhr) [H043]

Weihrauch in der Homöopathie - Versuch eines Arzneimittelbildes

Der *Weihrauch* bewies mit den unterschiedlichsten Methoden der Selbsterfahrung, aber auch in den über vier Jahren, die wir nun Patienten damit behandeln, seine Qualitäten auch als echte "Drogenpflanze". Dabei zeigte sich klar und deutlich seine ausgeprägte Wirkung vor allem im psychischen Bereich.

Hierzu möchten wir besonders auf die Falldarstellungen, die Träume von Patienten, sowie auf die Protokolle der Gruppenverreibung in Gössenheim bei Würzburg und der Einzelverreibung einer homöopathischen Ärztin/Psychotherapeutin aus Wien hinweisen. Die Ergebnisse der beiden letztgenannten Verreibungen, sowie die Symptome aus den inzwischen zahlreichen Patientenbehandlungen (ca. 100) konnten aus organisatorischen, aber auch aus Zeit- und Platzgründen nicht mehr in die vorliegende Symptomensammlung und damit auch nicht mehr ins "Synthesis" bzw. RADAR-System eingearbeitet werden.

Zusammenfassung

Fast in allen Gruppen- oder Einzelprüfungen gab es Symptome wie extreme Müdigkeit und/oder Erschöpfung, aber auch große Aktivität und Tatendrang. Andererseits auch Seelenruhe und Gelassenheit oder Phantasien, Visionen, Gedanken und Bilder, Philosophieren und Theoretisieren, sowie große Sensitivität und Wahrnehmungsfähigkeit. Typisch waren ausgeprägte Konzentrationsfähigkeit, klarer Verstand, Ideenreichtum, Klarheit bis hin zu Hellsichtigkeit und Prophezeihungen. Weiterhin fanden sich leichtes Aufassungsvermögen und die Fähigkeit zum Begreifen von Zusammenhängen. Demgegenüber standen aber auch Gleichgültigkeit, Apathie, Konzentrationsmangel, Vergeßlichkeit, geistige Verwirrung bis hin zu Wahnideen. Gefühlsregungen wie Freude, glückselige Gefühle, eine Unmenge von Sehnsüchten und immer wieder Liebe in allen Schattierungen, bis hin zur Phantasieliebe und Gefühle von Seelenbegegnung, bestimmten das Bild. Andererseits gab es Traurigkeit, Melancholie, Hoffnungslosigkeit und daraus resultierend Neigung zu Süchten. Gedanken an Drogenerlebnisse, aber auch das Gefühl "high" zu sein oder wie unter Drogen, waren nicht selten. Ebenso auffällig waren Ungeduld, Erregung und Ruhelosigkeit, aber auch euphorische Zustände mit Lachen, Lustigkeit, Fröhlichkeit, Ausgelassenheit bis hin zu Albernheit und Obszönität. Des weiteren gab es Nachdenken, Meditieren, oft in auffallendem Zusammenhang mit religiösen Gedanken und Spekulationen, bis hin zu Heiliger Stimmung. Das Bedürfnis nach Ehrlichkeit und Direktheit und damit auch das Bestreben nach Wahrheit und Echtheit scheint bei *Olibanum* bestimmend zu sein.

An körperlichen Symptomen fanden sich in großem Umfang Schmerzen, Schwellung, Schwere oder Steifheitsgefühl in fast allen Gelenken, vereinzelt aber auch Zittern der Hände und Beine. Schmerzen in allen Regionen des Rükkens, bis hin zum Ganzkörperschmerz. Kopfschmerzen in vielen Variationen, sowie Schmerzen in Augen, Ohren, Nase, Gesicht, Mund und innerem Hals. Auffällig waren Trockenheitsgefühle in Mund, Nase und Augen, aber auch deutlich gesteigerter Tränenfluß. Weiterhin fanden sich übersteigertes Gehör und teilweise extrem geschärfter Geruchssinn, sowie Probleme des Sehens, aber auch wieder klares Sehen. Vermehrter Appetit bis hin zu Heißhunger und Freßsucht. Im Bereich des Abdomens Flatulenz, Schmerzen und Völlegefühl. Ein besonderes Symptom war nächtlicher Stuhldrang, unwillkürlicher Urinabgang und auffallend aromatischer Uringeruch. Die weibliche Sexualität war geprägt von starkem Verlangen und großer Orgasmusfähigkeit. Ähnlich war es mit der männlichen Sexualität. Im Brustbereich fanden wir fast bei allen Erfahrungsgruppen durchgängig Beklemmung oder Schmerzen wie Druck, Zusammenschnürung, oder Unruhegefühl bis hin zu massiven Beschwerden wie Herzklopfen, Herzrasen etc. Verbunden war dies oft mit Atembeklemmung, Schweregefühl auf der Brust. Andererseits fand sich aber auch eine befreite Atmung. Das Einschlafen war häufig sehr schwierig und der Schlaf war auffallend oft gestört. Tagsüber gab es dann die oben schon erwähnte extreme Müdigkeit und Gähnen, Gähnen, Gähnen bis zum Abwinken. Hier wird der Zusammenhang zwischen Psyche und Körper sehr deutlich, denn weder diese Müdigkeit noch dieses Gähnen sind als rein körperliche Symptome zu verstehen. Die Träume handelten vom Fliegen und Schweben, von der Jugend, vom Orient. Sie waren sehr klar, fast hellsichtig, manchmal sogar richtig prophetisch. Einige Träume waren so eindrucksvoll und klar, daß sie den Probanden und den Patienten bei der Klärung ihrer realen Lebenssituation helfen konnten. Bei der Haut starke Empfindlichkeit mit Juckreiz an allen Körperteilen, manchmal fast bis zum Wahnsinn treibender extremer Ganzkörperjuckreiz, meist brennend; sowie Hautausschläge in den unterschiedlichsten Variationen und Trockenheit der Haut. Große Kältegefühle, Frösteln bis hin zum Schüttelfrost mit Zittern und Schaudern wurden sehr eindrucksvoll von Probanden und Patienten bestätigt, vor allem bei Personen, die eh ein Wärmedefizit aufwiesen. Aber es fand sich auch das Gegenteil, wie extremes Wärmegefühl, Schwitzen und Schweiß am ganzen Körper.

Dies ist nur eine grobe Zusammenfassung des Arzneimittelbildes. Damit Sie sich wirklich ein umfassenderes Bild machen können, haben wir nachfolgend versucht, auf die Hauptthematik, vor allem im Gemütsbereich, einzugehen.

Anmerkungen:

1. Die für *Olibanum* in der HAMSE gefundenen Symptome sind *kursiv* gedruckt und jeweils durch ein Semikolon voneinander getrennt.
2. *Olibanum/Weihrauch* ist immer *kursiv* gedruckt:
3. Die Hauptbegriffe wie **Sehnsucht, Verlangen** oder **Klarheit** sind im jeweiligen Kapitel bei der ersten Erwähnung **fett** gedruckt.
4. Hinter den meisten Abschnitten erscheinen Hinweise auf Rubriken im "Synthesis" mit Medikamentenangaben, um eine eventuelle Verwandtschaft zu veranschaulichen. Die Rubrikgröße entspricht der "Synthesis"-Version 7.01.
5. Neue Rubriken oder Unterrubriken wurden unterstrichen gekennzeichnet.
6. Sätze in Anführungszeichen ["..."] sind nachträgliche Äußerungen von Probanden oder Äußerungen von Patienten, die nicht in die Repertoriumskapitel eingearbeitet wurden.

Sehnsucht - Suchen - Sucht - Verlangen

Die **Sehnsucht** ist ein ganz zentrales Thema von *Weihrauch*: Sehnsucht nach eigentlich Allem. Sie kann sich an einem Menschen, Ländern oder an anderen schönen Dingen festmachen; da wurde geäußert: *Sehnsucht nach Liebe*, auch *körperlich; Sehnsucht nach Zärtlichkeit, Sehne mich danach, verstanden zu werden; Sehnsucht nach lieben Menschen; Sehnsucht verstanden zu werden; starke Sehnsuchtsgefühle (z. B. nach lieben Menschen, Reisen, Ländern); Sehnsucht nach allem Schönen und guten Gefühlen; Sehnsucht nach Ruhe und Frieden; Sehne mich nach Klarheit, habe das Gefühl, müßte noch etwas klären.* Meistens ist es eine Sehnsucht nach etwas, das man gerade nicht hat oder das man sich schon so lange sehnlichst wünscht. Es kann aber auch eine völlig unbestimmte Sehnsucht sein, nach etwas nicht Diesseitigem. Der Begriff "Sehnsucht" in diesem Sinne ist durch die Repertoriumsrubrik "Verlangen" in keiner Weise abgedeckt. Verlangen ist viel materieller und erdverhafteter, während Sehnsucht am Höheren orientiert, also auf der spirituellen Ebene angesiedelt ist.

Im Repertorium "Synthesis" finden Sie die Sehnsucht nun in Unterrubriken unter den einzelnen Begriffen wie z. B.:

Gemüt - Frieden - Sehnsucht nach

Gemüt - Klarheit - Sehnsucht nach

Gemüt - Liebe - Sehnsucht nach

Gemüt - Reisen - Sehnsucht zu

Gemüt - Verstanden zu werden - Sehnsucht

Gemüt - Zärtlichkeit - Sehnsucht nach

Eine Probandin, die *Olib. C 6* über 40 Tage eingenommen hatte, berichtete über *sehr starke Sehnsuchtsgefühle; Sehnsucht nach Zärtlichkeit; Sehnsucht nach allem Schönen und Guten, möchte, daß dieser wunderbare Zustand erhalten bleibt; frage mich: ist das schon* **Sucht**?; aber auch: *Sehnsucht nach Sex.* Es entstand der starke Wunsch, dies in der Realität zu leben. Sie berichtete, daß diese Gefühle so stark waren, daß sie sie umsetzen wollte und bei der Nachbesprechung ergänzte sie, daß sie eine kaum stillbare Lust im sexuellen Bereich verspürte. Es war inzwischen keine Sehnsucht mehr, sondern ganz irdisches **Verlangen**, allerdings immer verbunden mit sehr viel Zärtlichkeit. Die Sehnsucht nach Zärtlichkeit war sowohl während den *Olib.*-Verreibungen, als auch nach *Olib. C 40/5, C 220/5* und wie oben beschrieben nach der *C 6*-Einnahme zu finden.

Gemüt - Zärtlichkeit - Sehnsucht nach

Gemüt - Schöne Dinge - Sehnsucht nach allem Schönen

Weibliche Genitalien - Sexuelles Verlangen - heftig (49): **Calc. Murx. Nat-m. Nux-v. Orig. Sulph.** *Alum. Ars. Calc-p. Gels. Graph. Hyos. Kali-br. Lach. Lyc. Mosch. Nat-c. Op. Phos. Plat. Puls. Rhus-t. Sabin. Sep. Sil. Staph. Stram. Tarent. Tub. Verat. Zinc.*

Weibliche Genitalien - Sexuelles Verlangen - unersättlich: androc. aster. *Calc-p.* canth. *Lach. Plat. Sabin.* stram. *Zinc.*

Eine andere Probandin, in deren Ehe es in der letzten Zeit im sexuellen Bereich sehr ruhig geworden war, notierte am 13. Tag nach der *Olib. C 220/5* -Einnahme*: Ehemann vernascht* - in der Sauna, was ich noch nie gemacht habe. Letzteres erzählte sie allerdings erst bei der Nachbesprechung. Berichtete aber auch, daß sie eine große Zärtlichkeit dabei verspürte, was auch schon lange nicht mehr der Fall gewesen sei.

Ein weiterer Proband berichtete sogar noch am zweiten Tag nach der *Olib. C 4*-Verreibung: *Habe immer noch Probleme, "von diesem Trip" runter zu kommen.* Er hatte immer noch das Gefühl, zu weit abgehoben zu sein: *Suche jemanden, der mir Halt gibt, suche Erdkontakt.* (Zum Thema Sehnsucht und den Umgang damit verweisen wir auf die Fallbeispiele II und III.)

Fragt man die Patienten: "Haben Sie Sehnsüchte?" wird ihren Antworten oft ein Seufzen vorausgehen. Von sich aus sind sie erstmal zurückhaltend, werden über diese tiefen, geheimnisvollen Gefühle nur sprechen, wenn sie genügend *Vertrauen* und ein Gefühl der *Geborgenheit* haben: *Fühle mich aufgehoben und voll angenommen.* Oder wie *Verres* [94] es ausdrückt: "Sehnsucht ist oft verbunden mit Erregung und Unruhe, zugleich gehört sie aber sicher zu den zarteren, intimeren Gefühlen, über die man nicht so einfach spricht." Nach dem Seufzen sprudelt es heraus, oft wie etwas, das endlich aus der Verborgenheit ans Licht drängt. Es ist wie eine Befreiung: *Tiefes befreites Durchatmen.* Danach kommt meist noch ein Seufzer und er/sie sagt: *Meine Atmung ist wie befreit.* Dieses Symptom fand sich in ähnlicher Form bei mehreren Prüfern und Patienten; so als wäre eine schwere Last/Gewicht von der Schulter/Brust/Seele genommen. Auch hier wird sehr schön der Übergang vom psychischen in den körperlichen Bereich sichtbar.

Atmung - Befreit, freies Durchatmen

Eine Probandin brach nach einer Woche die *Olib. C 6*-Einnahme ab: sie gab zu, Alkoholikerin zu sein; sprach von ihren Sehnsüchten; von ihrem Verlangen; von ihrer Sucht; sagte die ganze Wahrheit: *Großes Verlangen auf Alkohol (Rückfall in Alkoholismus).* Ein Patient erzählte nach der Einnahme einer Hochpotenz, daß er nicht nur gelegentlich Marihuana rauchte, sondern berichtete über seine zahlreichen anderen Drogenerfahrungen der gesamten letzten Jahre; konnte plötzlich die volle Wahrheit sagen; fühlte sich ehrlich.

Hierzu finden wir bisher im "Synthesis" unter nachstehender Rubrik folgende Arzneien:

Gemüt - Wahrheit; sagt (vorbehaltlos, rücksichtslos) die reine: alum. bov. choc. hyos. verat.

Gemüt - Ehrlich - fühlt sich

Wahrheit - Klarheit - Verstand - Begreifen - Bewußtheit - Vergeßlich

Wie im vorhergehenden Abschnitt bereits angedeutet, scheint bei *Weihrauch/Olibanum* ein starker Wunsch, fast ein Bedürfnis nach **Wahrheit** zu bestehen sowie nach Verstehen und Verstandenwerden. Das Begreifen von Dingen, genauer gesagt von Zusammenhängen, sowie ein geschärfter Verstand sind für *Olibanum* typisch. Wir fanden diese Eigenschaften durchgängig bei den Verreibungen und nach Einnahme von Hochpotenzen.

Unter *Weihrauch* kommt es wohl zu einer Art von Bewußtseinserweiterung. Das Unbewußte wird sichtbarer, kommt zum Vorschein und wird klarer, ähnlich wie unter Haschisch oder LSD. Einige Patienten und auch Probanden mit Drogenerfahrung sprachen sogar von einer Art "Wahrheitsdroge". Allerdings würde diese Wahrheit in eine ganz bestimmte Richtung weisen, einem den Weg zeigen, den man zu gehen habe, was nicht immer nur angenehm sei. Man müsse sich immer wieder die Frage stellen, wieviel Wahrheit man vertrage. Aber es sei wie ein sanfter Zwang, so als käme man nicht drumherum, sich diese Wahrheit genauer anzuschauen. Haschisch/Marihuana sei weicher, unbestimmter, nicht so herausfordernd. *Weihrauch* gehe vielleicht eher in Richtung LSD, aber mit stärkerer religiöser oder transzendentaler Betonung. Ein anderer ehemaliger

Drogenfreak bezeichnete *Weihrauch* gar als "Wahrheit der Seele". Im Zusammenhang damit finden sich die Begriffe **Klarheit** und **geschärfter Verstand.** Dazu gefundene Symptome wie: *Große Klarheit; sehe alles klarer; kann mich klar und verständlich ausdrücken, so daß ich verstanden werde.* Ein Proband berichtete unter der *Olib. C 40/5-* Einnahme: *Sehe die Dinge wie sie sind.* Es tauchten weitere Symptome auf wie: *Führe hochspirituelles Gespräch mit großer Klarheit; plötzlich verstehe ich Zusammenhänge, was mir früher nicht gelang.*

Das **Begreifen** und **Verstehen** von komplizierten Dingen scheint leichter zu fallen. Eine Probandin, die ebenfalls *Olib. C 40/5* eingenommen hatte, berichtete bei der Nachbesprechung, daß sie am 17. Tag plötzlich selbst die *kompliziertesten sexuellen Beziehungen verstehen konnte.* Ein weiterer Proband, der aus Zeitgründen nicht in die Auswertung aufgenommen wurde, glaubte unter der *Olib. C 220/5*-Einnahme nach etwa zwei Wochen: "genau zu wissen, welche Probleme mir fremde Menschen miteinander haben; verstehe auch ohne Worte oder Erklärungen die Zusammenhänge; spüre genau, welche Menschen es gut oder böse miteinander meinen, selbst wenn sie mit Worten genau das Gegenteil ausdrücken." Da ihn diese "Hellsichtigkeit" irritierte, fragte er später bei Freunden dieser Leute nach und bekam für alles eine Bestätigung.

Unter der *Olib. C 6*-Einnahme beschrieb eine Probandin folgendes: *Verstehe meine drogenabhängigen Kinder besser, als würden wir wieder die gleiche Sprache sprechen.* Sie hatte den Kontakt zu ihnen ganz abgebrochen; jetzt unter *Weihrauch* nahm sie ihn wieder auf. Sie beschrieb in der Nachbefragung: "Hatte das deutliche Gefühl, ganz genau zu wissen, warum und wieso meine Kinder drogenabhängig sind; kann der Wahrheit besser ins Gesicht sehen; alles wird mir klarer; diese Klarheit tut mir gar nicht weh." Es war ihr möglich, wieder Liebe zu empfinden, aber auch ganz klar, ihre eigenen Grenzen zu sehen. Heute noch empfindet sie große Dankbarkeit und *Weihrauch* als ihren Retter in letzter Minute. Ein Proband/homöopathischer Arzt, schilderte seinen Zustand so: *Kann morgens sehr klar denken, weiß sehr schnell, welche Arzneien die Patienten brauchen.*

Gemüt - Klarer Verstand: adam.

Gemüt - Begreifen, Auffassungsvermögen - leicht: (39) aesc. ambr. anac. ang. anh. aur. bar-c. bell. borx. brom. buth-a. calc-f. camph. cann-i. cann-s. caust. **Coff.** hyos. ign. **Lach.** lyc. lyss. meph. **Op.** ox-ac. **Phos.** pic-ac. *Pip-m. Plat.* puls. rhus-t. sabad. sel. sulph. tab. thiop. valer. *Verat. Viol-o.*

Gemüt - Verstand geschärft, vermehrt: coff-t.

<u>Gemüt - Begreifen, Auffassungsvermögen - leicht - Zusammenhängen; von</u>

Gemüt - Dankbarkeit: neon

Gemüt - Distanziert: adam. *Androc.* brass-n-o. choc. germ-met. **Granit-m.**

haliae-lc. hydrog. *Luna* neon syph.

Selbst bis in die Träume hinein setzt sich diese Tendenz zur Klarheit fort. Ein Proband hatte in der Nacht nach der *Olib. C 1-Verreibung* folgenden Traum: *Führe Gespräch mit einem Schuldner und habe dabei die klare Einsicht, daß dieser seine Schulden nie mehr bezahlen wird.* (Weitere Träume mit Klarheit bis hin zur Hellsichtigkeit finden Sie im Kapitel "Träume".)

Bei einem Probanden fand sich am vierten Tage nach der *Olib. XM*-Einnahme folgendes Symptom: *Abends voll gut orientiert in fremder Stadt.* Er war nach einem anstrengenden Seminar abends noch in einer ihm total fremden Stadt unterwegs gewesen und hatte sich dort sofort ausgekannt. Sie finden dieses Symptom nun als "geheiltes Symptom" [gS] unter:

Gemüt - Erkennt - nicht; erkennt - Straßen nicht; erkennt bekannte: arg-n. cann-i. **Glon.** lach. **Nux-m. Petr.** plat.

Bei den körperlichen Symptomen drückt sich die Klarheit im Sehen aus: *Besseres Sehen, wie neue Augen; sehe die Dinge sehr intensiv; klares Sehen.* Ebenso wie die Dinge klar zu sehen, gibt es die Fähigkeit, Dinge klar auszusprechen in einer Art und Weise, daß der Andere sogar begeistert ist; Dinge so zu sagen, wie sie sind: *Weihrauch verleiht die Fähigkeit, andere zu begeistern - von innen heraus.* Eine Probandin schilderte: *Habe das Gefühl von Schmetterlingen auf der Zunge, was meine Sprachfähigkeit angeht.* Bei genauer Nachfrage sagte sie: "es war ein richtiges leichtes Gefühl: *Fühle mich wie befreit; kann endlich alles offen sagen, was mich bedrückt.* Ich konnte selbst Dinge sagen, die für den Gegenüber nicht so angenehm waren, ohne daß sich der andere verletzt fühlte". Im Repertorium finden wir den Begriff "Schmetterlinge" allerdings bisher nur unter Wahnideen:

Gemüt - Wahnideen - Schmetterlingen, von: bell. cann-i.

Neu aufgenommen finden Sie nun:

Gemüt - Schmetterlinge - Zunge; Gefühl von Schmetterlingen auf der

Sehen - Klar, deutlich

Gemüt - Sprache - lebhaft: cann-i. **Hyos.** *Sulph.*

Neben den oben beschriebenen, überwiegend positiven Aspekten des *Weihrauchs*, gab es aber auch negative Phänomene wie **Verwirrung.** Diese zeigte sich im Sprachbereich durch einen Übergang von einer offenen und klaren, zu einer verworrenen, unsinnigen und gehaltlosen Sprache. Es fand sich das Symptom: *Mitten im Gespräch plötzlich das Gefühl, eine andere Sprache zu sprechen.*

Der geistige Verwirrtheitszustand ging bei einigen über mehrere Tage, ja sogar bis zu zwei Wochen: *Fühle mich total verwirrt und durcheinander; kriege nichts auf die Reihe; unkonzentriert und durcheinander; dumm im Kopf; völlige Verwir-*

rung des Geistes abends; Verwirrung, kann meiner Arbeit kaum nachgehen; geistige Arbeit verwirrt; total neben mir morgens; bis hin zu dem Symptom: *Völlig verwirrt und verloren.* Eine Probandin beschrieb am zweiten Tag der *Olib. C 30*-Einnahme: *Wahnidee mit ängstlicher Unruhe: das Zimmer war dämmrig wie bisher, aber die Möbel standen verkehrt, ich fand den Lichtschalter nicht. Ging zur Tür, um Licht zu machen.* Die Zustände von Verwirrung waren teilweise so schlimm, daß sie nur durch klares und bewußtes Sich-Auseinandersetzen mit der jeweiligen Situation zu beheben waren. Dabei half körperlicher Ausgleich mit Laufen über einen längeren Zeitraum, Jogging, Gymnastik und Tanzen bis hin zum Extrem-Sport. "Am besten wäre wohl Holzhacken im Wald", meinte eine Probandin. Es half nur wirklich harte körperliche Arbeit und Aktivität, um die Unruhe und Ungeduld, die meistens nach der Verwirrtheitsphase auftrat, besser in den Griff zu bekommen. Auch Putzen oder Aufräumen waren hilfreich: *Brauche Arbeit, die mich der Erde näher bringt.*

Zu erwähnen ist auch die **Vergeßlichkeit**, die zwar nur von drei Probanden geäußert, aber inzwischen durch Patientenbehandlungen bestätigt wurde. So meinte eine Patientin: "wenn ich so durcheinander bin, dann vergesse ich einfach alles." Ein Proband schreibt am vierten Tag nach der *Olib. XM*-Einnahme: *Steige aus der Badewanne, ohne mich vorher kalt abzuduschen, passiert mir sonst nie.* Er bestätigt, daß er an diesem Morgen "so durch den Wind war", daß er es total vergessen hatte.

Gemüt - Verwirrung - geistige (343, davon dreiwertig): **Bell. Bry. Calc. Cann-i. Carb-v. Cocc. Glon. Hydrog. Lach. Merc. Nat-m. Nux-m. Nux-v. Onos. Op. Petr. Rhus-t. Sep. Sil. Stry. Zinc-p.**

Gemüt - Verwirrung, geistige - Verlorenheit; Gefühl der: cot.

Gemüt - Sprache - Wortschwall, gehaltloser: crot-h. *Lach.* nux-v. staph.

Gemüt - Sprache - verworren (27, davon zweiwertig): *Cann-s. Caust. Cham. Crot-c. Gels. Hyos. Lach. Nat-m. Nux-v. Op.*

Theoretisieren - Philosophieren - Geschwätzigkeit - Religiöse Gedanken - Prophezeihungen - Hellsichtigkeit

Lügen oder Schwindeln wurde als Gegenpol zur Wahrheit bisher von keinem Probanden angegeben. Dafür gibt es eine ungeheure Menge an **Theoretisieren, Philosophieren,** was manchmal nur schwer von Schwadronieren oder Labern zu unterscheiden ist. Dies finden wir ja auch unter Drogen, speziell bei Haschisch und Marihuana. Die Äußerungen sind oft so geschickt verkleidet, daß man beim Durcharbeiten erst einmal etwas rat- und fassungslos danebensteht. Man kapiert es nicht sofort und fragt sich: ist dies etwas Durchdachtes, etwas aus dem hohlen Bauch heraus, pure **Geschwätzigkeit** oder wirkliche philosophische Fähigkeit und Einsicht, vielleicht gar **Hellsichtigkeit**? Zum Beispiel bei folgenden Äußerungen: *Die Hunde bellen, die Karawane zieht weiter; alle großen Religionen sind in der Wüste entstanden; der wahre Schleier ist das Schweigen; es geht um das Problem zwischen Individualität und Kommunikation; es geht um das Verstehen, Akzeptieren, Respektieren des Anderen; große Diskussionen über Rechts- und Linkshändigkeit, rechte und linke Gehirnhälfte; Erinnerung an LSD-Erlebnis: Leben besteht aus Essen, Trinken, Pinkeln etc., sowie Drogen und Schlafen, auch im Sinne von Sex.* Oft sind die Äußerungen auch in lauter Fragen gekleidet: *Warum tue ich das? Ist Materie mit Materie verbunden?* Auffallend war: solange man selber "unter *Weihrauch* stand", hatte man keinerlei Probleme mit Theoretisieren oder Philosophieren, ja noch nicht einmal mit Schwadronieren oder sogar Labern. Auch nicht mit den vielen religiösen Äußerungen, die oft eine fast prophetische, visionäre Betrachtungsweise zeigten. Man konnte das Geschriebene, Gesagte einfach so akzeptieren und verstehen wie es war, ohne große Bewertung. Ein Proband schrieb sofort bei einer der ersten *Olib.*-Verreibungen als Frage auf: *Bin ich mir eigentlich der Auswirkung der Droge im Klaren?* Keiner hatte bis zu diesem Zeitpunkt das Wort "Droge" mit *Weihrauch* in Verbindung gebracht. Bei einer Besprechung mit *Weihrauch*-Erfahrenen wurde geäußert: "*Weihrauch* bringt wahrscheinlich nur das heraus, was in den Menschen ist und was geheilt werden soll."

Wir haben eine neue Rubrik **Philosophieren** aufgenommen. Es ist mehr eine Fortsetzung des Theoretisierens, so etwas wie einfach vor sich Hindenken, ohne gleich den Anspruch zu erheben, die Fähigkeit zur höheren, oder richtigen Philosophie zu besitzen. Allerdings ist dieses Symptom bei *Olibanum* so ausgeprägt, daß wir es in die neue Rubrik als zweiwertig aufgenommen haben. Es geht um Symptome wie: *Gefühl, dem Punkt des Lebens oder des zentralen Problems der Menschheit, oder besser von uns als Gruppe sehr nahe gekommen zu sein; sich selbst lieben, um andere lieben zu können; Gedanke: "Eure Machtgier verhindert meine Wirkung."*

Gemüt - Philosophieren

Gemüt - Theoretisieren: androc. ang. apis. arg-n. ars. *Aur.* **Cann-i.** chin. cocc. *Coff.* hydrog. *Lach.* lyc. nat-c. nitro-o. op. puls. sel. *Sep.* sil. **Sulph.** *Verat.*

Gemüt - Redseligkeit; Geschwätzigkeit: (146, davon drei- bzw. vierwertig): **Dulc. Hyos. LACH. Stram.** (zweiwertig u.a.): *Aur. Bell. Camph. Cann-i. Op.*

Sehr auffallend ist der Bezug zu religiösen Themen und Äußerungen in den verschiedenen Gruppen, aber auch bei Einzelpersonen. **Religiöse Gedanken** bis hin zu **Prophezeihungen:** *Hat Jesus Sehnsuchtsaugen? Hat Jesus Drogen genommen? Weihrauch in der Kirche - unbeteiligt alles mitmachen? Das, was Euch blok-*

kiert, ist der irdische Wille; eure Machtgier [der Menschen] *verhindert meine [Weihrauch] Wirkung; Ihr könnt vertrauen, denn Gott beschützt Euch; ich bin der große Reiniger für den Anfang und das Ende Eures Lebens, und dazwischen für Eure Sünden und Süchte; höre Gespräche über Drogenmißbrauch und Suchtkrankheiten und bin überzeugt, daß Weihrauch eine Arznei dafür ist; Gedanke: Medikament für Magersucht und Bulimie.*

Die vielen religiösen, aber auch prophetischen Äußerungen, die schon zu Beginn der *Weihrauch*-HAMSE 1997 in den verschiedenen Gruppen immer wieder auftauchten, haben sich oft auf wundersame Art und Weise bestätigt. Probanden und Patienten berichteten, daß Dinge, die sie in ihren Gedanken, Phantasien oder Träumen erlebt oder erfahren hatten, danach wirklich geschehen sind. Obwohl auch wir mit dem Begriff der **Hellsichtigkeit** zurückhaltend sein wollen, so sollte er dennoch in das *Olibanum*-Bild mit aufgenommen werden.

Wir haben immer wieder einen starken Bezug zur Religion gefunden. Patienten und Probanden berichteten bei nachfolgenden Gesprächen, daß sie angefangen haben, in der Bibel zu lesen oder Gottesdienste aufzusuchen. Einige begannen, sich ganz intensiv mit anderen Religionen auseinanderzusetzen. Emotional waren sie dabei immer sehr ergriffen, fingen in der Kirche bei einem Psalm an zu weinen, was sie sonst nie taten, aber auch aus Herzenslust mitzusingen. Alles berührte sie sehr stark, alles ging ihnen sehr nahe.

Gemüt - Religiös - Spekulationen, Betrachtungen; verweilt bei religiösen: **Sulph.**

Gemüt - Prophezeit: *Acon.* agar. anh. camph. con. **Lach.** med. nux-m. sol-ni. stram.

Gemüt - Weinen - Musik; durch: acon. *Ambr.* carc. croc. dig. **Graph.** ign. kali-n. *Kreos. Nat-c.* nat-m. nat-s. *Nux-v.* sabin.*Thuj.*

Gedanken - Bilder - Phantasien - Visionen - Wahnideen

Wir haben unter *Olibanum/Weihrauch* bei allen Gruppen einen unglaublichen Gedankenandrang gefunden. Dadurch entstanden folgende neue Rubriken: Gedanken - Beerdigung; Gedanken - Blockaden lösen; Gedanken - Drogen und Süchte, an; Gedanken - Elend, an; Gedanken - Geburt, an die; und noch viele mehr. Eine Probandin berichtete nach der *Olib. C 6*-Einnahme: *Gefühl, als würde Hals zugezogen, wie beim Geborenwerden; Gespräche, Gedanken über Geburtsanamnesen und andere Geburtsphänomene.* Eine andere Teilnehmerin berichtete, unter der *Olib. C 6*-Einnahme habe sie plötzlich mitten in einem Gespräch mit einem Bekannten, den sie von etwas überzeugen wollte, das Gefühl gehabt, sie könne nicht mehr weitersprechen, als würde sie eine andere Sprache sprechen, dabei hatte sie den Gedanken, der sie wochenlang begleitete: *Gedanke: "Turmbau zu Babel", man wollte zu hoch hinaus.* Sie finden dies nun unter der Rubrik "Gedanken - Religiös". Im vorhergehenden Kapitel haben wir ja schon die vielen religiösen Gedanken, Betrachtungen, Bilder und Spekulationen behandelt. Weiterhin fanden sich Symptome wie: *Denke viel nach über Grenzen einhalten und beachten, respektieren dieser Dinge; Bild: unvorstellbarer Schmutz, Slums, Kloake;* aber auch an schöne Dinge wie: *klare Gebirgslandschaft; reißender, erfrischender, klarer Fluß.* Gedanken/Phantasien an Liebespaare aus der Literatur wie: *Philemon und Baucis; Dornröschen.*

Es ist oft ein Gedankenandrang, der sehr hartnäckig ist, obwohl die Probanden dies nie so deutlich niedergeschrieben haben. Erst beim Befragen und durch die Patienten wurde dies bestätigt. Es sind tiefschürfende, hinterfragende Gedanken und Überlegungen wie: *Der Schleier ist nur das nach außen getragene "Haus für die Frau"; suche Gespräche über den Sinn des Lebens; es geht um das Verstehen und Akzeptieren, Respektieren der Dinge und des Anderen; es geht um die Form des erlösenden Miteinander.* Das letztgenannte Symptom wurde auch von Patienten geäußert. Es bestand immer ein großes Bedürfnis, sich mit anderen Menschen zu verstehen oder auszusöhnen, auch über Gesellschafts- und Rassenschranken hinweg. Wir halten es für ein *Olibanum*-Leitsymptom.

Gemüt - Gedanken - Miteinander; über erlösendes

Gemüt - Gedanken - Geburt; an die

Gemüt - Gedanken - Liebespaar aus der Literatur

Gemüt - Gedanken - religiös

Gemüt - Gedanken - tiefschürfend: androc. bamb-a. bell. calc-ar. cocc. cycl. grat. kres. mur-ac.

In "Synthesis" verfügen wir bisher über eine Rubrik "Gedanken" und es sollte unserer Meinung nach um die Rubrik "**Bilder**" oder sogar noch besser "**Gedanken/Bilder**" erweitert werden. Dies erscheint uns deswegen so notwendig, weil all die bildhaften Eindrücke, Imaginationen und Gedanken, die sich besonders während der Verreibungen einstellen, unter vernünftigen Rubriken im Repertorium aufgenommen werden müssen. Es wird in der Zukunft wohl immer mehr HAMSE geben, die auch mit Verreibungen kombiniert werden.

Auch nach Einnahme von Hochpotenzen fanden sich immer wieder derartige Geistes-Symptome, die nicht weiterhin nur unter den Begriffen "Phantasien", oder "Visionen" und vor allem nicht unter "Wahnideen" subsummiert werden sollten. Es erscheint uns wichtig, den Begriff "Wahnidee" einmal näher zu betrachten. Im "Wörterbuch der Psychiatrie und medizinischen Psychologie" [74] finden wir unter Wahnidee folgende Definition: "Kleinste geistige Einheit des

Wahns. Die einzelne, im Inhalt verfälschte Vorstellung z. B. daß ein vor dem Kranken stehender Teller Suppe vergiftet sei. Es handelt sich um eine Idee mit dem Charakter des Wahnhaften. Die Wahnidee entsteht, wie jeder Wahn durch ein pathologisch verfälschtes Urteil. K. Schneider äußerte die Ansicht, die Bezeichnung Wahnidee entstamme einer längst vergangenen Psychologie."

Zuviele Symptome sind inzwischen unter "Wahnideen" enthalten, die eigentlich überhaupt nichts mit Wahn oder sonst etwas Pathologischem zu tun haben. Sie sind dort nur gelandet, weil es bisher keine anderen Rubriken gibt. Es sollte irgendwann einmal der Versuch unternommen werden, dieser Fehlentwicklung entgegenzusteuern. In diesem Sinne sollte unser Vorschlag verstanden werden.

Eine Probandin, die bei der Verreibung bereits sehr viele Gedanken verbunden mit einer Art von inneren **Bildern** hatte, nahm etwa eine Woche später zwei Globuli *Olib. C 40/5* ein. Bei einer Nachbesprechung berichtete sie von intensiven Phantasien bis hin zu Visionen. Sie hatte auf ihrem Protokoll nur einen Teil davon angegeben, weil sie nicht wußte, wie das verstanden wird. Außerdem war sie sich selbst noch nicht sicher, was da eigentlich mit ihr passiert war. Zu persönlich, intim und nahe sei ihr das alles gewesen. Nun berichtete sie, daß damals, ein Vierteljahr vor der Verreibung, eine vierjährige Psychoanalyse beendet worden war, ohne daß sie allerdings das überzeugende Gefühl gehabt hatte, bei ihrer wirklichen Problematik angekommen gewesen zu sein. Bereits nach der *Weihrauch*-Verreibung hatte sie den Eindruck, es sei etwas ganz Wichtiges mit ihr geschehen, als wäre sie dem zentralen Punkt näher gerückt. Nach der *Olib. C 40*-Einnahme entwickelte sie Träume von großer Intensität, bis hin zur Hellsichtigkeit, aber auch innere Bilder und Gedanken von einer enormen Aussagekraft. Sie fühlte sich einerseits glücklich, aber auch etwas verunsichert und manchmal verwirrt über diese vielen Bilder, Phantasien, Visionen, die ihr einen Weg zu zeigen schienen. Sie kehrte zu ihrer Analytikerin zurück, um zu besprechen, was da mit ihr passierte. Diese war überrascht von den fast archaischen Träumen, von den vielen Bildern und von dem plötzlichen Verstehen der Zusammenhänge. Sie berichtete bei der Nachbesprechung: "Es war als hätte sich eine Blockade gelöst; als hätte sich ein Nebelvorhang gelüftet." Jetzt schien der Weg frei zu sein, endlich erfolgreich zu arbeiten. Der Kommentar der Analytikerin war: "Man könnte fast neidisch werden, was da unter *Weihrauch* passiert ist [...] das ist eigentlich die Aufgabe der Analyse. Freud hat übrigens am Ende seiner Laufbahn seine Schüler angehalten, mit inneren Bildern zu arbeiten." Innere Bilder gelten also in der Psychoanalyse durchaus als Zugang zum Unbewußten, als symbolhafte Darstellungsmöglichkeit für innere Konflikte und von Wahrnehmungen der eigenen Person und der anderen. An diesem Beispiel kommt klar zum Ausdruck, wie wichtig und erfolgreich eine Zusammenarbeit zwischen Homöopathen und Psychotherapeuten oder Analytikern sein kann. Eine erfahrene Homöopathin hatte unter der *C 3*-Verreibung folgendens niedergeschrieben: *Seelische Blockaden, Gedanke: "das was Euch blockiert, ist der irdische Wille".*

Gemüt - Gedanken - Blockaden lösen

Träume - Hellsichtig: **Acon.** adam. asaf. bov. *Cann-i.* carc. cortico. m-arct. mang. ph-ac. phos. rad-br. rad-met. *Sulph.*

Phantasien sind bildhafte Vorstellungen von Szenen, in denen eine Person einen bewußten oder unbewußten Wunsch in Gedanken realisiert. Mehrere Probanden in unterschiedlichen Gruppen hatten Phantasien wie: *Dornröschen-Schlaf von hundert Jahren, danach kommt der Prinz und rettet sie; Philemon und Baucis.* Weitere Symptome der Probanden: *Fühle mich wie ein Kind an Weihnachten; jetzt liegt er wie ein glänzender Stern vor mir und bildet den Boden in strahlendem Licht.* An dieser Stelle möchten wir besonders auf die Phantasie einer Teilnehmerin aus der Blindverreibung hinweisen, die uns zum Titelbild inspirierte: *Ich sehe vor mir auf einmal ein Wüstenbild, Sanddünen* [...] (siehe Umschlagsseite).

Eine Probandin, die ausgeprägt schöne Phantasien hatte, berichtete bei einer Nachbesprechung, sie sei eine Zeitlang in der Lage gewesen, diese Phantasien durch Darandenken wieder in die Erinnerung zu holen, ähnlich wie beim Denken an eine reale vergangene schöne Reise. Dies tat sie dann, wenn es ihr nicht gut ging. Sie spürte dabei jedoch eine sanfte Gefahr, durch häufige Verwendung dieser Technik in eine Art von Sucht zu fallen. Also versuchte sie, sich bewußt zurück-zunehmen, ähnlich wie beim Autogenen Training, um wieder in die Realität zu finden.

Auffallend bei den angenehmen Phantasien war die starke Beziehung zu Cannabis und anderen Drogenpflanzen:

Gemüt - Phantasien - angenehm: **Cann-i.** coca cod. cycl. lach. **OP.** stram.

Gemüt - Phantasien - lebhaft (32 u. a.): bell. *Cann-i.* cann-s. coff. **Lach.** *Lyc.* hyos. morph. op. **Stram.**

Es gab auch unangenehme Phantasien wie: *abgeschlossene Türen und keine Schlüssel.*

Gemüt - Phantasien - unangenehm: op. rumx.

Von den inneren Bildern oder Phantasien bis hin zu wirklichen **Visionen** ist sicherlich noch ein Schritt, aber manchmal kann man es schwer unterscheiden. Trotzdem sind unserer Meinung nach Visionen mit Wahnideen nicht gleichzusetzen. Grundsätzlich sollte man nur noch von Wahnideen sprechen, wenn Bilder, Phantasien oder auch Visionen nicht mehr in die Realität eingeordnet, das heißt überprüft werden können, beziehungsweise wenn sie nicht revidierbar sind und sich so zum Wahn entwickeln.

"Visionen", so steht es weiter im "Wörterbuch der Psychiatrie und medizinischen Psychologie" [74]: "sind optische Halluzinationen meist in Zusammenhang mit religiös-ekstatischen Erlebnissen. Es werden leuchtende Gestalten, Gott, Christus, Engel, Verstorbene, Blumen oder schreckhafte Fratzen, Teufel, wilde Tiere oder dergleichen gesehen. Die Erscheinungen werden bald als übersinnliche Wahrnehmungen, dann wieder als täuschende Vorspiegelungen aufgefaßt. Vorkommen vor allem im Fieberdelir und anderen Delirformen."

Wir finden Visionen, Bilder auch im Repertorium, allerdings unter der Hauptrubrik Wahnideen, mit Symptomen wie: *Gefühl von großer Erhabenheit; Jesus am Kreuz in der Kirche; in erlöster Verbindung mit Gott sein; Ich spüre die Gegenwart eines seit Jahren verstorbenen, vertrauten Freundes. Er steht hinter mir und schaut mir über die Schulter zu, beim Verreiben, sehr neugierig und interessiert; Gefühl, bin eine Nonne; Gefühl, bin eine Königin (keine Nonne mehr)*, schrieb eine Probandin nach der *Olib. C 40/5*-Einnahme. Sie hatte das Gefühl, ja fast so etwas wie ein inneres Bild, eine höhere Wertigkeit als im wirklichen Leben zu haben, etwas in sich Wichtiges zu sein. Sie wisse zwar, daß sie das nicht wirklich sei, aber es gebe ihr eine ungeheure Selbstbestätigung.

Gemüt - Wahnideen - Königin; sie sei eine: cann-i.

<u>Gemüt - Wahnideen - Nonne zu sein; eine</u>

<u>Gemüt - Wahnideen - geboren, fühlt sich wie von Neuem in die Welt hinein</u>

Gemüt - Wahnideen - Gott - Verbindung mit Gott; er stehe in: psil. stram. verat.

Gemüt - Wahnideen - geteilt - zwei Teile; in: *Anac. Bapt.* bell. cann-i. lil-t. neon petr. puls. sil. stram. thuj.

Folgende Symptome stammen von der "Gössenheimer" Verreibungsgruppe, die erst im November 1999 zusammenfand. Die Symptome wurden nicht mehr aufgenommen, obwohl sie sehr eindrucksvoll sind: *Sehe Christus am Kreuz; Vision: Engel schwebten vom Himmel in Fallschirmspringerformation, sie schwärmten dann in die Häuser aus, an denen "Zimmer frei" stand; dann sah ich einen Steuerraum, in dem die Energie für die Erde hergestellt wird; dann kam als Botschaft des Weihrauchs: Ihr könnt aus dem Leid erlöst werden, durch einen göttlichen Gnadenakt - dafür müssen wir allerdings in unserem Haus ein Zimmer frei machen.*

Engel-Bilder/Gedanken wurden auch während einer anderen Verreibung erwähnt, sowie unter der *Olib. C 6*-Einnahme: *sehe lauter Engel.* Ebenso berichteten Patienten von Engel-Phantasien und Träumen, in denen Engel vorkamen. Des weiteren gab es Symptome wie: *Musik: "Gloria, Gloria, Gloria in excelsis"; die Phantasie in einer Kirche zu fliegen; Wahnidee: zu schweben."*

Wir finden im Repertorium unter **Wahnideen**:

Gemüt - Wahnideen - Engel, sieht: aether. cann-i. stram.

Gemüt - Wahnideen - Visionen, hat - Erhabenheit, von großartiger: cann-i. carbn-s. coff.

Gemüt - Wahnideen - Visionen, hat - phantastisch: arn. ars. *Chlol.* hyos. lach. nit-a. op. psil.

Gemüt - Wahnideen - Musik - hört Musik - lieblichste und erhabenste Melodie; die: cann-i. *Lach.*

Gemüt - Wahnideen - Fliegen - Kirche; in der

Ein Proband berichtete, daß die Visionen so schön und angenehm waren, daß er sich wünschte, sie würden nicht vorübergehen, er sehnte sich nach diesem Zustand zurück.

Seltener gab es unangenehme Visionen: *Sieht Auge von Wolf, behaarter Kopf; hatte das Bild von riesengroßen Hunden.* Eine Probandin berichtete am Tag nach der *Olib. C 3*-Verreibung, nachdem sie in einer Art Übermut einen Teil des C 3-Pulvers gegessen hatte, daß sie beim Duschen glaubte: *Der Brauseschlauch sei eine Schlange.*

Gemüt - Wahnideen - Schlangen - Schlauch der Brause für eine Schlange; hält

Gemüt - Wahnideen - Visionen, hat - Ungeheuern, von: *Bell.* camph. *Cann-i.* cic. lac-c. op. samb. *Stram.* tarent.

"Phantasieliebe" - Seelenbegegnung - Liebe - Geburt - Tod

Wie schon im vorhergehenden Kapitel beschrieben, gibt es viele Phantasien, Gedanken/Bilder, die mit Liebespaaren aus der Literatur zu tun haben.

Die Phantasien finden ihre Fortsetzung in der **Phantasieliebe**: *Verliebt in eine Phantasieliebe; verliebe mich in eine Phantasieliebe.* Gleich zwei Probandinnen haben unabhängig voneinander diesen Begriff gewählt. Gerne hätten wir dies unverändert so ins "Synthesis" aufgenommen, aber die Schwierigkeit besteht darin, daß dieses Symptom nicht immer so geäußert wird. Vielleicht trifft der schließlich gewählte Begriff **eingebildete Liebe** noch am umfassendsten die Situation. Eine andere Probandin beschrieb erst sehr viel später bei einer Besprechung ihre Verliebheit auch als eine Art Phantasieliebe. Wir halten dieses Symptom für ein ganz wichtiges *Olibanum*-Symptom.

Gemüt - Liebe - eingebildete Liebe zu einer Person

Gemüt - Liebe - falsche Person, zur (= außerhalb des gesellschaftlichen Rahmens): nat-m.

Eine Patientin nennt dieses Liebesgefühl: *eine nicht lebbare Liebe*, da sie, wie sie meint, nur in ihrer Phantasie bestehen kann. Eine 65jährige Patientin spricht von einer Verliebtheit zu einer konkreten Person. Sie spürt allerdings ganz genau, daß sie sehr viel hineinphantasiert, weil sie es sich so wünscht. Sie lebt diese Beziehung, ist sich aber von Anfang an nicht sicher, ob es ihr gelingt, ihre Phantasie und die Realität miteinander zu verbinden. Zulange hatte sie auf jede Art der Liebe verzichtet, hatte in ihren vorherigen Beziehungen viel Leid erfahren. Diese unerwartete Liebe war für sie wie ein Geschenk. Sie sagte: "Fühle mich wie neugeboren, auch meine Sexualität ist wieder erwacht."

Vielleicht könnte man sagen, eine Phantasieliebe ist etwas, das man sich bewußt oder unbewußt schon lange wünscht, eine Sehnsucht, eine Traumvorstellung von der Liebe, zu einem Menschen, einem Ort, einem Land oder auch der Natur, die der Realität nur selten zu entsprechen vermag. Eine Phantasieliebe hat viel mit dem Wunsch, der Sehnsucht nach etwas Göttlichem zu tun. Jemand liebt in diese Phantasieliebe etwas hinein, das den Menschen so erscheinen läßt, wie Gott ihn sich gedacht haben könnte.

Eine Probandin berichtete (allerdings ist sie erst nach langem Überlegen überhaupt bereit, über diese Gefühle zu sprechen) von einer Phantasieliebesgeschichte zu einem jungen Mann, der vom Alter her ihr Sohn hätte sein können: "So etwas ist mir noch nie passiert und etwas Ähnliches schon lange nicht mehr. Plötzlich war es wieder da, dieses Gefühl von Beschenktsein, verbunden mit einem großen Glücksgefühl, wie eine Erinnerung an eine Liebe, die wieder neu erwacht; Berührtsein, ganz tief im Herzen, in der Seele. Es ist wie eine Ahnung, zeitweise auch eine Klarheit gewesen, als dürfe ich diese Art von Liebe nie in die Realität holen und als müsse ich sie schützen, sonst gehe sie verloren. Ich hatte das starke Empfinden, als lebe diese Liebe nur in der Phantasie. Im Alltag hatte ich jedoch den Eindruck, wieder lebendiger zu sein. Viele verrückte, aber interessante Dinge geschahen in dieser Zeit. Ich hatte zahlreiche Begegnungen mit Menschen, schöne und meist erotisch gefärbte. Sehr viel Zuneigung wurde mir zuteil. Eine Frau erklärte mir ihre Liebe, was ich im Gegensatz zu früher jetzt ohne Verwirrung annehmen konnte. Fühlte mich nicht bedrängt oder beengt, sondern hatte dabei eine natürliche Distanz. Ich konnte offen und direkt darüber sprechen."

Es bleibt immer schwierig zu beurteilen, was zuerst da ist, die Liebe oder die Phantasie. *Verena Kast* schreibt dazu in ihrem Buch "Paare, Beziehungsphantasien, oder wie Götter sich in Menschen spiegeln" [58]: "[...] die Liebe selbst ist es, die diesen Phantasien sozusagen Flügel verleiht, selbst aber wieder von diesen Beziehungsphantasien genährt wird."

Die Beziehung zu dem jungen Mann bleibt in der Phantasie, ist ihr eine sehr wertvolle Erinnerung. Sie sagt auch heute noch und seufzt etwas dabei, es sei ihr nicht leicht gefallen, diese Gefühle nicht zu leben, aber es sei besser so. Manchmal verspürt sie beim Denken daran eine Art Herzschmerz. Neben all ihren Wünschen und Sehnsüchten und dem Gefühl von großer Zuneigung zu diesem jungen Menschen, empfand sie immer ein starkes Gefühl der Verantwortung und des Respektes. In der Realität gelang es ihr, ihre Liebe zu den ihr nahstehenden Menschen wieder neu zu erleben und zu spüren und hatte immer die Hoffnung, daß alles gut wird.

Verena Kast schreibt weiter in ihrem Buch [58]: "[...] es ist nicht nötig zu wissen, ob die Beziehungsphantasie oder die sich in ihr auszeugende Liebe es bewirkt, daß wir ein neues Lebensgefühl der Daseinsfülle, der Hoffnung, der Schöpfungswonne erleben, verbunden mit dem Gefühl des Beheimatet-Seins, aber auch der Ahnung, alles Alltägliche transzendieren zu können, ja Transzendenz in der Liebe zu erleben."

Eine andere Probandin hatte eine Woche nach der *Olib. C 40/5*-Einnahme eine Begegnung mit einem Mann aus einem völlig anderen Kulturkreis und aus einem intellektuell vollkommen anderen Umfeld. Zuerst hatte sie dies nicht mit der *Olibanum*-Einnahme in Verbindung gebracht. So etwas hätte sie nicht für möglich gehalten. Es war wunderbar, aber gleichzeitig war sie über diese Gefühle auch verwirrt. Später erzählte sie davon und ihr wurde nun klar, daß es mit dem *Weihrauch* zu tun haben mußte. In ihrer Phantasie hat sie sich sehr lange diese Gefühle immer wieder abrufen können. Sie empfand große Zuneigung, auch Begeisterung für diesen Menschen. Für sie ist er immer noch präsent und die Gefühle für ihn sind mit einer gewissen Sehnsucht verbunden. Auch sie hat diese Geschichte nicht gelebt, obwohl es einen starken Wunsch, ja fast ein Verlangen danach gab, aber es sei halt doch nicht lebbar gewesen, weil dieser Mann zusätzlich auch noch aus einer gesellschaftlich völlig anderen Schicht gestammt habe.

Die dritte Probandin, die ebenfalls am 16.Tag nach der *Olib. C 220/5*-Einnahme von einer Phantasieliebe sprach: *Verliebt in eine Phantasieliebe;* erzählte von großen Glücksgefühlen konkret zu einem etwa 15 Jahre jüngeren Mann. Er erinnerte sie an ihren vor vielen Jahren verstorbenen geliebten Bruder. Sie fing an, in ihren Phantasien diese Begegnung zu idealisieren und beschrieb ihre Verfassung so: "Ich fühle mich verliebt, habe auch sehr erotische Gefühle zu diesem Mann. Ich bin jedoch immer bemüht, daß diese Geschichte nicht ins Alltägliche abdriftet und etwas Besonderes bleibt. Manchmal bin ich voller romantischer Gedanken und Sehnsüchte."

Zwei Probandinnen, die den Begriff Phantasieliebe gewählt hatten, erwähnten auch das *Gefühl einer* **Seelenbegegnung** im Zusammenhang mit dieser Phantasieliebe. Danach gefragt, was diese Bezeichnung für sie bedeutete, meinten sie "es ist etwas Energetisches; man begegnet sich und fühlt sich angezogen; dem Gegenüber sehr vertraut, verwandt oder ähnlich; begleitet von einem tiefen Gefühl des Verstehens, des Berührtseins ganz tief im Inneren, Verstehen des Anderen auch ohne Worte. Man glaubt zu wissen, was der andere denkt. Bin in meinem Herzen berührt, fast in meiner Seele. Es ist wie aus einer Erinnerung, manchmal wie aus einer anderen Welt, nicht richtig faßbar und doch da, etwas ganz Schönes, Zärtliches und Besonderes. Es hatte etwas Geheimnisvolles, Anderes und zugleich fast Heiliges". Gleichzeitig hätten sie eine Art Herzschmerz empfunden: *Spüre Herzschmerz; spüre und fühle mein Herz ganz arg.* Alles war mit einer gewissen Traurigkeit und manchmal Unruhe verbunden. Ein Gefühl von Weltschmerz und Wehmut sei es gewesen. Im Duden finden wir interessanterweise bei Wehmut auch Wehklagen, wehleidig und Wehmutter (= früherer Begriff für Hebamme). Aus diesem Grunde haben wir das Symptom "Herzschmerz" unter "Wehmut" als neue Rubrik ins Repertorium aufgenommen.

Gemüt - Wehmut (= Herzschmerz)

Gemüt - Seelenbegegnung; Gefühl einer

Ein Proband hat am 60. Tage nach Einnahme von *Olib. XM* ebenfalls das *Gefühl einer Seelenbegegnung* notiert. Bei der Nachbesprechung berichtete er von einer intensiven und ergreifenden Begegnung mit einem um mindestens 25 Jahre jüngeren Mann: "Hatte urplötzlich das Gefühl, als würde ich diesen jungen Menschen schon sehr lange kennen. Es ist sofort sehr viel Verstehen, aber auch gegenseitiger Respekt zwischen uns vorhanden. Obwohl er aus einem fremden Kulturkreis kommt und eine ganz andere Sprache spricht, scheint es überhaupt keine Kommunikationsprobleme zu geben. Das Ganze ist ein tiefes nonverbales Verstehen, oder vielleicht besser sogar ein Erkennen über alle Alters-, Sprach-, Kultur-, Gesellschafts-, oder Bildungsgrenzen hinweg. Es war für mich gewissermaßen wie eine Resonanz zwischen den induviduellen Schwingungen unserer beider Wesen oder auch Seelen. Diese befanden sich damals in einem Zustand wie vor der babylonischen Sprachverwirrung - also bevor sich die Hybris zwischen den Menschen und Völkern breit machte. Und unsere Seelen, wenn sie denn nun wirklich unsterblich sind, wie man allgemein annimmt, können sich wohl an diesen Urzustand vor dem geistigen Sündenfall erinnern. Solche Gedanken gingen mir durch den Kopf, als ich den jungen Sänger und Lautenspieler betrachtete und ihm zuhörte. Es gab da zwischen uns eine **Seelenbegegnung**. Derartige Zustände und Erlebnisse hatte ich in der Zeit nach der Einnahme der *XM* häufiger bemerkt. Aber nie war es so intensiv, beeindruckend, ja berührend gewesen."

Wir haben mehrere junge Leute mit Drogenerfahrung auf den Begriff der Seelenbegnung angesprochen. Sie hatten keinerlei Probleme zu verstehen, um was es dabei geht. Je nach Einstellung hörten wir: es ist Karma; Begegnung aus einem früheren Leben; vielleicht könnte es aber auch etwas mit Animus und Anima zu tun haben. Es sollte noch angemerkt werden, daß manche Patienten, die ähnliche Gefühle, Begegnungen, Erlebnisse oder Träume hatten, eine intensivere homöopathische Betreuung benötigten, eventuell mit zusätzlichen Gesprächen. Hier ist die Zusammenarbeit mit guten Gesprächs-Therapeuten sinnvoll und hilfreich, denn was der *Weihrauch* zutage gebracht hat, muß meist doch noch tiefer bearbeitet werden. Gedanke einer Probandin: *Weihrauch bringt das hervor, was geheilt werden soll.*

Olibanum sei die **Liebe** in jeder Form, dies äußerten sehr viele ProbandInnen bei den Verreibungen, aber auch bei den Nachbesprechungen: *Das Pülverchen mit so viel Liebe verreiben wie nur möglich; fühle unendliche Liebe; Liebe auf den ersten Blick für ein Land, einen Menschen, ein Gefühl; verliebt in die Liebe.* Mit der Bezeichnung überschwengliche Liebe ist dies nur in etwa ausgedrückt. Es ist ein sehr tiefes Gefühl, das einen dabei erfüllt. So, als bekäme man einen Einblick davon, wie wirkliche, wahrhaftige, reine, unendliche Liebe sein könnte: eine allumfassende Liebe. Gedanken wie: *Lasset die Kindlein zu mir kommen.* Liebe und Zuneigung für jung und alt, schwarz und weiß, Nächstenliebe, großes Zärtlichkeitsbedürfnis. Es sind überwältigende Gefühle, fast so, als gäbe es für die Liebe keine Grenzen, andererseits auch wie ein einziger Brei, manchmal unglaublich schwülstig und einfach zu schwer.

<u>Gemüt - Liebe - spontan (= auf den ersten Blick)</u>

Gemüt - Liebe - überschwenglich: adam. ant.-c.

Gemüt - Liebkost zu werden; Liebkosungen - möchte liebkost werden, verlangt nach Zärtlichkeiten: cann-i. carc. marb-w.

Eine Probandin, die Streitigkeiten mit ihrem geschiedenen Ehemann hatte, der sie mit ihren Kindern wegen einer sehr viel jüngeren Frau verlassen hatte und die wegen dieser Erniedrigung keine Kommunikationsbasis mehr mit ihm fand, konnte nach der Einnahme von *Olib. C 40/5* das Erlittene wieder mit einer gewissen Distanz und Gelassenheit anschauen. Ja, sie empfand sogar wieder eine

Art Liebe in sich, die ihr Kraft gab, nun auch wieder die positiven und schönen Dinge des Lebens zu sehen.

Olibanum hat sehr viel mit dem Geborenwerden, der **Geburt** zu tun. Wir fanden dies in verschiedenen Symptomen: *Gedanken, Bilder von Tod und Geburt.* Eine Patientin berichtete nach der *Olib. C 40/5*-Einnahme: "hatte ein Gefühl wie vor einer wunderschönen sanften Geburt". Sie fühlte sich weit und offen und voll Liebe. Eine andere Patientin hat uns einen Bericht von der Geburt ihres Kindes nach Einnahme von *Olib. C 220/5* geschickt, den Sie vollständig unter "Eine Geburt mit *Olibanum*" nachlesen können. Sie beschrieb sehr eindrucksvoll ihre Gefühle dabei: "Fühle mich entspannt, ruhig, in liebevoller, freudiger Atmosphäre, mein Glücksgefühl und die Liebe, die sofort zu dem kleinen Menschen floß, vermag ich kaum in Worte zu kleiden. Die Hebamme sagt, daß ich heilig aussehe." Es wird hier aber auch die andere Seite gezeigt, die ungeheure Verletzbarkeit nach der Geburt: "Fühle mich noch sehr offen und verletzbar." Die Patientin berichtete uns, daß sie sich eigentlich nach der Geburt noch etwas mehr Zeit gewünscht hätte, für dieses neue Kind und auch für sich selbst. Doch die anderen Kinder waren eben auch noch da und sie spürte ihre Verantwortung. Nicht umsonst haben die Frauen in vielen Kulturen, speziell im arabischen Raum nach jeder Geburt 40 Tage "Schonzeit".

In dieser Zeit nach der Geburt werden sie umsorgt und man versucht ihnen jeden Wunsch zu erfüllen. Es ist eine Erholungsphase, die nötig ist, um anschließend wieder den harten Alltag meistern zu können. Diese Zeit (Schonzeit/ Auszeit) ist sicherlich besonders in Kulturen wichtig, in denen viele Schwangerschaften im Leben einer Frau zur Normalität gehören. Hier wird ganz deutlich, wie nah Glück und Leid, aber auch Leben und Tod beieinander liegen, zumal oft nur die Hälfte der geborenen Kinder überlebt. Daher soll wenigstens in den ersten 40 Tagen, die sicherlich zu den wichtigsten zählen, der Mutter und dem Kind die Zeit für Nähe und Erholung gegeben werden. Zugleich ist es auch für beide eine Gelegenheit der Neuorientierung nach der Geburt, dabei kann Urvertrauen entstehen. Gedanke einer Probandin: *Vertrauen des Kindes, daß es gefühlt und wahrgenommen wird in Liebe von den Eltern.*

Gemüt - Gedanken - Urvertrauen; an

Gemüt - Gedanken - Geburt; an die

Gemüt - Ruhe und Frieden - Sehnsucht nach

Gemüt - Glückseliges Gefühl: androc. coff. neon *Op.*

Gemüt - Freude: acon. caust. *Coff.* croc. neon op.

So wie *Weihrauch* sehr viel mit der Geburt zu tun hat, taucht er auch wieder am Ende des Lebens auf. Gedanken/Bilder, Phantasien von Probanden aus verschiedenen Gruppen: *Bild einer Beerdigung; sehe vor mir Priester am Totenbett; Bilder von* **Tod** *und Geburt.*

Geborgenheit/Aufgehobensein - Schutz - Heilige Stimmung

Geborgenheit und **Aufgehobensein** ist ebenso wie die Sehnsucht und die Liebe ein ganz zentrales Thema von *Olibanum.* Äußerungen aus verschiedenen Verreibungsgruppen: *Fühle mich aufgehoben und voll angenommen; Vertrauen des Kindes, daß es gefühlt und wahrgenommen wird in Liebe von den Eltern; glücklich, geborgen und getragen; Gefühl beschützt zu sein; Gefühl wie unter einer Wölbung; Wölbung, Schutz.* Sehr viele Probanden aus den unterschiedlichsten Gruppen haben unabhängig voneinander diese Symptome geäußert, aber auch Patienten haben es mehrfach beschrieben. Dabei gibt es meist einen religiösen Zusammenhang, alles hat etwas Besonderes, Schönes, Gehobenes, ja Heiliges: *Heilige Stimmung; in erlöster Verbindung mit Gott sein; heilig, abwechselnd mit albern; Ich taufe dich im Namen des Vaters und des Sohnes und des heiligen Geistes.* Einige der ProbandInnen hatten Probleme diese heilige Stimmung einzuordnen oder sie zuzulassen. Einer beschrieb sie so: "Die Heilige Stimmung hat nicht unbedingt nur etwas mit Kirche oder Christentum zu tun, sie ist etwas Darüberstehendes, sie hat auch etwas Sinnliches, sogar Erotisches, aber so genau kann ich dies gar nicht erklären."

Gemüt - Geborgenheit, Aufgehobensein; Gefühl von
Gemüt - Heilige Stimmung

Erotik - Sinnlichkeit - Aphrodisiakum

Die erotische und aphrodisierende Wirkung des *Weihrauchs* ist für uns ohne Zweifel. Die ProbandInnen haben zwar diesbezüglich nicht soviele Symptome angegeben, aber nicht aus Schamhaftigkeit, sondern eher weil sie es als normal empfanden. Allerdings war auffällig, daß Frauen die aphrodisierende Potenz des *Weihrauchs* schneller und deutlicher erkannten und auch häufiger erwähnten, jedoch erst in den Besprechungen, nur vereinzelt bei den Prüfungen selbst.

Besonders durch Patienten ist diese Wirkung mehrfach bestätigt worden. Alles ist dabei mit sehr viel Gefühl, Zärtlichkeit und Romantik verbunden. Erotische Aus-strahlung, Tanz und Musik, Gerüche und Düfte, alle Dinge, die die Sinne anregen. "Man spürt in sich soviel Sinnlichkeit, die einen Weg zum Leben sucht", so äußerte sich eine Probandin nach ihrer Erfahrung mit *Weihrauch:* "Es ist wie eine Verpflichtung, weiter zu suchen." "*Weihrauch* zeigt dir den Weg", meinte eine andere Probandin bei einer Besprechung.

Das Wissen über den *Weihrauch* finden wir, außer bei den großen alten Ärzten und Wissenschaftlern, vor allem bei den Frauen des Orients. Angefangen bei der einfachen arabischen Hausfrau, die gegen die Moskitos Räucherungen vornimmt; der Schülerin/Studentin, die den *Weihrauch* zum Reinigen ihrer Zähne im Suq der Altstadt kauft; der Großmutter, die die Babykleidung ihres Enkels räuchert, damit dieser besser schlafen kann; den traditionellen Hebammen, die häufig noch *Weihrauch* unter der Geburt einsetzen; bis hin zu den Bauchtänzerinnen des Orients, die durch Räucherungen während des Tanzes versuchen, damit die *aphrodisierende* Wirkung ihrer Hüftkreise zu verstärken.

Auch wenn dieser Tanz etwas in Verruf gekommen ist, wegen seiner oft varietéartigen Übertreibungen, ist er doch seinem Ursprung nach ein Geburtstanz und eigentlich sogar ein Heiliger Tanz. "Auch die **Erotik** ist etwas Heiliges", so schreibt die Autorin *Eluan Ghazal* in ihrem Buch "Der Heilige Tanz" [31]. Weiter sagt sie: "In vielen Kulturen Afrikas und Asiens war die Tänzerin gleichzeitig auch Priesterin." Heute erfährt dieser Tanz eine Art Wiedergeburt selbst in deutschen Volkshochschulen. Vielleicht weil frau auf der Suche nach ihrer Weiblichkeit ist. Außerdem findet er selbst in den Geburtsvorbereitungskursen der Hebammen Eingang. Gedanke einer Verreiberin: *Frauen zeigen ihre Kraft*; aber auch eine sehr handfeste Beschreibung: *verführe Ehemann, Verführungsakt wird sehr genossen.*

Spricht man in arabischen Ländern die Männer auf die Verwendung von *Weihrauch* an, bekommt man zur Antwort: "Ja, natürlich wird er noch verwendet, aber da kenne ich mich nicht aus, das ist die Sache der Frauen." Wir spüren hier also die *Kraft der Frauen* und auch die Macht, die *Weihrauch* haben kann. Wenn man aber in diesem Zusammenhang über die Wirkung des *Weihrauchs* nachdenkt, sollte man sich eine alte arabische Weisheit in Erinnerung rufen, die selbst heute noch im modernen Tunesien beachtet wird: "*Weihrauch* vertreibt das Unglück, wenn man siebenmal daran vorbeigeht und sagt: weder böser Blick noch Hexerei."

Gemüt - Sinnlich: haliae-lc. marb-w.

Gemüt - Erotisch (39, davon dreiwertig): **Bell. Caust. Graph. Nux-v. Plat. Verat.** (des weiteren u. a.): agar. cann-i.

Leid - Traurigkeit - Verzweiflung - Weinen - Angst - Furcht - Autismus

Eine Probandin äußerte bei einer Besprechung ihr Erleben von *Weihrauch* so: sie fühle eine melancholische **Traurigkeit** darüber, daß die Welt nicht so sei, wie man sie gerne hätte: voll Liebe, Zärtlichkeit und Verstehen. Man denke sehr viel nach über **Leid**, Elend, Schmutz und Slums; das mache einen traurig, ja fast depressiv. Es wurden Symptome geäußert wie: *Trostlosigkeit; Hoffnungslosigkeit; latente Depressivität; Stimmung traurig; sentimental; unglaubliche Melancholie.* Es tauchten Bilder auf: *Von Slumkindern im Schmutz.*

Traurigkeit kann auch durch Musik ausgelöst werden, allerdings findet sie oft ein Ventil im **Weinen:** *Musik voll Melancholie berührt mich tief, möchte mitjauchzen oder weinen;* aber auch bei Gedichten: *schlage das Buch "Der Prophet" (von Khalil Gibran) unwillkürlich im Kapitel von der Liebe auf und war kurz vorm Weinen.* Das Weinen fiel sehr leicht: *sentimental, kann weinen über den Tod von mir unbekannter Sängerin.* Ein anderer Proband beschrieb seinen Zustand so: *Fühle mich total fit, aber grau und trübsinnig.* Dieser Zwiespalt zwischen tiefer Traurigkeit und gleichzeitiger Tatkraft, ist ein typisches Symptom. Ein Patient drückte es so aus: "Ich muß aktiv etwas tun, dann komme ich aus meiner negativen Stimmung und **Verzweiflung** heraus."

Was die **Angst** betrifft, fanden wir Symptome wie: *Große innere Unruhe und Angst wegen Kälte.* Es gab auch Angst vor Bestrafung: *Gedanke: man wird bestraft, wenn man zuviel will.* Probanden und Patienten beschrieben ihre Angst oder **Furcht** oft so: "Die Angst löst in mir eine große Unruhe aus, treibt mich aus dem Bett, ich kann sie dann nur durch Aktivität besänftigen." Ein Proband, der unter einem starken psychischen Druck mit Schuldgefühlen und Angstzuständen litt, beschrieb seinen Zustand nach der *Olib. C 40*-Einnahme folgendermaßen: "Ich war wie befreit, wie erlöst, hatte das Gefühl *Schatten und Gefahren sind mir von der Seele gefallen*." Vorausgegangen war jedoch *große Unruhe* und *Juckreiz zum Verrücktwerden.* Er berichtete weiter, daß er mitten in der Nacht aufgestanden und durch die ganze Stadt gelaufen sei. Er mußte sich heftig bewegen, um den Juckreiz zu beherrschen.

Eine Probandin hatte unter der *Olib. C 6*-Einnahme, die sie über einen längeren Zeitraum fortgesetzt hatte, sehr intensive erotische und sexuelle Bedürfnisse mit ausgeprägten Phantasien. Dazu *Verlangen nach Zigaretten und Alkohol.* Nach diesen "Ausschweifungen" fühlte sie sich jedoch nicht besonders wohl; auch im körperlichen Bereich: *Mir geht's schlecht, denke, das ist die Strafe für deine Lustbedürfnisse;* es steigerte sich bis zur Phantasie: *Denke: es ist am besten, du gehst ins Kloster.* Dieser Zustand erinnerte sie stark an ihre Kindheit, mit ähnlichen sexuellen Gefühlen, wobei sie immer so etwas wie Schuld verspürt hatte, auch mit leichter Angst, jemand könnte dies entdecken. Sie hatte auch damals schon so starke Gewissensbisse, wollte sich am liebsten verstecken oder im Bett bleiben, sich einhüllen und zurückziehen.

Es gab zwei Probanden mit ähnlich interessanten Äußerungen, die in Richtung **Autismus** deuteten: *Bin wie in mir selbst gefangen; komme mir vor wie ein Kind, das in sich selbst gebannt in seiner Welt lebt.* Sie erklärten, daß sie sich wie in einer anderen Welt fühlten und dort wie abgeschlossen von ihrer Umgebung waren. Sie fühlten sich aber nicht ausgestoßen, denn irgendwie waren sie in dieser Welt auch zufrieden. Diese Symptome zeigen unserer Meinung nach autistische Tendenzen und wurden inzwischen durch Patientenbehandlungen bestätigt.

Gemüt - Autismus

Gemüt - Traurigkeit - Tatkraft; trotz

Gemüt - Angst - Seelenheil, um das (35, davon dreiwertig): **Ars. Aur. Lach. Lil-t. Sulph. Verat.**

Gemüt - Furcht - Gefahr, vor drohender: aether camph. caust. choc. *Cic.* cimic. *Cocc.* fl-ac. granit-m. macro. meli.

Haut - Jucken -Verzweiflung, treibt zur: **Psor.**

Allgemeines - Speisen und Getränke - Alkohol - Verlangen (89, davon dreiwertig): **Ars. Lach. Nux-v. Sulph.** (zweiwertig u.a.): *Asar. Aur. Caps. Coca Crot-h. Op.*

Ruhelosigkeit - Ungeduld - Aktivität - Ideenreichtum - Konzentration - Erschöpfung - Müdigkeit

Die im letzten Kapitel beschriebene Angst und Furcht führt häufig zu **Ruhelosigkeit**, Unruhe, **Ungeduld** und Erregung. Dies äußerte sich vermehrt in: *Unruhe und Angst; unordentlich, durcheinander; unruhig, kriege nichts auf die Reihe; innere Unruhe; Ungeduld, hektisch; Ungeduld - will fertig sein.* Aus dieser Ruhelosigkeit kommt man nur durch körperliche Arbeit und Bewegung heraus. Eine Patientin, die unter einer rheumatoiden Polyarthritis leidet, gab nach der *Olib. C 220/5*-Einnahme an: "Ich war sehr unruhig, wie getrieben, abwechselnd euphorisch und total erschöpft; voller Tatendrang und **Aktivität** mit der Hoffnung wieder gesund zu werden. Ich räumte innerhalb von vier Wochen das Haus vom Keller bis zum Dachgeschoß auf und um, ließ bauliche Veränderungen vornehmen, hängte neue Bilder auf, kaufte eine Unmenge von schönen, teilweise aber auch kitschigen Dingen, war voller Ideen und arbeitete bis tief in die Nacht hinein bis zur totalen Erschöpfung." Sie berichtete einer Freundin ganz euphorisch am Telefon von ihren Aktivitäten und schlief urplötzlich vor **Erschöpfung** während dieses Gespräches ein. Symptome wie: *Fühle mich total erschöpft, alles strengt mich unheimlich an; großer Vorwärts- und Aktivitätsdrang; wahnsinniger Tatendrang bis tief in die Nacht, dann totale Erschöpfung.* Ein Proband berichtete zwei Tage nach der *Olib. C 40/5*-Einnahme von einer *tierischen Unruhe mit ständigem Vorwärtstrieb,* gegen den er sich kaum wehren konnte.

Der **Ideenreichtum** war fast unerschöpflich: *Nachts kommen die besten Ideen; viele positive Ideen (23.30 Uhr*). Dabei war die **Konzentration** ausgesprochen gut: *Gutes und konzentriertes Arbeiten über Stunden; Wachheit, sehr aufmerksam.* Eine Testperson berichtete, daß sie über viele Stunden konzentriert am PC arbeiten konnte, was sie normalerweise höchstens für ein bis zwei Stunden schaffte; allerdings hatte sie überhaupt kein Maß mehr. Es war fast so, als sei sie gedopt, denn sie hatte dabei das Gefühl von unerschöpflichen Kräften. Anschließend fiel sie von einer Minute auf die andere in eine totale Erschöpfung, mit dem Bedürfnis sich in die nächste Ecke zu legen: *Alles ist mir zuviel, denke, ich kann die Dinge, die ich mir vorgenommen habe, nicht schaffen; unendlich müde, könnte mich in die Ecke legen (10.30 Uhr).* Der Ideenreichtum wird gespeist durch euphorische Zustände mit 1000 Ideen auf einmal. Dazu kommt eine gute Konzentrationsfähigkeit, hohe geistige Aktivität und Nachdenken über Gott und die Welt. Dieser Zustand kann plötzlich umschlagen in große geistige aber auch körperliche Erschöpfung, extreme Müdigkeit und daraus resultierend in eine Unmöglichkeit, sich überhaupt noch zu konzentrieren. Ein Proband beschrieb es so: "Wenn man dann dieser Erschöpfung nicht nachgibt, die Müdigkeit nicht zuläßt, die Dinge nicht so akzeptiert, wie sie nun mal gerade sind, dann kommt wieder Fahrigkeit und Ungeduld, das heißt der Kreis schließt sich, alles beginnt von vorne. Wenn man sich aber zu sehr der Erschöpfung hingibt, dann ist da etwas, das einen zur körperlichen Aktivität ermahnt; fast wie ein freundlicher innerer Zwang."

Im körperlichen Bereich fand sich bei fast allen Gruppen **Müdigkeit** mit folgenden Symptomen: *Zum Umfallen müde; unendlich müde, könnte mich in die Ecke legen; entsetzlich müde; hundemüde; extreme Müdigkeit.* Nach unserer Erfahrung ist die ausgeprägte Müdigkeit ein Leitsymptom für *Olibanum.* Wir fanden die Müdigkeit zu allen Tages- und Nachtzeiten und fast bei allen Probanden. Wenn die Müdigkeit sich so sehr in den Vordergrund drängt, ist dies vielleicht aber auch ein Versuch der Seele, eine emotionale Überforderung ins Körperliche abzuleiten.

Gemüt - Aktivität; Verlangen nach (97, davon 8 dreiwertig): **Coff. Iod. Lach. Op. Phos. Stann. Valer. Verat.**

<u>Gemüt - Aktivität; Verlangen nach - nachts</u>

Gemüt - Aktivität; Verlangen nach - abwechselnd mit - Schwäche: *Aloe* limest-b.

Gemüt - Anstrengung - körperliche Anstrengung - Verlangen nach: **Bell.** cann-i. coca crot-c. erech. eucal. orig. phos. ziz.

Gemüt - Konzentration - gut, aktiv - abwechselnd mit - Seelenruhe: choc.

Allgemeines - Aktivität - körperlich: ars. coca fl-ac. lycps-v. nat-s. nep. *Op.* phos.

Seelenruhe/Gelassenheit - zufrieden - Frieden

Die **Seelenruhe** und **Gelassenheit** ist ein wichtiges Leitsymptom von *Olibanum: Entspannt, Seelenruhe; ganz ruhig und ausgeglichen;* **Friede**, *Stille ist in mir; tiefe Ruhe, Zufriedenheit; alles geht seinen Lauf.* Alles Symptome, die die Ausgeglichenheit der Seele ausdrücken. Ein Proband, der vor der Verreibung einen anstrengenden Tag mit Patienten und eine lange Autofahrt hinter sich hatte und deswegen sehr angespannt war, bemerkte bereits unter der *Olib. C 1*-Verreibung: *Fühle mich richtig entspannt mit Seelenruhe. Olibanum* ist unserer Erfahrung nach ein sehr friedliches Mittel. So friedlich, daß einige unserer Patienten sagen: "So gut habe ich mich schon lange nicht mehr gefühlt, können Sie mir bitte nicht wieder *Olibanum* geben?" Wir fanden Symptome wie: *Bin* **zufrieden** *mit mir und der Umwelt; zufrieden mit Tätigkeit, gleichgültig gegenüber dem Ergebnis.* Ein Proband schilderte unter der Verreibung seinen Zustand als paradiesisch: *Alles ist friedlich und fröhlich in mir, so könnte ich 200 Jahre weiterleben.*

Einige der Ärzte, die *Weihrauch/Olibanum* mit uns zusammen erfahren haben und inzwischen auch schon damit behandeln, setzen ihn, ähnlich wie *Gelsemium*, sehr erfolgreich vor Prüfungssituationen ein; meist in einer niedrigen Potenz von C 12 morgens 3 Globuli für maximal eine Woche. Sie berichten, die Prüflinge seien sehr klar und konzentriert, zusätzlich sehr ausgeglichen und von einer angenehmen Gelassenheit und Entspanntheit.

Gemüt - Seelenruhe, Gelassenheit (85, davon dreiwertig): **Haliae-lc. Op. Ph-ac. Sep.** (davon zweiwertig): *Adam. Ars. Cham. Chel. Chin. Choc. Cic. Coff. Hell. Hydrog. Hyos. Neon Plat.*

Gemüt - Zufrieden - sich selbst; mit - Welt; und der

Freude - frohe, lustige, heitere und alberne Stimmung - Lachen - Euphorie - Hochgefühl - high - Drogen - Selbstbetrachtung - Verantwortung

Die positive Wirkungsweise des *Olibanums* auf der Gefühlsebene ist ausgesprochen auffallend. Insgesamt ist die Gefühlswelt kräftig in Bewegung gebracht. Während der Gruppenverreibungen war die **frohe**, **heitere**, oft ausgelassene **Stimmung** häufig. Dies äußerte sich ebenso oft in richtig kindischem **albernem** Benehmen; ein Teilnehmer streckte einer anderen Teilnehmerin die Zunge heraus. Es fanden sich Symptome wie: *Zunehmend albern, fast obszön*; *heilig, abwechselnd mit albern; Albernheit.* Es gab oft: **Lachen** *ohne Ende; herzliches Lachen* wegen der geringsten Bemerkung, man war *heiter, läppisch*; *fröhlich, lustig,* die ganze Bandbreite der Ausgelassenheit, jedoch auch richtig tief empfundene **Freude**, mit einem großem **Glücksgefühl**. Symptome wie: *Freude, große Freude; großes Glücksgefühl,* **Hochgefühl** waren zu finden. Wie schon beschrieben, ging es in den Gruppenverreibungen meist recht lustig zu. Irgendeiner machte, trotz Absprache, während der Verreibung nicht zu sprechen, einen Spaß, eine heitere Bemerkung, schnitt eine Grimasse und brachte dadurch die anderen zum Lachen. Diese Grundstimmung konnte sich häufig bis zur **Euphorie** steigern, weswegen wir es als zweiwertiges Symptom eingeordnet haben:

Meine Stimmung ist euphorisch; Euphorie; wieder wacher, fast euphorisch; große Freude, Euphorie; euphorische Stimmung. Eine Probandin schilderte kurz nach der *Olib. C 40/5* -Einnahme, auf ihrem Balkon mitten in der Großstadt stehend: *Fühle mich auf meinem Balkon sehr großartig, wie auf einer Bergspitze.*

Außenstehende empfanden die Probanden manchmal wie *unter* **Drogen**; oder enthemmt. Ein weiteres Symptom dazu war: *Fühle mich gedopt, aber nicht getrieben, nicht hektisch.* Bei mehreren Probanden wurden Erinnerungen an frühere Drogenerlebnisse wach: *Fühle mich irgendwie "high", wie damals in der Wüste in Marokko unter Marihuana; Erinnerung an LSD-Erlebnis; Gefühl, wie nach einer vernünftigen Menge Alkohol oder wie high.* Weitere Symptome waren: *Habe immer noch Probleme von diesem Trip runter zu kommen; könnte die ganze Welt davon überzeugen, sich zu lieben.*

Einen richtigen dramatischen Absturz scheint es bei *Olibanum* selten zu geben, jedenfalls berichtete keine/r der 102 ProbandInnen davon. Allerdings gestand uns eine Probandin längere Zeit nach der Einnahme von *Olib. C 6/5* einen Rückfall in ihren Alkoholismus gehabt zu haben. Wir waren für diese Ehrlichkeit dankbar, machte dieses Geständnis uns doch nochmals die Notwendigkeit des verantwortungsbewußten Umganges mit der Homöopathie klar. Die zuvor geplante weitere C 6-Gruppe haben wir dann aus diesem Grund zurückgestellt.

Kommentar eines "Drogenkenners" mit *Weihrauch*-Erfahrung: "Der Rückfall kommt dann, wenn der Patient sich in einer Phase des Entzugs befindet, in der er immer noch glaubt, alles im Griff zu haben und kontrollieren zu können. Die positiven Gefühle unter *Weihrauch* helfen ihm einerseits dabei, mit Traurigkeit und Depression fertig zu werden und nicht total zu verzweifeln, weil noch so etwas wie Hoffnung da ist, aber andererseits machen sie ihm seine Suchtgefühle schonungslos klar. Danach muß er sich der Problematik stellen und dann gibt es nur eins, er muß versuchen seine Sehnsüchte zu leben, aber auch die **Verantwortung** dafür zu übernehmen." Wir fanden unter *Olibanum* bei verschiedenen Probanden Symptome wie: *Gefühl: ich darf und ich muß ich selbst sein; Gedanke: Kümmere dich erst um deine Probleme, bevor du die der anderen siehst;* oder auch: *Entschluß: mich und mein Leben in die eigene Hand nehmen.*

Eine Verreibungsprobandin schilderte: "Ich war nach der *Olib. C 4*-Verreibung immer wieder versucht von diesem Milchzucker etwas zu naschen." Sie hatte dadurch vermehrte Sehnsuchtsgefühle, Phantasien und eine Art von Bewußtseinserweiterung. Sie fragte sich schließlich, ob sie schon süchtig sei. Körperliche Beschwerden, wie starke *Rückenschmerzen*, halfen ihr, sich der Realität bewußt zu bleiben. Mit Hilfe von Gesprächen gelang es ihr, sich wieder auf sich selbst zu konzentrieren. Die Fähigkeit zur **Selbstreflexion** und **Selbstbetrach-**

tung fanden wir auch bei anderen Probanden in den Verreibungsgruppen und unter der *Olib. C 6*-Einnahme: *Selbstreflexion; kann in mich gehen; Gefühl der Zentrierung auf sich selbst; Wendung nach innen, weniger Aufmerksamkeit nach außen, ohne die Wahrnehmung der Außenwelt zu verlieren; Gefühl: ich darf und ich muß ich selbst sein.*

Gemüt - Euphorie: androc. anh. aran-ix. asar. chloram. choc. cob-n. cortiso. germ-met. haliae-lc. kres. limest-b. marb-w. palo. thyr.

Gemüt - High; fühlt sich: **Granit-m.** haliae-lc. **Hydrog.** luna *Neon*

Gemüt - Glückseliges Gefühl: androc. coff.. neon *Op.*

Gemüt - Lachen (106, davon dreiwertig): **Cann-i. Ign. Stram.**

Gemüt - Freude: acon. caust. *Coff.* croc. neon op.

Gemüt - Freude - Traurigkeit, Schwere; gefolgt von

Gemüt - Hochgefühl (97, davon dreiwertig): **Cann-i. Coff. Lach. Op. Stann. Tarent.**

Gemüt - Gedanken - Vergangenheit, an die - Drogenerlebnissen, von früheren: androc.

Gemüt - Selbstbetrachtung - Wahrnehmung der Umgebung, mit

Bei den hier aufgezählten Rubriken finden wir deutlich den Bezug zu anderen Drogenarzneien, wie: *Anhalonium, Cannabis, Coca, Opium* und *Stramonium*, aber auch neueren Arzneien wie: *Hydrogenium, Neon, Chocolate, Haliae-lc.* und *Luna*. Interessant ist auch die Verwandtschaft zu *Coffea*, dem erprobten Mittel für Hebammen - nach einem anstrengenden Dienst, wenn sie keine Ruhe und Entspannung finden. Nach unserer bisherigen Erfahrung kann *Olibanum* bei derartigen Zuständen auch eingesetzt werden und zwar nicht nur bei Hebammen, sondern auch bei anderen Therapeuten. Es handelt sich dabei immer um sehr einfühlsame, aufopferungsvolle, hilfsbereite und liebevolle Menschen, die manchmal über ihre Grenzen hinausgehen oder auch berufsbedingt hinausgehen müssen. Oft zeigen sie großes soziales Engagement, geben übermäßig viel, ohne auf sich selbst zu achten. Es sind Menschen, die viel Verantwortung übernehmen müssen oder sich selbst aufladen und deswegen immer in der Gefahr sind, Opfer des "Helfersyndroms" zu werden, weil es ihnen manchmal schwer fällt, den richtigen Abstand zu finden.

Ehrlich - Direkt - Offen - Distanziert

Insgesamt war die Stimmung in den Verreibungsgruppen geprägt von Herzlichkeit, man war **offen, ehrlich** und **direkt**. Die meisten waren tief berührt von dem Erlebten. Mehrere Probanden berichteten, daß sie nach der Verreibung Probleme hatten, sich wieder dem Alltag zu stellen. Sie fühlten sich auch nach der Verreibung auf seltsame Art und Weise mit den anderen Teilnehmern verbunden und trotzdem **distanziert**. Die Ehrlichkeit, Direktheit, aber auch Distanziertheit fanden wir jedoch nicht nur als Grundstimmung in verschiedenen Verreibungsgruppen, sondern vor allem bei den ProbandInnen während der Einnahme von *Olib. C 6/5, C 40/5* und *C 220/5: Führe gute, ehrliche Gespräche; ich bin sehr ehrlich und direkt; spreche alles offen aus, ohne daß sich jemand verletzt fühlt; wohlig distanziert; Total entspannt, abgegrenzt, zufrieden.*

Eine Patientin, von Beruf Sozialarbeiterin, die voll in ihrem Job aufgeht, den anderen immer sehr viel Zuneigung entgegenbringt, sich dabei aber total vereinnahmt und ausgelaugt fühlt, so daß sie abends vor lauter Gedanken nicht mehr einschlafen kann, war nach *Olib. C 220/5*-Gabe in der Lage, sich wieder besser abgrenzen, aber auch sich selbst zu reflektieren. Sie schaffte es nun besser, Nähe und Distanz einzuhalten und auch offen und ehrlich ihre Meinung zu sagen. Ebenso konnte sie endlich Verantwortung an andere Therapeuten weitergeben. Der Schlaf wurde besser und sie fühlte sich insgesamt gelassener, abgegrenzter und wieder glücklicher.

Benommenheit - Betäubung - Stumpfheit

Wir fanden neben den vielen positiven Stimmungszuständen aber auch Symptome wie: *Bereits nach zwei Bier wie betrunken; Gefühl wie weggetreten; dicker Kopf, wie nach Alkohol oder Drogen.* Obwohl sie seltener waren, zeigen sie doch sehr deutlich die andere Seite von *Olibanum* und sind uns gerade deswegen sehr wichtig. Ein Proband beschrieb unter der *Olib. C 30*-Einnahme am zweiten Tag: *Auftreten von Ruhe, valiumähnlich.* Andere Symptome waren: *Benommenheit; bin lätschig, aber mit warmem Kopf; Kopf wie benebelt; kann keinen einzigen klaren Gedanken fassen.*

Gemüt - Betäubung (252, davon 15 dreiwertig): **Apis Bapt. Bell. Bry. Cocc. Hell. Hyos. Kali-c. Nux-v. Op. Ph-ac. Phos. Rhus-t. Stram. Verat.** (43 zweiwertig, u. a.): *Anh. Camph. Cann-i. Cic. Gels. Petr. Sulph. Thuj.*

Gemüt - Betäubung - Ausschweifung, wie nach: psor.

Gemüt - Stumpfheit - Nebel gehüllt; wie in einen: petr.

Gleichgültigkeit - Empfindlichkeit - Reizbarkeit - Ruhe - Auszeit

Weitere sogenannte negative Symptome drückten sich als **Gleichgültigkeit** aus, die mitunter auch als Lustlosigkeit bezeichnet wurde: *Alles ist mir egal; lustlos; Unlust; gleichgültig, unkonzentriert; Wurstigkeitsgefühl.* Dies wirkt sich auch auf die Sprache aus: *Die Hunde bellen, die Karawane zieht weiter; was macht es einer deutschen Eiche, wenn sich eine Wildsau an ihr schabt.* Ein Proband beschrieb seinen Zustand so: "Nach der *Olibanum*-Einnahme konnte ich über Wochen sehr intensiv und engagiert und voller Freude an einer Sache arbeiten, meine Geduld war fast unerschöpflich. Nichts war mir zu mühsam. Nach Abschluß der Arbeit mußte ich jedoch erkennen, daß das Ergebnis doch nicht so befriedigend war. Zuerst reagierte ich mit einer richtigen Unlust und Gleichgültigkeit. Später, wenn man mich auf diese Arbeit ansprach, war ich jedoch plötzlich **gereizt** und empfindlich, manchmal auch aggressiv, was sich aber in Grenzen hielt. **Empfindlich** war ich gegenüber den geringsten Geräuschen. Ich war ruhelos und konnte die ganze Nacht nicht richtig schlafen. Hatte das Gefühl, mindestens 100 Jahre zu brauchen, um mich zu erholen." Wir fanden zu diesen Begriffen auch bei anderen Probanden Symptome wie: *Aggressivität; Reizbarkeit; vermehrt aggressiv; extrem geräuschempfindlich; empfinde Geräusche fürchterlich laut und unerträglich; ganz nervös und aufgekratzt; verwirrt, nervös.*

Aber auch viele Patienten äußerten im Zusammenhang mit gerade durchgemachten schweren Krisen, nach großen geistigen Anstrengungen, den Wunsch nach Erholung und Rückzug. Sie wollten am liebsten nur noch **Ruhe** und Frieden. Wir fanden auch bei den Probanden nach der *Olib. C 30* und *C 40/5*-Einnahme: *Sehnsucht nach Ruhe; Sehnsucht nach Ruhe und Frieden.*

Von unseren *Olibanum*-Patienten wurde in diesem Zusammenhang immer mal wieder der Wunsch nach einer **Auszeit** geäußert, um über ihre Situation ausführlich nachzudenken. Überraschenderweise wurde genau dieser Begriff auch in der "Gössenheimer"-Verreibungsgruppe geäußert: "*Weihrauch* plädiert für eine Auszeit." Dies wurde bisher nicht in unsere Symptomensammlung aufgenommen, sollte aber unbedingt beachtet werden. Wir halten es sogar für ein weiteres *Olibanum*-Leitsymptom.

Gemüt - Empfindlich - Geräusche, gegen - geringste Geräusch; gegen das (29, davon vier- bzw. dreiwertig): **ASAR. COFF. THER. Nux-v. Op. Sil.**

Gemüt - Ruhe - Verlangen nach: *Aesc.* alum. *Anac.* arn. bell. brass-n-o. brom. *Bry.* clem. coca *Colch.* haem. kali-bi. lach. lyc. morph. nux-v. op. *Ph-ac.* sabad. *Stann.* vesp.

<u>Gemüt - Ruhe und Frieden, Sehnsucht nach</u>

Schwindel

Schwindel wurde als zweiwertiges Symptom ins Repertorium aufgenommen. Hauptsächlich wurde er unter der *Olib. C 30*-Einnahme sowie unter der *XM* angegeben: *Schwindel; Schwindel, wie durch Watte gesehen, leicht verschwommen; Schwindel wie benommen (gleich nach Einnahme); Schwindel beim Busfahren, in Kurven; Schmutz und Abfall erregt Schwindel; Schwindel, plötzlich - wie durch Watte.*

<u>Schwindel - Watte; Gefühl von</u>

Schwindel - Fahren, beim - Wagen, im: acon. calc. cocc. *Hep.* lac-d. lyc. petr.

sanic. sel. *Sil.*

Kopf: Hitze - Jucken - Schmerz

Auffallend im Kopfbereich war die Hitze oder das Gefühl von Hitze am Kopf wie: *Ganz heißer Kopf, wie Feuer; Kopfschmerz Scheitel und Stirn mit Augenschmerz, bzw. brennendes Gefühl und Hitze im Kopf.* Viele Symptome mit Jucken und Kribbeln: *Kribbeln und Jucken an der Kopfhaut; punktförmiger Juckreiz an der Stirn; Jucken am Kopf.* Der Kopfschmerz war fast überall zu finden, vermehrt allerdings im Scheitel-, Stirn- und Augenbereich; links etwas häufiger als rechts. Es gab: *Wahnsinnige Kopfschmerzen rund um den Schädel, wie Reifen* nur ein paar Stunden nach der *Olib. C 40/5*-Einnahme. Dann nach der *Olib. C 30*-Einnahme: *Kopfschmerz, rechts hinter dem Auge, drückend, aber immer wiederkehrend, plötzlich kommend und plötzlich vergehend.* Die Art des Schmerzes war in der Mehrzahl drückend, dumpf, stechend, ziehend oder zusammenziehend; aber auch: *Kopfschmerz nachts, brüllend, Stirn, wie Spange.* Neue auffallende Symptome waren: *Gefühl, als ob Watte wäre zwischen Schädeldecke und Gehirn im Scheitelbereich, beim Aufstehen; Auftreibungsgefühl am Scheitel.* Das Gefühl von Watte wurde auch beim Schwindel angegeben.

Kopf - Watte; Gefühl von - Scheitel; unter dem

Kopf - Schmerz - steigt - plötzlich - sinkt - plötzlich: asaf. aster. *Bell. Cedr.* fl-ac. *Ign.* kali-bi. mag-p. med. merc-c. sabal *Sulph.*

Auge: Absonderungen - Jucken - Müdigkeit - Photophobie - Schmerz - Tränen -Trockenheit

Wir fanden reichlich Symptome am Auge; angefangen mit Absonderungen: *Verkrustete Augen, gelbe Bröckchen; linkes Auge blutunterlaufen, morgens beim Aufstehen; Haargefühl am rechten Unterlid; Augen beiderseits, vor allem rechts stark verklebt, verkrustet - kann nicht aus den Augen schauen; harte, körnige Krusten in den Augen - morgens.* Es gab Jucken am Auge und um das Auge in Verbindung mit Brennen: *Augen brennen und jucken; Brennen und Jucken der Augen; Augenbrennen.* Das Brennen der Augen war ein häufiges Symptom, das auch durch Patienten bestätigt wurde. Weiterhin fanden wir drückende aber auch stechende Augenschmerzen, sowie Schweregefühl der Lider: *Stechen und Druck im rechten Augapfel; müde, schwere Augenlider; Müdigkeit der Augenlider.* Eine Probandin berichtete am 39.Tag der *Olib. C 6*-Einnahme: *Nachts beim Autofahren große Probleme: entgegenkommende Fahrzeuge blenden erheblich.* Sie erklärte dazu: "Es war teilweise so schlimm, daß ich nicht mehr weiterfahren konnte. Dies erinnerte mich an frühere ähnliche Zustände, die ich nach einer schweren Infektionskrankheit hatte und die schließlich von meinem homöopathischen Arzt mit *Phosphor* geheilt wurden."

Der Tränenfluß war bei vielen ProbandInnen auffallend; besondere Symptome waren am 17. Tag nach Einnahme von *Olib. XM*: *Linkes Auge Einschießen von Tränen durch Schmerz im linken Nasenloch;* und am 18. Tag: *Tränen des linken Auges (drei Tage lang), danach Tränen des rechten Auges (zwei Tage lang).* Tränen gab es rechts, aber vor allem links: *Tränen der Augen, vor allem links.* Ein Proband berichtete nach der *Olib. C 30*-Einnahme: *Gefühl wie geschwollen, verweint.* So wie wir auf der einen Seite den starken Tränenfluß hatten, so fanden wir als Gegenpol auch: *Trockenes Gefühl der Augen; Augen trocken,* vor allem bei Probanden mit der *Olib. C 30*-Einnahme.

Auge - Schmerz - brennend - juckend: calc. *Kali-bi. Lyc.* **PULS.**

Auge - Tränenfluß - Schmerzen, durch - Nase, in der: anac. aur. hydrog. mag-m.

Sehen

Die Akkommodation war unter *Olibanum* gestört. Jedenfalls berichteten dies einige ProbandInnen, sei es unter der *C 30*-Einnahme oder den Verreibungen: *Flimmern linkes Auge; unscharfes Sehen, Buchstaben verschwommen beim Lesen in künstlichem Licht (eine halbe Stunde nach Einnahme).* Eine Probandin beschrieb unter der *Olib. C 30: Schleier vor den Augen*, aber später auch das genaue Gegenteil: *Besseres Sehen, wie neue Augen.* Wir möchten hier aus dem Kapitel "Kurze Fallbeispiele: *Olibanum*-Gabe nach der Geburt" zitieren: Fünf Monate nach einem Kaiserschnitt und kurz nach der ersten DPT-Impfung berichtete die Mutter: "Meine Tochter hat arg trübe Augen, *wie benebelt oder verschleiert.*" Nach der *Olib. C 100/5*-Gabe rief die Mutter am nächsten Tage an: "Es ist kaum zu glauben [...] sie hat wieder *ganz klare Augen.* Es ist als sei ein *Schleier von ihren Augen gefallen.*" Eine Probandin berichtete unter der *Olib. C 6*-Einnahme: *Nachts beim Autofahren sehe ich ständig blaues Licht, wie von Polizeiwagen.*

Sehen - Farben vor den Augen - blau - abends: am-br.

Sehen - Blitze - Dunkelheit; in der: *Phos.* stram. val.

Ohr: Geräusche - Jucken - Kribbeln - Schmerz

Unsere ProbandInnen fanden: *Ohrgeräusche, Singen, hell; Hitze an den Ohren mit Rötung; Jucken in den Ohren; Kribbeln; Ohrenschmerzen beiderseits drückend; Krampf, Trommelfell; Stechen im linken Ohr.*

Hören

Das Hauptmerkmal ist sicherlich in der Geräuschüberempfindlichkeit zu sehen, die auch inzwischen durch Patienten bestätigt wurde.

Nase: Absonderung - Schnupfen - Verstopfung - Gerüche - Jucken - Schmerz

Die Absonderungen aus der Nase waren dick, gelb, blutig, aber auch wäßrig. So beschrieb ein Proband unter der *Olib. XM*-Einnahme am 14. Tag: *Linkes Nasenloch entleert wäßriges Sekret ununterbrochen (zwei Tage lang), danach rechtes Nasenloch desgleichen (einen Tag lang).* ProbandInnen nach der *Olib. C 30*-Einnahme berichteten: *Blutiges, dunkles Sekret aus linkem Nasenloch; beide Nasenlöcher, vor allem links verstopft, abwechselnd mit dickem gelblichgrauem Schleim; Schnupfen mit gelbzähem Sekret; wäßriger Schnupfen (9 - 10 Uhr).*

Ein Schlüsselsymptom von *Olibanum* ist der überempfindliche Geruchsinn: *Registriere feinste Gerüche, die meine Begleiter nicht wahrnehmen.* Der Proband fragte bei den ihn begleitenden Personen nach und erntete nur Erstaunen. Eine Probandin schrieb und bestätigte später nochmals: *Leichtes Geruchsempfinden von gebratenen Zwiebeln.* Sie war verunsichert, fragte nach und erhielt die Bestätigung, daß einen Tag zuvor zwei Stockwerke tiefer Zwiebeln gebraten wurden. Diese extreme Geruchsempfindlichkeit wurde später immer wieder bemerkt. Weiterhin gab es: *Jucken in der Nase; Juckreiz am linken Nasenflügel; viel Niesen; ständiges Schniefen.* Eine Probandin berichtete am zweiten Tag nach der *Olib. C 40/5*-Einnahme: *Alte Nebenhöhlengeschichte flammte wieder auf;* allerdings nur sehr kurz, danach war es gut. Ein Proband schilderte sehr eindrücklich am 17. Tag nach der *Olib. XM*-Einnahme folgenden Schmerz: *Nachmittags beim Betreten des Hauses plötzlich scharfes Stechen im linken Nasenloch, als wenn jemand einen Eisendraht hineingebohrt hätte, sehr unangenehm.* Zwei Probanden unter der *Olib. C 30*-Einnahme, sowie aus der Verreibungsgruppe in Augsburg beschrieben*: Trockenheit der Nase; Haut am Naseneingang trocken, juckend, besonders morgens; trockene Nase, Verschlimmerung bei tiefer Inspiration.*

Nase - Schnupfen - Absonderung; mit - links - rechts; dann

Nase - Geruch, Geruchssinn - überempfindlicher Geruchssinn (92, davon dreiwertig): **Acon. Aur. Bell. Chin. Coff. Graph. Ign. Lyc. Nux-v. Op. Phos. Sep.**

Gesicht: Farbe - Haut - Hitze - Jucken - Schmerz - Trockenheit

Die Gesichtsfarbe wurde überwiegend angegeben mit: *Gesichtsröte, ohne äußere Beeinflussung; roter Kopf im Laufe des Tages; Hitze in den Wangen mit Rötung; rotes fleckiges Gesicht.* Es gibt folgende Hautausschläge: *Roter Hautausschlag im Gesicht mit Brennen; Lippenbläschen links unten; Pickel im Gesicht.* Immer wieder gab es: *Hitze im Gesicht mit leichtem Brennen; im Gesicht Hitze wie Feuer; nachts prickelndes, brennendes Gefühl im ganzen Gesicht.* Sehr auffällig war das Jucken: *Juckreiz im Gesicht; Jucken im Gesicht; Jucken rechte Gesichtshälfte.* Trockenheitsgefühl tauchte vor allem an den Lippen auf: *Trockene Lippen; Lippen zunehmend trocken.* Wichtig zu erwähnen ist noch, daß eine Probandin während der Verreibung ein *Herpesbläschen am Mund* bekam. Es gab vorher keine Anzeichen dafür; bereits nach einem Tag war es wieder verschwunden.

Mund: Aphthen - Zahnfleischbluten - Geschmack - Ausschläge - Schwellung - Speichelfluß - Trockenheit

Als geheilte Symptome hatten wir nach der *Olib. C 30*-Einnahme: *Vorhandene Aphthen schneller abgeheilt; Zahnfleischbluten gebessert.* Allerdings auch: *Bluten des Zahnfleisches beim Zähneputzen.* Ein Proband gab an: *Geschmackssinn geschärft.* Genau das Gegenteil, nämlich den totalen Verlust des Geschmackssinns haben wir bei einem 17jährigen Patienten mit Masern erlebt. Nach Gabe von 2 Glob. *Olib. C 100/5*, kam sein Geschmackssinn nach zwei Tagen wieder vollkommen zurück. Weiterhin fanden wir: *Rauchiger Geschmack; eigenartiger Geschmack im Mund; immer noch fremdartiger Geschmack im Mund.* An Hautäusschlägen gab es: *Bläschen auf der Mundschleimhaut; Bläschen Unterlippe innen.* Der Speichelfluß: *Vermehrten Speichelfluß* gab es so häufig, daß wir es als zweiwertiges Symptom aufgenommen haben. Auch die *Trockenheit* ist ein zweiwertiges Symptom: Interessant dabei ist, daß wir sie sowohl nach der *Olib. C 30*-Einnahme, bei der Einzel- und Gruppenverreibung und bei der Blindverreibung beobachten konnten. Die Sprache war undeutlich: *Verwaschen, wie nach zuviel Alkohol.*

Mund - Geschmack - geschärfter Geschmackssinn: anth. *Bell.* calc. *Camph.* caps. **Chin.** cina **Coff.** glon. gran. kali-bi. *Lyc.* lyss. merl. nat-c. staph.

Zähne

Hier sind nur vereinzelt Symptome angegeben: *Empfindlichkeit des Zahnes, wie geschwollen; Zahnschmerz; starke Zahnschmerzen, ziehend, Unterkiefer; Zähneknirschen.*

Innerer Hals: Kitzeln - Kratzen - Räuspern - Schleim - Schmerz - Trockenheit

Kitzeln, Kratzen und Räuspern in den verschiedensten Ausprägungen fand man hauptsächlich während den *Weihrauch*-Verreibungen und nach der *Olib. C 30*-Einnahme: *Globusgefühl, linker Hals; Kratzreiz im Hals; Räuspern, viel Schleim; Kitzeln im linken Hals.* Der sich beim Räuspern lösende Schleim war sehr reichlich, dick und gelb, manchmal in richtigen Klumpen und schwer abzulösen, oder abzuhusten. Wir fanden: *Dicke, gelblichgraue Batzen lösen sich aus dem Rachen; Räusperzwang mit Kitzeln im Rachen; Speichel sitzt fest im Rachen,*

Verlangen abzuhusten. Ein auffallendes Symptom hatte ein Proband am fünften Tag nach der *Olib. C 30*-Einnahme: *Schleim läuft hinten im Rachen herunter, dünnflüssig.* Nach der C 30-Einnahme gaben einige ProbandInnen *Halsschmerzen* an. Ein zweiwertiges Symptom war die auffallende *Trockenheit* des Halses, die als sehr stark empfunden wurde.

Äußerer Hals: Hautausschlag - Schweiß - Torticollis - Zusammenschnürung

Es gab zwar am äußeren Hals nur wenige Symptome, diese sollten aber durchaus Beachtung finden. So hatte eine Probandin kurz nach Beginn der Verreibung plötzlich folgendes Symptom: *Rechter Hals außen streifenartige rote Flecken.* Ein Proband entwickelte am dritten Tag unter der *Olib. C 12*-Einnahme eine starke *rechtsseitige Torticollis.* Vorausgegangen waren dabei extreme Nacken- und Halsverspannungen (siehe Rücken). Ein interessantes Symptom, das sich später auch bei einer Patientin wiederholte, war: *Gefühl als würde Hals zugezogen, wie beim Geborenwerden.* Wir haben dieses Symptom auch unter den Gemütssymptomen eingeordnet.

Äußerer Hals - Torticollis - gezogen - rechts, nach: ang. caust. *Cupr. Lachn. Lyc.*

Äußerer Hals - Zusammenschnürung: acon. arg-cy. ars. asar. coff. fl-ac. *Glon.* iod. **Lach.** naja puls. rat. *Sep.* **Stram.** *Stry..* tab. xan.

<u>Gemüt - Gedanken - Geburt, an die</u>

Magen: Appetit - Heißhunger - Durst - Übelkeit

Auffallend war unter *Olibanum* das Eßverhalten, der verstärkte Appetit, Hunger bis hin zum Heißhunger. Wir fanden: *Mittags und abends die doppelte Menge gegessen; großer Hunger - könnte ständig, dauernd nur essen, alles schmeckt so lecker; verstärktes Hungergefühl; Hunger (11 Uhr) [eine Stunde nach dem Frühstück]; Heißhunger; sehr starker Hunger am Morgen.* Ein auffälliges Symptom war: *Kein Hunger, esse trotzdem viel.* Einige Beschwerden sind nach Essen gebessert: *Sodbrennen mit Hunger, durch Essen amel. (ungewöhnlich).* Der vermehrte Hunger ist sowohl bei den Verreibungen, als auch nach der *Olib. C 30, C 40/5* und unter der *C 6*-Einnahme bemerkt worden. Wir fanden neben dem Hunger auch sehr viel Durst, was sicher zum Teil mit dem großen Trockenheitsgefühl im Mund zusammenhängt: *Durst; viel Durst; Durst um 22.30 Uhr.* Ein Proband berichtete nach der Verreibung: "hatte das Gefühl wie nach einer Wanderung durch die Wüste, war total ausgetrocknet."

Die Übelkeit ist fast außschließlich nach der *Olib. C 30*-Einnahme aufgetreten; allerdings in verschiedenen Untergruppen. Ein und derselbe Proband schrieb am zweiten Tag nach der *Olib. C 30*-Einnahme: *Gefühl von flauem Magen;*

Herzflattern plötzlich; (siehe "Brust") und danach: *Übelkeit plötzlich.* Einige von Ihnen erinnern sich in diesem Zusammenhang sicherlich an Gottesdienstbesuche, wo Ihnen vielleicht nach der Verräucherung von *Weihrauch* schlecht wurde. Wir verweisen hier auf unsere Kurzfallbeschreibungen. Die Übelkeit wurde häufig durch Patienten bestätigt.

Magen - Übelkeit - plötzlich: agar. bamb-a. bol-s. chinin-ar. coloc. cupr. ferr-p. ind. ip. *Kali-bi. Lyc.* mosch. narcot. petr. sul-ac. sulph.

Abdomen: Flatulenz - Hitze - Schmerz

Blähungen fanden wir verstärkt nach der *Olib. C 30*-Einnahme: *Blähungen; Verstärkung von bereits bestehenden Blähungen,* aber auch als geheiltes Symptom: *Rückgang von Blähneigung und Flatulenz [gS].* Überraschenderweise zeigte sich bei den Verreibungsgruppen viel Hitze und Wärme im Abdomen: *Warmer Bauch; Hitzegefühl im Bauch; Wärmegefühl rechter Oberbauch; Wärme am Solarplexus.* Ein sehr auffallendes Symptom war: *Solarplexus wie weit geöffnet, pulsiert, wird immer größer;* hierbei handelte es sich um ein geheiltes Symptom. Die Schmerzen im Hypogastrium und Hypochondrium auf beiden Seiten waren drückend, stechend und ziehend: *Druck rechter Oberbauch mit leichter Übelkeit; Druck unter dem linken Rippenbogen; Schmerz, stechend rechter Rippenbogen, unterhalb; ziehendes und stechendes Gefühl unterhalb des Herzens, linke Seite des oberen Abdomens.* Ein Proband, der seit Jahren wegen mehrerer durchgemachter viraler Hepatitiden keinerlei Alkohol mehr anrührt, hatte nach der *Olib. C 3*-Verreibung folgendes Symptom: *Spüre meine Leber und Galle, wie nach einer durchzechten Nacht.*

Abdomen - Besorgnis, Bangigkeit im Abdomen; Gefühl von: androc. *Asaf.* merc-c. rhus-t.

Abdomen - Hitze - Hypogastrium: aur-m. bry . camph. ferr. hydrc. kali-i. lil-t. mang. syph.

Rektum: Diarrhoe - Obstipation - Stuhldrang

Nur jeweils einmal fanden wir *Diarrhoe* und *Obstipation.* Auffällig war ein deutlich vermehrter Stuhldrang abends und nachts: *vermehrter Stuhlgang, abends statt morgens; unregelmäßiger Stuhl, auch nachts; imperativer Stuhldrang nachts; Stuhlgang um 3 Uhr; gegen 5.00 Uhr starker Stuhldrang.*

Stuhl: Konsistenz - Farbe

Der Stuhl war in seiner Konsistenz meist breiig oder weich: *Breiige Stühle; Stuhl weicher als sonst;* aber auch das genaue Gegenteil wurde berichtet: *Schafskotstühle* kurz nach der *Olib. C 30*-Einnahme. Von einem besonderen Symptom *Stuhl voluminös, weich, hellbraun, 5 Uhr,* berichtete der Proband am 27. Tag nach der *Olib. XM*-Einnahme. Er gab in einer Nachbesprechung zu Protokoll, daß sich dieses Symptom immer mal wieder, selbst noch nach drei Monaten einstellte. Er empfand es selbst nicht als unangenehm, sondern fühlte sich nach dem Stuhlgang immer sehr erleichtert, wie gereinigt. Unter der *Olib. C 30*-Einnahme berichtete ein anderer Proband ebenso von sehr weichen Stühlen, was für ihn ungewöhnlich war. Auch von Patienten wurde dies inzwischen beobachtet. Die Stühle seien breiig, weich und reichlich; und oft mitten in der Nacht.

Stuhl - Reichlich - nachts: chel. chin. **Crot-t.** graph. *Ign.* mosch. ox-ac. plb. sol-t-ae. stry. sulph. verat-v.

Blase: Harndrang - Schmerz

Insgesamt gab es vermehrten Harndrang: *Fast extremer Harndrang abends ab 18 Uhr - bis ich im Bett lag; häufig Harndrang mit Harnträufeln, durch Laufen agg;* und als geheiltes Symptom nach *Olib. C 30*-Einnahme: *Weniger Harndrang und Brennen beim Wasserlassen.*

Nieren: Schmerz

Einziges Symptom war: *Schmerz in rechter Nierengegend.*

Urin: Geruch

Zwei Probanden bemerkten einen veränderten Uringeruch: *Urin riecht stark süßlich, schwefelig, dreckig; abendlicher Urin riecht stark nach aromatischer Verbindung - wie Binotal.* Mehrere Patienten berichteten von einem modrigen Uringeruch.

Urin - Geruch - modrig: am-m. camph. phys. sulph.

Urin - Geruch - Schwefel; wie: bamb-a. phos.

Weibliche Genitalien: Menses - Schmerz - Sexuelles Verlangen - Wärme

Zwei Probandinnen gaben nach der *Olib. C 30*-Einnahme an: *Periode kommt verfrüht; verkürzte Blutung mit Krämpfen, nachts; Menses verlängert.* Nach der *Olib. C 4*-Verreibung: *Krampfartige Unterleibsbeschwerden um 3 Uhr nachts.* Eine Probandin gibt am neunten Tag nach der *Olib. C 40/5*-Einnahme an: *Habe brennendes Gefühl in der Vagina.*

Das sexuelle Verlangen ist unter *Olibanum* stark ausgeprägt. Jedenfalls berichteten mehrere Probandinnen davon. Im Kapitel "Gemüt" versuchten wir bereits unter den Begriffen "Sehnsucht - Sucht - Verlangen", den Zusammenhang zwischen seelischen Gefühlen und körperlichem Verlangen aufzuzeigen. Anhand der geäußerten Symptome, Besprechungen und Berichte konnte schließlich ein klareres Bild entstehen: Das große sexuelle Verlangen ist bei der Mehrzahl der Probandinnen mit Zärtlichkeitsbedürfnis verbunden. Sie berichten, daß sie oft die Sehnsucht nach Zärtlichkeit und Liebe verspürten und dies dann irgendwie ins Körperliche umsetzen wollten, ja mußten. Symptome wie: *Großes sexuelles Verlangen mit Zärtlichkeit; große sexuelle Lust; oraler Sex mit viel Zärtlichkeit; Ehemann vernascht; sehr großes sexuelles Verlangen, wie süchtig.* Von Patientinnen wurde dies in der Zwischenzeit bestätigt. Allerdings auch das genaue Gegenteil wie: Eine totale sexuelle und seelische Blockade, bei der dann *Olibanum* Wunder wirkte. Fragt man die Patienten nach ihren sexuellen Bedürfnissen, dann ist es ähnlich wie bei der Frage nach ihren Sehnsüchten, oft gibt es ein *Seufzen* und dann Antworten wie: "Ja, die habe ich schon, aber leider geht da gar nichts mehr, mein Mann und ich haben uns in dieser Beziehung nicht mehr viel zu sagen." Oder: "den Traumpartner muß ich erst noch finden." Weiter: "woher nehmen und nicht stehlen." "Außerdem möchte ich gerne einen Partner, der mich auch versteht, mir Zärtlichkeit rüberbringt." Wir möchten hierzu ausdrücklich auf die "Kurzen Fallbeschreibungen" hinweisen. Am fünften Tag nach Einnahme von *Olib. C 30* stellte sich bei einer Probandin folgendes Symptom ein: *Wärmegefühl im Unterleib.* Die Orgasmusfähigkeit ist unter *Olibanum* auffällig verstärkt. Eine Probandin berichtete erst bei der Nachbesprechung davon. Noch nie habe sie in ihrem Leben so guten Sex verbunden mit so viel Zärtlichkeit gehabt.

Sie finden im Repertorium als neue Rubrik zweiwertig:

Weibliche Genitalien - Sexuelles Verlangen - vermehrt - Zärtlichkeit; mit

Männliche Genitalien: Sexuelles Verlangen

Es wurden eigenartigerweise von den Probanden zunächst keine spezifischen Symptome angegeben, außer andeutungsweise während der *Olib. C 2*-Verreibung: *Anflug von sexuellem Verlangen;* dies wurde als Gemütsymptom unter Sinnlichkeit aufgenommen. Erst bei späteren Nachfragen kam dann doch Vereinzeltes zum Vorschein: "Hatte vermehrt sexuelle Phantasien; war leichter sexuell erregt." Ein anderer berichtete über sexuelle Phantasien, die ihn tagelang verfolgten und sich erst durch sexuelle Aktivität verflüchtigten. Seine Sexualität sei in dieser Zeit wieder gewesen, wie in jungen Jahren. Immer mit sehr viel Gefühl und Verstehen verbunden, aber durchaus auch fordernd und heftig. Er beschrieb: "*Es war unglaublich, ich fühlte mich verjüngt, konnte bis zu fünfmal am Tage Sex haben, die Orgasmusfähigkeit war unglaublich.*" Er habe diese Zeit richtig genossen, wohl wissend, daß es nicht für die Ewigkeit sein würde. Aber insgesamt sei es gut für ihn gewesen und habe seinem Selbstbewußtsein doch sehr gut getan. Wichtig war für ihn jedoch dabei immer das gegenseitige Verstehen und Respektieren.

Auch bei männlichen Patienten fanden wir bisher immer, wie bei den Frauen bereits beschrieben, ein ausgeprägtes sexuelles Verlangen in Verbindung mit Zärtlichkeit, verstärkt aber mit dem Wunsch nach Geborgenheit und nach Verstandenwerden.

Kehlkopf und Trachea: Kratzen - Räuspern - Schmerz - Stimme

Unter *Olibanum* gab es sehr viel Räuspern. Wir fanden Räuspern und Kratzen sowohl im inneren Hals, als auch im Kehlkopfbereich. Es war ja oft schwer auszumachen, wo genau die Stelle war. Der Schleim war oft so zäh und fest, daß er nur schwer abzuhusten war. Meist fing es mit einem Kratzen an und durch Räuspern konnte man ihn dann rausbringen: *Ständiges starkes Kratzen im Hals; Räuspern, Schleim löst sich; Speichel sitzt fest im Rachen, Verlangen abzuhusten; Speichel sitzt fest im Hals, Versuch abzuhusten.* Dieses zweiwertige Symptom war sehr auffällig und wurde bei Patientenbehandlungen mehrfach bestätigt. Es fand sich nur ein Schmerzsymptom: *Druck auf dem Kehlkopf nach unten.* Wir hatten nach der *Olib. C 30*-Einnahme: *Leicht belegte, heisere Stimme, abends.* Diese heisere, rauchige Stimme fand sich auch bei *Olibanum*-Patienten.

Atmung: Atemnot - Behindert - Befreit - Schmerzhaft - Seufzen - Stöhnen

Nach über drei Jahren intensivster Beschäftigung mit *Olibanum* und der Behandlung zahlreicher Patienten sind wir der Meinung, daß *Olibanum* bei Atemwegserkrankungen bis hin zum Asthma erfolgreich eingesetzt werden kann. Eine Probandin schilderte nach der *Olib. C 30*-Einnahme sehr eindrucksvoll: *Erschwertes Atmen, 10 Minuten nach der Einnahme.* Eine andere berichtet am zweiten Tag der *Olib. C 40/5*-Einnahme: *Bekomme kaum Luft.* Wir fanden unter den verschiedensten Verreibungs-ProbandInnen, aber auch nach *C 30*- oder *XM*-Einnahme folgende Symptome: *Unangenehmes Atemgefühl; Leichte Atembeschwerden; Erschwertes Atmen.* Demgegenüber steht eine Vielzahl von gegenteiligen Äußerungen: *Befreites Atmen; tiefes befreiendes Durchatmen; Befreites Durchatmen; Gefühl von freieren Atemwegen; kann gut und frei durchatmen.* Wir fanden, daß einigen ProbandInnen ihre Atembeklemmung erst aufgefallen ist, nachdem sie frei durchatmen konnten. Sie meinten, daß es mit einer gewissen Anspannung oder Verspannung zusammmenhing. Bei der *Olib. XM*-Einnahme war die Atmung schon ab dem neunten Tag erschwert und erst am 45. Tag berichtet der Proband: *Kurzatmigkeit ist vorbei.* Es gab unter *Olibanum* oft: *Verlangen tief zu atmen; Reiz tief durchzuatmen.* Ein besonderes Symptom beschrieb eine Probandin am neunten Tag nach der *Olib. C 40/5*-Einnahme: *Atembeschwerden nach den geringsten Bewegungen schlechter, Beklemmungsgefühl am Herzen.* Das einzige Schmerzsymptom war: *Die Luft beißt beim Einatmen wie kalte Luft.* Die Atembeschwerden gehen oft mit Seufzen und Stöhnen einher: *Erschwertes Atmen mit viel Stöhnen und Seufzen; muß seufzen und ganz tief einatmen.*

Auch eine befreundete homöopathische Ärztin behandelt inzwischen Asthmapatienten erfolgreich mit *Olibanum.*

Atmung - Behindert, gehemmt (83, davon dreiwertig): **Cina Nit-ac. Samb.** (zweiwertig u.a.): *Ars. Cact. Camph. Cupr. Ign. Lach. Merc. Op. Podo. Psor. Sil. Spon. Sulph.*

Atmung – Befreit, freies Durchatmen

Atmung - Tief - Verlangen, tief zu atmen (89, davon dreiwertig): **Bry. Cact. Calc. Cupr. Ign. Lach. Nat-s. Sel. Sulph.** (zweiwertig u.a.): *Aur. Caps. Carb-v. Caust. Chin. Glon. Merc. Phos.*

Husten

Es ist eine Art Reiz- oder Kitzelhusten, meist sehr trocken: *Kitzelhusten; ständiger Räusperzwang mit Kitzelhusten; Hüsteln; Hustenreiz, trocken; Trockener Husten.* Die Probanden empfanden das Kitzeln oft als lästig und unangenehm, da es kaum zu beeinflussen war: *Husten bringt keine Erleichterung, Kitzeln kehrt sofort zurück.* Gebessert wurde es durch: *Tiefes Einatmen bessert den Hustenreiz; nachts viel Hustenreiz, verstärkt im Liegen, besser durch Aufsitzen im Bett und durch frische Luft.* Diese gesamte Symptomatik wurde inzwischen durch Patientenbehandlungen bestätigt.

Husten - Hüsteln (197, davon dreiwertig): **Alum. Ars. Lach. Mez. Nat-ar. Nat-m. Phos. Sang. Sep. Tub.**

Brust: Beklemmung - Herzklopfen - Schmerz - Schweiß

Als liegt ein Gewicht auf der Brust, 10 Minuten nach Einnahme; berichtete eine Probandin nach der *Olib. C 30*-Einnahme. Dieses Symptom beschreibt schon deutlich die Wichtigkeit des Brustraumes für *Olibanum.* Bereits bei den Gemütssymptomen haben wir auf das sehr auffallende Symptom *Herzschmerz* hingewiesen. Hierdurch wird klar, daß diese Arznei sehr viel mit den Gefühlen zu tun hat, die dann im körperlichen Bereich das Herz beschweren und belasten. So äußerte eine Probandin während der *Olib. C 3*-Verreibung: *Herzgefühl, ich spüre mein Herz;* und eine andere Probandin nach der *Olib. C 220/5*-Einnahme: *Spüre und fühle mein Herz ganz stark.* Die *Herzbeklemmung* saß im Bereich des Brustbeins oder direkt am Herzen und tauchte auch in der Ruhe und nachts auf. Ein Proband berichtete am zweiten Tag nach der *Olib. C 30*-Einnahme: *Herzflattern, plötzlich.* Vorausgegangen war: *ein Gefühl von flauem Magen* und: *Übelkeit plötzlich* (diese Symptome finden Sie auch im Magenkapitel). Drei Probanden berichteten über allgemeine Herzbeschwerden, wobei einer die interessante Bemerkung hinzufügte: *Herzbeschwerden (kenne ich von früher, von Haschischkonsum). Herzklopfen* kam bei neun ProbandInnen aus den unterschiedlichsten Gruppen vor, weswegen es als zweiwertiges Symptom aufgenommen wurde. In der Zukunft wird es sicherlich dreiwertig werden, denn wir fanden zusätzlich das Herzklopfen zu allen Tages- und Nachtzeiten: *Palpitation 7.30 Uhr, beim Erwachen; wieder Palpitation vormittags; Palpitation abends; Herzklopfen mit schnellem Puls nachts im Bett.* Aber auch: *Herzklopfen beim Hinlegen; starkes Herzklopfen nach Zigarettengenuß;* und sogar *Rhythmusstörungen.*

Auch die organischen Herzschmerzen (drückende, stechende und ziehende) waren zahlreich und sehr interessant. *Druck auf der Brust, am Sternum; Druck bei tiefem Einatmen, retrosternal; Herzdruckgefühl; Stechen links des Sternums in Herzhöhe für kurze Zeit; Ziehen an der Herzspitze; Gefühl wie ein Ring um die Brust.* Neben all den angegebenen Beschwerden fanden wir dann als geheilte Symptome [gS] während der *Olib. C 3*-Verreibung von zwei Probanden: *Brust - Weite, Höhle und Leere.* Der zweite Proband berichtete zu Beginn der Verreibung: *Druck beim tiefen Einatmen, retrosternal* und am Ende dann: *Brustkorb, Gefühl der Weite.*

Erwähnenswert am Brustkorb ist der vermehrte Schweiß: *Schweiß am Oberkörper; vermehrt Achselschweiß; starkes Schwitzen nachts, besonders im Hals- und Sternumbereich.*

Brust - Beklemmung - Brustbein: arg-n. ars. aur. bry. calc. *Phos.* ran-s. rhus-t.

Brust - Herzklopfen - Liegen, beim (28, davon drei- bzw. zweiwertig): **Nux-v. Puls. Sulph.** *Benz-ac. Cact. Ferr. Glon. Lach. Ox-ac. Rhus-t. Spig.*

Rücken: Schmerz - Spannung - Steifheit

Wir fanden reichlich Schmerzen über dem Sakrum, in der Lumbal-, Dorsal- und Zervikalregion. Während der *Olib. C 4*-Verreibung schilderte eine Probandin: *Lumbalgie bis ins rechte Knie und Fuß;* eine andere hatte kurz nach der *Olib. C 40/5*-Einnahme fast genau das gleiche Symptom: *Lumbalgie bis ins rechte Knie und zum Fuß.* Ebenfalls das Symptom: *Schmerz über Sacrum,* tauchte bei zwei Probandinnen identisch auf. Ein anderer Proband empfand nach der *Olib. C 12*-Einnahme: *Rechter Nacken und rechte Halsaußenseite so verspannt, daß ich nicht drauf liegen kann.* Diese Schmerzen nahmen danach immer mehr zu: *Wirbelsäule entlang sind die Muskeln verspannt, vor allem rechts im HWS- und BWS-Bereich.* Zusätzlich entwickelte der Proband noch einen rechtsseitigen

Torticollis. Aus der Blindverreibungsgruppe stammt: *Schmerz im Nacken bei Drehung nach links und beim Kopfneigen; Ziehen und Verkrampfung links neben der Wirbelsäule.* Der Schmerz war in der Mehrzahl drückend, dumpf, und krampfartig; vereinzelt auch stechend, oder ziehend. Am 18. Tag nach der *Olib. XM*-Einnahme: *Muß mich erst aufsetzen, um aus dem Bett aufstehen zu können, so verspannt ist mein Rücken.* Vorausgegangen waren Steifheitsgefühle an den Extremitäten. Diese Steifheit fand sich auch entlang der Wirbelsäule. Bei zwei Probanden am zweiten Tag nach der *Olib. C 40/5*-Einnahme: *Wirbelsäule war total blockiert; Hexenschuß.* Drei Probanden gaben nach der *Olib. C 30*-Einnahme an: *Nackenstarre, Kopfheben ist mühsam; steifer Nacken; Nackenstarre.* Teilweise waren diese Zustände so schlimm, daß physiotherapeutisch behandelt werden mußte. Diese Symptome treten auch häufig bei Patienten auf; unter den "Kurzen Fallbeschreibungen" finden Sie zwei interessante Fälle. Alle hier aufgeführten Symptome sind bisher nur einwertig. Sie werden sich in Zukunft sicherlich zu zwei- oder gar dreiwertigen Symptomen entwickeln.

Rücken - Schmerz - Drehen, beim - Bett; beim Herumdrehen im - aufsetzen, um sich herumzudrehen; muß sich: kali-p. **Nux-v.**

Rücken - Steifheit - Lumbalregion: **Ambr.** ars. bamb-a. **Bar-c.** *Bell.* carb-an. carb-v. guaj. ign. kali-c. nat-m. nit-ac. petr. rhus-t. staph.

Rücken - Steifheit (103, davon dreiwertig): **Bamb-a. Berb. Caust. Cimic. Led. Nux-v. Rhus-t. Sep. Sil. Sulph.**

Extremitäten: Gefühllosigkeit - Hautausschläge - Jucken - Kälte - Schmerz - Schwäche - Schweregefühl - Steifheit - Unsicherheit - Zittern

Unter *Olibanum* fand sich Gefühllosigkeit, pelziges Gefühl, bis hin zum Gefühl der Lähmung: *Flüchtiges pelziges Gefühl linker Fuß und Unterschenkel; pelziges Gefühl, Hände.* Ein besonderes Symptom trat am fünften Tag nach der *Olib. XM*-Einnahme auf: *Rechtes Knie knickt beim Laufen immer nach außen weg, wie wenn es keinen Halt hätte.* Die Haut an den Extremitäten reagierte oft mit Ausschlägen und Jucken: *Knoten mit rötlichem Hof und leichtem Juckreiz, Oberarm; Jucken rechter Daumen; Jucken linke Elle und Unterarm; Juckreiz Beine, mehr Unterschenkel, eher links, abends, Kratzen amel.* Über kalte Füße beklagten sich drei Probanden. Den ersten Hinweis auf rheumatische Schmerzen, erhielten wir von einer Probandin am neunten Tag der *Olib. C 6*- Einnahme: *Rechtes Daumengelenk, äußeres Glied, Rheumaknoten, schmerzhaft.* Weitere rheumatische Schmerzen auch bei der *C 40/5*-Einnahme. Die Probandin berichtete: "Am achten Tag nach der Einnahme hatte ich *starke rheumatische Gelenkbeschwerden,* die *bei sanfter Bewegung langsam besser* wurden; am nächsten Tag *sehr schwere Glieder.* Auffallend war, daß die körperlichen Beschwerden ziemlich stark waren, aber mein seelisches Gleichgewicht stabil, später sogar leicht *euphorisch* war. Am zehnten Tag: *sehe die Dinge wie sie sind;* am 15. Tag: *könnte singen und tanzen;* am 16. Tag fiel mir auf, daß die Schmerzen weg waren." Überdies zahlreiche Schmerzsymptome wie: *Ganze linke Körperseite schmerzhaft; Schulter-Kopf-Schmerz, in Bewegung agg; mehr und mehr Gelenke tun weh, vor allem links; starke rheumatische Gelenkbeschwerden; Gliederschmerzen an Armen und Beinen vor allem bei Bewegung;* aber auch*: starke rheumatische Schmerzen im rechten Knie, Bewegung amel; starke rheumatische Schmerzen im linken Schultergelenk.* Schließloch noch ein sehr eindrucksvolles Symptom, das eine Probandin sofort nach der *Olib. C 1*-Verreibung hatte: *Knieschmerzen links beim Treppenhinuntergehen.* Sie bemerkte dazu später: "Ich hatte dabei ein sehr großes Unsicherheitsgefühl, als wolle das Bein seine Tätigkeit aufgeben."

Extremitäten - Lähmung - Knie - Gefühl von - Gehen - beim: berb.brom.

Extremitäten - Hautausschläge - Knötchen: petr. sep.

Extremitäten - Schmerz - Daumen - Gelenke - rheumatisch: ambr. caul. *Graph.*

Extremitäten - Schmerz - Knie - Treppen; beim Hinabsteigen von: arg-met. *Bad.* cann-s. eupi. merc. nit-ac. rhus-t. verat.

Der Charakter der Schmerzen bei *Olibanum* ist auffallend häufig brennend. So berichtete eine Vielzahl von Probanden aus den unterschiedlichsten Gruppen: *Schmerz brennend in den großen Gelenken; Schmerz brennend in den Fingergelenken; Brennen der Handinnenflächen.* Eine Probandin, die vor Beginn der *Olib. C 220/5*-Einnahme, starke brennende Schmerzen in fast allen Gelenken hatte, berichtete am 47. Tag: *Starke brennende Schmerzen mit Steifheitsgefühl in den Gelenken verbessert.* Daneben fanden wir vereinzelt krampfartige und häufig stechende Schmerzen: *Muskeln sind wie verkrampft; massiver Muskelkater in den Waden; Schmerz, stechend, plötzlich, linke Hüfte; Stechen in der linken Kniescheibe - dauernd.*

Schwäche in den Gelenken war bei drei Probanden zu finden: *Kraftlosigkeit linker Oberarm; ganz schwach auf den Beinen; weiche Knie.*

Obwohl Schwellungen nur einmal am 18. Tag nach der *Olib. XM*-Einnahme auftraten: *Kann die Hände kaum bewegen, so steif und verschwollen sind sie*, ist dieses Symptom sehr wichtig und durch Patientenbehandlungen mehrfach bestätigt. Die Schwellung der Gelenke trat oft in Verbindung mit Schweregefühl und Steifheit auf: *Sehr schwere Glieder; Schwere in den Gelenken; schwere Arme; Schwere der Beine; morgens Erwachen mit Steifheitsgefühl in allen großen Gelenken; beim Erwachen rechte Hand steif und unbeweglich, muß kräftig bewegen, um zu bessern; vorsichtiges Laufen verbessert die Steifheit in den Gelenken.* In den Fallbeschreibungen I und IV geht es auch um Gelenkbeschwerden und deren Behandlung mit *Olibanum.*

Es gab *Zittern* der Hände und der Beine bei zwei Probandinnen, allerdings über den ganzen Tag verteilt.

Extremitäten - Steifheit (124, davon dreiwertig): **Ars. Asaf. Bry. Caust. Chel. Cocc. Cupr. Kalm. Led. Lyc. Petr. Rhus-t. Sep. Sil. Sulph.**

Extremitäten - Zittern - Beine (87, davon dreiwertig): **Arg-n. Lach. Nit-ac. Nux-v. Op.**

Schlaf: Einschlafen - Erwachen - Gähnen - Gestört - Schlaflosigkeit

Das schwierige Einschlafen ist ein wichtiges dreiwertiges Leitsymptom: *Schlechtes Einschlafen; kann nicht einschlafen; schweres Einschlafen wegen Gedankenandrang; Einschlafen schwierig wegen Herzbeschwerden.* Aber bei ProbandInnen, die normalerweise Schwierigkeiten mit dem Einschlafen hatten, war es plötzlich genau das Gegenteil: *Gut ein- und durchgeschlafen; schnelles Einschlafen am Abend; leichtes Einschlafen;* fanden wir als geheilte Symptome. Die Einschlafsymptome stammen von ProbandInnen aus den Gruppen der *Olib. C 30*-Einnahme, von Verreibungen, nach der *C 40/5*- und *XM*-Einnahme. Genauso fanden wir dieses Symptom bei Patienten.

Das Erwachen beobachteten wir zu den verschiedensten Uhrzeiten: *Erwachen nachts, mehrfach; Wache nachts mehrmals auf; Erwachen nachts, häufig; periodisch, alle zwei Tage; Erwachen um 2.30 Uhr; Erwachen um 6.00 Uhr, ohne Wecker.* Das häufige Erwachen ist, da es zusätzlich durch mehrmalige Beobachtung bei Patientin bestätigt wurde, ein zweiwertiges Symptom. Drei besondere Symptome sind zu erwähnen: *Gegen 5.30 Uhr Erwachen mit häufigen Niesanfällen; gegen 5.00 Uhr starker Stuhldrang; morgens erschöpftes Erwachen, als ob ich tatsächlich die ganze Nacht geputzt hätte.*

Schlaf - Einschlafen - schwierig (38, davon zweiwertig): *Arg-met. Carl. Nat-c. Phos. Sulph.*

Schlaf - Erwachen - nachts - Mitternacht - nach - 5.00 h - Stuhldrang, mit: *Aloe* op. **Sulph.**

Schlaf - Erwachen - Zerschlagenheit, mit: aesc. *Arn. Rhus-t.*

Gähnen war fast ebenso häufig wie das schlechte Einschlafen, oder das Erwachen. Einen Patienten, der während der Erstanamnese ständig am Gähnen ist, sollten Sie unbedingt auf seine Schlafproblematik, seine Erschöpfung oder Müdigkeit ansprechen: es könnte der erste Hinweis auf *Olibanum* sein. Er gähnt auch meistens recht ungeniert, da er sich kaum beherrschen kann. Zu groß ist die Erschöpfung, vor allem auch in geistiger Hinsicht. Wir fanden bei den ProbandInnen: *Gähnen unentwegt; Gähnen, total abgeschlafft; häufiges Gähnen; Gähnen, Gähnen, Gähnen am Tag; starkes Gähnen (16.00 Uhr).*

Ein eindrucksvolles Symptom schilderte eine Probandin am vierten Tag nach der *Olib. C 40/5*-Einnahme: *Schlafe wie ein Embryo zusammengerollt im Mutterleib.* Dies finden wir im "Synthesis" unter:

Schlaf - Lage - genupektoral: *Calc-p. Carc.* con. euph. *Lyc.* **Med.** *Phos.* sep. *Tub.*

Weiterhin gab es unruhigen Schlaf und Schlaflosigkeit in den verschiedensten Varianten: *Ganze Nacht nicht richtig geschlafen, drehte mich von einer Seite auf die andere; bis 0.30 Uhr nicht geschlafen, wegen starkem Kältegefühl; schlechter Schlaf trotz Müdigkeit.* Es fanden sich auch hier wieder vier Positivsymptome wie: *Guter Schlaf; gut ein- und durchgeschlafen; Schlaf tief und fest; erfrischt und nicht zögerlich aufgestanden,* also geheilte Symptomen bei zwei Probandinnen, die normalerweise große Schlafprobleme hatten.

Träume

Wir haben für Sie die Träume in einem eigenen Kapitel nach den Fallbeschreibungen zusammmengestellt. Dort sind sie in aller Ausführlichkeit wiedergegeben. Ihre Beziehungen zu anderen Arzneimitteln im "Synthesis" wurden aufgezeigt und mit kurzen Kommentaren versehen. Weiterhin haben wir zusätzlich noch einige Träume von Patienten mit aufgenommen. Die Beurteilung der Träume und ihre Zuordnung ist eine besondere Schwierigkeit, so daß wir jetzt nur die einzelnen Rubriken aufzählen möchten, unter denen Sie die Träume finden: *Ängstlich; Angenehm; Beschämend; Drachen; Erotisch; Fliegen; Hellsichtig; Historisch; Jugend, von der; Klar; Klar - Aufschluß über unerklärliche Angelegenheit, gibt ihm; Lustig; Orient; Orte, verändern sich häufig; Phantastisch; Prophetisch; Putzen, Reinigen; Schauplätze, neue; Schmutz; Schmutzig - Straßen; Schweben; Verirren, sich zu; Vernünftig; Visionär; Ungeheuer; Verstorbenen; von - Verwandte; Wegweisende.*

Frost

Die extreme Kälteempfindlichkeit ist auffallend und als zweiwertiges Symptom aufgenommen. Nach der *Olib. C 1*-Verreibung beschrieben zwei Probandinnen ihre nächtlichen Kälteerfahrungen so: *Starkes Frieren im Bett, benötige zwei Decken.* Die Probandin erzählte, daß sie richtig gezittert und gebibbert habe. Ihr weiterer Kommentar: "So muß es wohl sein, wenn man Malaria hat." Die andere Probandin berichtete: *Extremes Frieren nachts mit Schüttelfrost, brauche zwei Wollpullover, Wollsocken, zwei Wärmflaschen, drei Decken und Mantel (23.00 Uhr).* Es handelte sich hier zugegebenermaßen um eine Probandin, die auch sonst recht kälteempfindlich war. Sie sagte selbst: "Ich hatte plötzlich auch *große innere Unruhe und Angst wegen Kälte, um 3.00 Uhr."* (siehe Gemüt). Bei den *C 30*-ProbandInnen gab es außerdem: *Eiseskälte; plötzlicher Kälteschauer, zuerst links dann rechts; Schüttelfrost; Frost/Kälteempfindlichkeit stärker.* Schon während der *C 1*-Verreibung äußerte ein Proband: *Extreme Kälteempfindlichkeit.*

Fieber

Hier gab es bisher nur von zwei Probanden Symptome: *Plötzliches Fieber (38,5°C). Hatte seit der Thyphuserkrankung vor 22 Jahren nicht so hohes Fieber, als Kind auch nie Fieber; Frost abwechselnd mit Hitze; Fiebergefühl kein Schweiß.*

Schweiß

Wir fanden wie bei vielen Arzneien neben der Trockenheit andererseits auch Schweiß, oft am ganzen Körper. Ein Proband schrieb während der *Olib. C 2*-Verreibung: *Schweißfilm am ganzen Körper;* die *Olib.*-Blindverreibungsgruppe gab an: *Schwitzen.* Nach der *C 30*-Einnahme: *Schwitzen am ganzen Körper - durch Ausziehen von Kleidung nicht veränderbar.* Bei einer Einzelverreibung berichtete die Probandin: *Schweißausbrüche; Schweiß aus allen Poren.* Wir haben bei zahlreichen Patientenbehandlungen ähnliche oder fast identische Symptome gefunden.

Schweiß - Entblößen - Verlangen, sich zu entblößen: *Acon.* calc. *Camph.* ferr. iod. **Led.** mur-ac. *Nat-m. Op.* **Sec.** spig. staph. verat. *Zinc.*

Haut: Brennen - Empfindlichkeit - Hautausschläge - Intertrigo - Jucken - Trocken

Die Bedeutung von *Olibanum* für Hauterkrankungen ist uns erst nach und nach richtig klargeworden. Es gab zwar immer und in allen Bereichen und Körperteilen Brennen, Jucken und Kratzen, aber erst durch die Behandlung von Patienten wurde uns die breite Einsatzmöglichkeit wirklich bewußt. Es wurde deutlich, daß *Olibanum,* ähnlich wie Sulphur eine große Reinigungsfunktion ausübt, aber gerade deswegen auch mit massiven Reaktionen zu rechnen ist. Eine genaue Erhebung der Anamnese ist deswegen unabdingbar. Zusätzlich zu den Körpersymptomen helfen natürlich die Gemütsymptome die richtige Mittelwahl zu treffen. In den Fallbeschreibungen I, II und IV wird dies deutlich.

Doch jetzt zurück zu den gefunden Symptomen bei unserer HAMSE: *Beim Duschen erscheint warmes Wasser zu heiß, brennt auf der Haut; kaltes Wasser erscheint auf der Haut zu kalt.* Diese Symptome am dritten Tag nach der *XM*-Einnahme zeigen deutlich die Empfindlichkeit der Haut. Nach der *C 40/5*-Einnahme schrieb eine Probandin: *Hautauschläge nach Waschen verschlimmert, brennend rote Flecken.* Ein anderer Proband: *Stark juckender Hautaus-*

schlag, Wasser agg. Ein Symptom, das in der Zwischenzeit auch durch Patientenbehandlungen bestätigt wurde, war: *Alte Hautsachen kommen wieder, wie Intertrigo beidseits.*

Das Jucken nahm einen ganz wichtigen Teil ein und ist auf jeden Fall als zweiwertig einzustufen. Sehr eindrucksvoll schrieb ein erfahrener homöopathischer Arzt nach der *Olib. C 40/5*: *Juckreizanfall, nachts, brennend (zum Verrücktwerden).* Dieser Anfall trieb ihn aus dem Bett. Genau das gleiche Symptom haben wir in der Fallbeschreibung II geschildert. Wir fanden weiterhin: *Jucken, punktförmig; Jucken an verschiedenen kleinsten Stellen, verteilt am ganzen Körper; Jukken punktuell; Wanderjucken; Juckreiz - wechselt rasch den Ort; Jucken am ganzen Körper.* Eine Probandin meinte dazu: "Es ist fast so, als wäre ein Floh unterwegs." So fanden wir wirklich bei einem Probanden nach der *Olib. C 30*-Einnahme: *Hautausschlag, flohstichartig.* Die Haut wurde zweimal als *trocken* angegeben.

Erwähnenswert erscheint uns noch ein "Masern-Fall", der kurz vor Beendigung dieses Kapitels auftrat. Der 17jährige Patient hatte anfangs einen Hautausschlag im Gesicht, mit kleinen rötlichen Flecken, der sich im Laufe der nächsten Tage auf den gesamten Körper ausdehnte. Mit Hitzegfühl, Brennen und starker Hauttrockenheit. Er hatte Fieber von bis zu 40,5° C mit delirösen Zuständen, trockenen Reizhusten und trotz vielen Trinkens kam er nicht zum Schwitzen. Zunächst bekam er *Ferr-p.*, allerdings nur mit teilweisem Erfolg. Er entwickelte sogar zusätzliche Symptome wie Augensymptomatik (*wie durch einen Schleier sehen* und *Akkommodationsstörungen)* und einen totalen Verlust des Geschmackssinns. Nach der Gabe von *Olib. C 100/5* erholte sich der junge Patient innerhalb von zwei Tagen von seinem schweren Krankheitsbild. Die Maserndiagnose wurde serologisch verifiziert.

Haut - Hautausschläge - rot - gefleckt: dulc. merc. verat.

Haut - Hautausschläge - Waschen - kaltem Wasser agg.; in: **Clem.** *Dulc.* sulph.

Haut - Hautausschläge - Exanthem, flüchtiges - chronisch: am-c. clem. mez. *Staph.*

Haut - Jucken - Verzweiflung, treibt zur: **Psor.**

Haut - Jucken - wandernd (29, davon zweiwertig): *Agar. Bar-c. Canth. Con. Merc. Puls. Sulph.*

Haut - Hautausschläge - Masern (77, davon dreiwertig): **Acon. Apis Bry. Euphr. Puls. Sulph.** (zweiwertig u.a.): *Ars. Bell. Coff. Ferr-p. Phos. Rhus-t. Stram.*

Allgemeines: Aktivität - Hitze - Kater - Luft - Müdigkeit - Schmerz - Schwäche -Speisen und Getränke - Wärme - Zittern

Auf viele der hier erwähnten Symptome wurde bereits im Gemütskapitel und in den entsprechenden Organkapiteln eingegangen. Die Allgemeinen Symptome lassen sich manchmal schwer von den Gemütssymptomen trennen.

Aktivität

So wurden auch die Zusammenhänge zwischen körperlicher und geistiger Aktivität bereits im Kapitel "Gemüt" erörtert. Die vermehrte Aktivität ist bei *Olibanum* so auffallend, daß sie zweiwertig eingestuft wurde. Die ProbandInnen fühlten sich, sowohl nach der Einnahme von *C 30, C 40/5*, als auch bei einer *C 1*-Verreibung: *Energiegeladen; den ganzen Tag sehr aktiv und wach; fühlt sich zunehmend frisch.* Eine Probandin, die zunächst nach der *C 40/5*-Einnahme Unruhe verspürt hatte, meinte dann: *Körperliche Arbeit tut gut.* Zusätzlich hatte sie viel *Energie.*

Allgemeines - Aktivität - vermehrt (14, davon zweiwertig): *Acon. Agar. Hyos. Op. Ox-ac. Stram.*

Hitze

Die Hitze oder vielmehr das Gefühl von Hitze und/oder Wärme, muß hier besonders erwähnt werden, da es sich um ein weiteres dreiwertiges *Olibanum*-Leitsymptom handelte. Es trat bei fast allen Einnahme- und Verreibungsgruppen auf. Zusätzlich wurde es noch bei Nachbesprechungen geäußert und häufig von Patienten beobachtet. Es wird beschrieben als: *Wärmeschub; ganzer Körper heiß; großes Hitzegefühl; Wärmegefühl am ganzen Körper; angenehmes, warmwohliges Gefühl im ganzen Körper; ganzer Körper fühlt sich warm an; große Hitze* - insgesamt bei 15 ProbandInnen. Diese Gefühle wurden in der Mehrzahl als angenehm empfunden. Am dritten Tag nach der *Olib. C 30*-Einnahme berichtete die Probandin: *Hitze am ganzen Körper, nachts.* Eine Probandin, die am 11.Tag nach *Olib. C 220/5*-Einnahme von einem: *großen Aktivitäts- und Vorwärtsdrang* berichtete, beschrieb am 12. Tag einen ständigen *Wechsel zwischen Kälte und Wärme.*

Allgemeines - Hitze - Gefühl von (114, davon dreiwertig): **Apis Calc-s. Cann-s. Coc-c. Coff. Fl-ac. Iod. Kali-s. Lil-t. Lyc. Nat-m. Nat-s. Puls. Sec. Sul-ac. Sul-i. Sulph.**

Kater

Die folgenden Symptome sind wichtige, weil sie manchmal einen Hinweis auf eine Suchtproblematik geben können. So fanden sich bei drei ProbandInnen ähnliche Aussagen: *Während der Morgenzigarette wie sturzbesoffen (ohne Alkohol-*

konsum); Gefühl wie verkatert; wie sturzbesoffen - ohne Alkoholkonsum. Ein für ihn selbst ungewöhnliches und interessantes Symptom lieferte uns ein Proband nach der *Olib. C 30*-Einnahme: *Kein Kater trotz Alkohol.*

Luft

Das Verlangen nach frischer Luft ist ebenfalls ein sehr typisches *Olibanum*-Symptom und deswegen auch als zweiwertig eingestuft. Zusätzlich ist es durch Patientenbehandlungen bestätigt. Wir fanden es bei der *C 1*- Verreibung, nach Einnahme von *Olib. C 6, C 30 und XM* mit fast identischem Wortlaut: *Drang nach draußen, möchte frische Luft; großes Verlangen nach frischer Luft; Verlangen nach frischer Luft.*

Allgemeines - Luft - Freien, im - Verlangen nach Aufenthalt im (133, davon dreiwertig): **Arg-n. Aur. Aur-m. Aur-s. Calc-i. Carb-v. Croc. Iod. Kali-i. Kali-s. Lyc. Puls. Sulph.**

Müdigkeit

Müdigkeit, ein Schlüsselsymptom von *Olibanum*? Sicherlich eins von vielen. Bereits im Kapitel "Gemüt" wurde auf den besonderen Zusammenhang zwischen geistiger Erschöpfung und deren Umschlagen in körperliche Müdigkeit hingewiesen. Trotzdem ist es wichtig, nochmals eindeutig und klar die Bedeutung der Müdigkeit für *Olibanum* hervorzuheben und gleichzeitig aufzuzeigen, in welcher Arzneien-Gesellschaft es sich befindet. Natürlich gibt es Müdigkeit unter sehr vielen Mitteln, aber so ausgeprägt wie bei *Olibanum* ist sie selten. Man findet sie zu jeder Tages- und Nachtzeit, unabhängig davon, wie lange man geschlafen hat. Oft überrascht sie einen plötzlich. Verbunden ist die Müdigkeit meist mit Erschöpfung und Schwäche. Wir fanden die Müdigkeit bei 30 ProbandInnen und bei fast allen Patienten: *Müdigkeit; müde, müde, müde, zum Umfallen*; *starke Müdigkeit; Müdigkeit tagsüber*; *Müdigkeit morgens; große Müdigkeit abends.* Viele Probanden, die nur Müdigkeit angegeben hatten, berichteten bei der Nachbesprechung, daß es sich um eine große Müdigkeit und Erschöpfung gehandelt habe. Manchmal hätten sie sich am liebsten ausgeklinkt und in die nächste Ecke oder das nächste Bett gelegt. Weitere Symptome waren: *Zum Umfallen müde; sehr, sehr müde; unendlich müde, könnte mich in die Ecke legen; entsetzlich müde; hundemüde.* Es ist manchmal eine Müdigkeit, wie kurz vor einem Kollaps.

Allgemeines - Müdigkeit (225, davon dreiwertig): **Alum. Bamb-a. Benz-ac. Calc-p. Cann-s. Carbn-s. Chel. Croc. Ferr. Ferr-pic. Gels. Graph. Kali-p. Lach. Lec. Lyc. Merc. Nat-m. Nux-v. Ph-ac. Phos. Pic-ac. Puls. Ruta Sep. Sil. Staph. Sulph. Tub. Zinc.**

Wie stark diese Müdigkeit sein muß, machte uns die Tatsache klar, daß viele Probanden sie schon morgens verspürten: *Müdigkeit morgens, wie gebremst, wie gegen einen Widerstand; unendlich müde, könnte mich in die Ecke legen (10.30 Uhr).* Eine Probandin allerdings, die normalerweise morgens vor Müdigkeit kaum aus dem Bett kommt, beschrieb das genaue Gegenteil: *Aufstehen fällt leicht.*

Schmerz

Die verschiedenen Schmerzzustände wurden bereits in den entsprechenden Kapiteln ausführlich behandelt; sind sie doch ein zentrales Thema bei *Olibanum.* Hervorzuheben ist jedoch, was eine Probandin am zweiten Tag nach der *Olib. C 40/5*-Einnahme erlebte: *Ganzkörperschmerz - wie versteift.* Sie hatte so etwas noch nie in ihrem Leben erfahren: "Jetzt erst kann ich nachvollziehen, was wirkliche Schmerzen sind und was es bedeutet, Rheuma zu haben."

Allgemeines - Schmerz - steif, wie versteift

Schwäche

Nachdem Müdigkeit und Erschöpfung (siehe Gemüt) bei *Olibanum* eine große Rolle spielen, ist als weiteres zweiwertiges Symptom die Schwäche wichtig. Sie drückt sich in folgenden Symptomen aus: *Schwäche; Schwäche; kraftlos; alles strengt mich unheimlich an; körperliche Schwäche; große Erschöpfung.* Zu Beginn der *C 3*-Verreibung schrieb ein Proband: *Nun komme ich doch langsam in ein Energieloch (16.00 Uhr)* obwohl kurz zuvor eine längere Pause stattgefunden hatte. Am zweiten Tag nach der *Olib. C 30*-Einnahme beschrieb eine Probandin ihren fast kollaptischen Zustand so: *Gefühl, daß Kreislauf abfällt (im Sitzen).*

Speisen und Getränke

Bereits im Kapitel "Gemüt" wurde unter dem Thema "Sehnsucht - suchen - Sucht - Verlangen" das Symptom: *Verlangen nach Alkohol* erwähnt. Dies ist nun hier ein zweiwertiges Symptom mit folgenden Probandenäußerungen: *Lust auf Alkohol; Verlangen nach Alkohol (kenne ich von hektischen Tagen mit zuviel Kaffee und Zigaretten); Lust auf Alkohol und Zigaretten.* Interessanter war allerdings ein geheiltes Symptom: *Kein Verlangen nach Alkohol (bei jemand, der täglich seinen Schoppen trinkt!).* Ein Proband, der seit Jahren weder Alkohol noch Zigaretten angerührt hatte, berichtete nach der *C 1*-Verreibung: *Mir geht's gut, (am Abend zuvor nach C 1-Verreibung) in total verräucherter Kneipe gesessen, wo ich sonst schon an der Tür umgedreht wäre. Es machte mir überhaupt nichts aus, ich habe sogar selber geraucht und drei Bier getrunken.* Eine Probandin äußerte am siebten Tag nach der *C 40/5*-Einnahme: *Vermehrt Bedürfnis nach Alkohol und Zigaretten.* Sie berichtete darüber hinaus: *Bereits nach zwei Bier wie betrunken* (siehe

Gemüt - Betäubung). Das Verlangen beschränkte sich bei *Olibanum* nicht nur auf Alkohol und Zigaretten (Tabak), sondern fand sich auch als: *Plötzlicher Heißhunger auf etwas Herzhaftes wie Wurst und Fleisch; Verlangen nach Kaffee; Heißhunger auf Käse; Geruch von Tee aufgeschnappt, danach Verlangen.* Ein widersprüchliches Symptom tauchte bei gleich zwei Probanden auf: *Gelüste auf Fleisch, wollte dann aber keines essen; Verlangen nach Fleisch - kann es aber nicht essen.* Neben dem Verlangen nach Kaffee auch das Gegenteil: *Kaffee schmeckt nicht;* oder bei jemand, der sehr viel Kaffee trinkt: *Weniger Verlangen nach Kaffee.* Das Verlangen nach Zigaretten ist unter *Olibanum* fast genauso groß, wie das Verlangen nach Alkohol und oftmals gekoppelt: *Lust auf Alkohol und Zigaretten; Verlangen nach Zigarette.* Dies steigerte sich bei einer Probandin in der *C 4*-Verreibung bis zur *Nikotinsucht.* Zwei Probanden, die jahrelang nicht geraucht hatten, fingen unter *Olibanum* wieder damit an. Zuerst nur aus purer Lust, danach hatten sie aber große Probleme wieder davon "runterzukommen".

Allgemeines - Speisen und Getränke - Alkohol - Verlangen (89, davon dreiwertig): **Ars. Lach. Nux-v. Sulph.** (zweiwertig u.a.): *Asar. Aur. Caps. Coca Crot-h. Hep. Led. Lyc. Med. Op. Phos. Psor. Puls. Sep. Staph. Syph. Tub.*

Allgemeines - Tabak - Verlangen nach Tabak: (36, davon zwei- bzw. dreiwertig): *Ars. Asar. Calc-p. Camph. Chin. Coca Spig. Staph.* **Tab.**

Wärme

Unter Wärme fanden wir Symptome wie: *Möchte im Bett bleiben, mich einhüllen.* Die Probandin schrieb dazu: "Es war am 11.Tag nach der *Olib. C* 6-Einnahme; irgendwie hatte ich das Gefühl als bräuchte ich Wärme und Schutz." Weitere Symptome wie: *Wärmeempfinden (3.00 Uhr nachts) [vorher Kälte].*

Zittern

Nur zwei Probandinnen berichteten während der *Olib.* C 3-Verreibung: *Zittrigkeit wie nach Alkohol; Zittrigkeit (18.00 Uhr).*

Wir haben am Ende der Gemütsymptome eine Art geistiges Resümee gezogen und Bezug genommen auf ein Symptom, das ein erfahrener Homöopath am Schluß einer *Weihrauch*-Verreibung geäußert hat: "*Weihrauch* plädiert für eine Auszeit." Wir wollen diesen Begriff auch für den Körperlichen Bereich erneut zur Diskussion stellen. Wir denken, daß *Weihrauch/Olibanum* wirklich für eine *Auszeit* steht: im Sinne einer tiefgreifenden Erholung für Körper, Seele und Geist.

Beziehungen von Olibanum zu anderen Arzneien

Nach unserer bisherigen, über vierjährigen Behandlungserfahrung mit *Olibanum*, haben sich folgende *Arzneibeziehungen* herauskristallisiert - in *drei Graden* angegeben.

Olib. wird durch folgende Arzneien *ergänzt:*

- ars. bell. bry. *Calc.* calc-p. cann-i. hep. ign. lyc. *Myrh.* nux-v. op. *Phos. Puls.* rhus-t. sep. sil. sulph. *Thuj.*

Olib. wird *gefolgt* von:

- arg. ars. aur. bell. bry. *Calc.* calc-p. cann-i. cann-s. chin. ferr. hep. ign. kal-c. lac-h-m. *Lac-h-w.* lac-h-m/w. lach. lyc. med. **Myrh**. nat-m. nux-v. op. **Phos.** psor. **Puls.** rhus-t. sep. sil. *Sulph.* **Thuj.** *Tub.*

Olib. kann *im Wechsel* gegeben werden mit:

- myrh. phos. puls. thuj.

Olib. selbst *folgt* gut auf:

- ars. *Bry. Calc. Cann-i.* ferr. hep. ign. *Lac-h-m.* lac-h-w. lach. lyc. med. **Myrh.** nat-m. nux-v. op. **Phos.** psor. **Puls.** rhus-t. sep. sil. *Sulph.***Thuj.** tub.

Olib. hat bisher kaum *Feinde* außer:

- camph. *Coff.* tab.

Olib. wird *antidotier*t durch:

- ars. *Camph. Coff.* nat-m. *Nux-v. Phos.* puls. sep. sulph. *Thuj.*

Olibanum-Behandlungsfälle

Vorbemerkung: *Alle für* **Olibanum** *typischen Symptome sind kursiv gedruckt, ebenso alle Arzneinamen.* Die Hersteller der homöopathischen Arzneimittel tragen folgende Abkürzungen in Klammern: DHU= (D), Eigenherstellung = (E), Gudjons = (G), Homeoden = (H), Labopharma = (L), Spagyra = (S), Schmidt-Nagel = (SN).

Fallbeschreibung Olibanum I

Diagnosen: Psoriasis mit stark deformierender, handbetonter Polyarthropathie, Erschöpfungsdepression (1990), Prostatahypertrophie, massive Erektionsproblematik nach Radiatio wegen Penisverkrümmung, Erysipel linker Unterschenkel (1993), Leistenhernien-Op. beidseits (1997), HWS-Myogelosen.

Eigenanamnese: 77jähriger Patient ist seit 1980 in klassisch-homöopathischer Behandlung. Vor diesem Zeitpunkt bekam der Patient starke chemische Rheumamittel, Herzmedikamente und Cortison. Seit 1981 kam er dann ohne diese Mittel zurecht, allerdings immer wieder begleitet von Schmerzschüben. Als Kind lange Zeit Meßdiener. Als Jugendlicher immer wieder Anginen. Mit 17 1/2 Jahren meldete er sich freiwillig zu den U-Boot-Fahrern, dort war er sehr großer Kälte, mit stundenlangem Stehen ausgesetzt. Im Alter von 24 Jahren Q-Fieber. Wochenlang lag er auf der Intensivstation mit sehr hohen Fieberschüben. Mit 29 Jahren (sieben Jahre nach Kriegsende) Ausbrechen der rheumatischen Beschwerden.

Familien-Anamnese: Mutter starb im Alter von 42 Jahren an einem Nierenleiden. Vater starb mit 68 Jahren an einer Staublunge, die er sich bei der Arbeit in einer Ölmühle zugezogen hatte. Fünf Geschwister, ein Bruder im Alter von 21 Jahren an Leukämie gestorben. Ein anderer Bruder im Krieg gefallen. Älteste Schwester heute 86 Jahre, gesund. Eine Schwester (zwei Jahre älter) M. Parkinson, vor drei Jahren Schlaganfall, bettlägrig.

Bisherige Therapie: Behandelt wurde der Patient, wie bereits gesagt, seit etwa 1980 von einem bekannten homöopathischen Kollegen. Seit 1990 nun in meiner Behandlung. Ab 1992 wegen der Verstrahlung u. a. *Rad-br. LM VI (SN)* über einen längeren Zeitraum. Davor und danach bekam er *Nat-m., Lyc.* und *Rhus-t.* in Hochpotenzen bis zur *XM (SN). Lach.* zur Behandlung des Erysipels. Es folgten *Thuj., Bry., Sulph., Rhus-t.* und *Med.* in *Q*-Potenzen *(G)* nacheinander, jeweils über viele Monate. Dem Patienten ging es immer recht gut, aber es war kein wirklich durchschlagender Erfolg zu verzeichnen.

Status: Patient geschäftlich sehr erfolgreich, sehr *umgänglich* in Gesprächen und Verhandlungen, *freundlich* und *hilfsbereit, einfühlsam* und *empfindsam.* Trotz seines Alters und seiner Beschwerden wirkt er *jünger. Großer Aktivitätsdrang*, danach aber auch wieder *sehr müde* und *erschöpft.* Kann bei jeder Gelegenheit und in jeder Stellung *schlafen;* kurze Nickerchen, fühlt sich danach wieder ganz gut erholt. Kann *Wärme sehr gut vertragen,* Außentemperaturen bis 35° C machen ihm überhaupt keine Probleme. *Schlechtes Wetter* verschlimmert alles, auch seine Stimmung. *Psoriasis* hauptsächlich an den Ellenbogen, aber auch in der Analfalte, rot und *juckend.* Nach Aufenthalten in Zypern und Israel fast weg. *Augenbrennen, Sandgefühl.* Nachts wenn er die Arme nicht bedeckt, wird es ihm kalt, auch die Füße muss er gut zudecken. Sehr *starke Gelenkschmerzen* rechtes Knie und rechte Hüfte. Kann sich die Schuhe nicht binden. Aber auch im *linken Knie starke Schmerzen*, v.a. *nachts.* Kann *kaum Treppen gehen.* Fühlt sich insgesamt *oft schlapp.*

Therapie: Mitte des Jahres 1996, nachdem die wichtigsten *Olibanum*-Symptome klar geworden waren, wagte ich den ersten Versuch mit *Olib. Q 2 (G)* zunächst für zwei Wochen täglich 1 Tropfen.

Anruf des Patienten: "Es geht mir sehr gut, konnte hervorragend laufen seit heute etwas *Halskratzen*, muss mich *ständig räuspern.* Konnte während des Betriebsausfluges unheimlich gut laufen, Treppensteigen ist so gut, wie schon lange nicht mehr, bis in den 5.Stock, ohne Probleme. *Hals kratzt* etwas, aber keine richtigen Halsschmerzen (hatte als Jugendlicher immer wieder Anginen), Leistung ist gut, bin voll *aktiv*, vor allem geht es mir seelisch sehr gut."

Therapie: Weiter mit *Olib. Q 2 (G)*, aber nur noch *Mi.* und *So.* 1Tropfen.

14.8.96: "Rechte Schulter im Moment sehr schlecht, kann kaum die Jacke anziehen, Hände unverändert, Psoriasis an den Ellenbogen sehr gut, nur am Po noch stark, *Augen jucken* so stark, daß es mich plagt, Appetit sehr gut, *Treppensteigen*: ich könnte springen."

Therapie: *Olib. Q 2 (G)*, weiter wie bisher.

Ab 11.9.96 waren dann je nach Repertorisation immer wieder zwischendurch andere Medikamente indiziert. Es würde den Rahmen des Buches sprengen, wenn wir den ganzen Ablauf aufzeigen wollten. Deswegen machen wir einen Sprung.

9.3.98: "Seit ca. 14 Tagen *schwitze* ich bei der geringsten *Bewegung*, schon beim Hemd ausziehen. *Husten* muß ich *immer wieder*, wenn ich ins Schwitzen komme, dann kommt auch *Schleim* hoch, *gelblich; Schweiß* ist *klebrig.* Psoriasis fängt gerade wieder an."

Therapie: *Olib. C 40/5 (E)*

1.4.98: "Anfangs ging es mir recht gut. *Gelenke* wurden *besser* und *besser,* bin wirklich *zufrieden*. Rechte Hand schläft nicht mehr so stark ein. Linker Unterschenkel, da muckert es mal wieder an der alten Erysipel-Stelle. (Hatte er 1993, wurde mit *Lach.* bis zur *M*-Potenz behandelt. Anmerkung: *Olibanum* bringt ähnlich wie *Sulphur* immer wieder alte Zustände nochmals hervor, wenn sie nicht ganz ausgeheilt waren). *Augenjucken* ist ganz weg gewesen, kommt nun wieder, immer wenn ich daheim bin, vielleicht liegt es am *Teppichboden; Psoriasis* ist an beiden Ellenbogen wieder gekommen und am Gesäß auch wieder stärker."

Therapie: *Med. XM (SN).*

Danach erhielt der Patient am 30.7.98 *Thuj. 220/5 (L),* am 21.9.98 *Olib. 220/5 (E),* am 30.11.98 *Olib. 650/5 (E),* am 18.1.99 *Med. XM (SN),* am 8.4.99 *Olib. M (SN),* am 28.6.99 erneut *Thuj. 220/5 (L)* und schließlich am 17.8.99 *Olib. XM (SN).*

Unter dieser Therapie geht es ihm nun auch mit seinen Gelenken so gut wie seit mindestens 15 Jahren nicht mehr, ohne daß er noch irgendwelche chemischen Medikamente bräuchte. Auch die Psoriasis ist weitgehend friedlich, aber natürlich nicht völlig verschwunden. Vor allem ist er seelisch total ausgeglichen und munter. Wirkt allgemein gesünder und flexibler als noch vor 10 Jahren. Er ist trotz seiner 77 Jahre immer noch beruflich tätig und überaus aktiv.

Fallbeschreibung Olibanum II

Diagnosen: 23jähriger Patient mit Neurodermitis, Selbstfindungsproblematik mit Polytoxikomanie (v.a. Cannabiskonsum).

Familienanamnese: Mutter: keine Kinderkrankheiten, nie Fieber, war phantasievolles, neugieriges, quirliges Kind, im Alter von 16 Jahren großes Furunkel auf der linken Stirn.

Vater: als Jugendlicher Tuberkulose, Marihuana-Konsum vom 23. - 26. Lebensjahr, viele Reisen und Aufenthalte in fremden Ländern, Amöbenruhr im Alter von 23 Jahren, Fleckfieber mit 30 und Typhus abdominalis mit 31 Jahren.

Großvater: Rheumatoide Arthritis.

Urgroßvater (mütterlicherseits): M. Parkinson, Altersdiabetes.

Urgroßmutter (mütterlicherseits): Hüftleiden, Osteoporose.

Schwangerschafts- und Geburtsanamnese: Mutter: 25jährige 1. Para, in Mens III Typhus abdominalis (Behandlung mit Carbenicillin). Geburtseinleitung mit Orasthintropf, Pudendusanästhesie, Gabe von Dolantin in der Austreibungsphase, *Mutter war wie gedopt*, keinerlei Gefühl, kein Preßdrang, massive Manipulation mit extremem Kristellern der Hebamme. Dabei hatte die Mutter das Gefühl, als würde ihr etwas aus dem Leib gerissen.

Kind: bei der Geburt untergewichtig, 2650 g, Mangelgeborenes, Placenta stark infarziert (wie bei starker Raucherin, Mutter hatte nur gelegentlich geraucht). Zwei Wochen nach der Geburt schwere *Erkrankung der Mutter* mit *Schwindel-* und *Ohnmachtsanfällen*, bedrohliche *Gleichgewichtsstörungen*, unfähig sich selbst zu versorgen. Dafür fanden die behandelnden Ärzte folgende Diagnosen: Zustand nach Typhus abdominalis, Wochenbettfieber, Wochenbettdepression *(Erschöpfungsdepression)*, danach Krankenhausaufenthalt für fast sechs Monate. Der Neugeborene wurde nur zwei Wochen gestillt, mußte danach zur Schwägerin gegeben werden.

Impfungen: DPT, Masern, Mumps, Keuchhusten, BCG gleich nach der Geburt.

Eigenanamnese: Fieberkrämpfe im Alter von ein und zwei Jahren. Als Kind sehr zart, kleinwüchsig, dunkle Locken, dunkle große Augen, sehr *neugierig, unruhig*, zeitweise *überaktiv*, sehr viel *Phantasie*, saß stundenlang beim Spielen mit Legos, total *in sich versunken, vergaß die Zeit* um sich herum.

Beginn der homöopathischen Behandlung mit drei Jahren: *Phos., Tub., Sil.*, jeweils bis zur *XM (SN)* waren die Hauptmittel. Danach gute Entwicklung, keine signifikanten Gesundheitsprobleme. Im Alter von zwölf Jahren traumatisches Erlebnis durch schwere Erkrankung des Vaters, der nur durch eine Flug-Rettungsaktion überlebte. Schul-, Kultur- und Ortswechsel. Über Schwierigkeiten in der Schule äußerte er sich zu Hause nicht, da der Vater immer noch krank war. Mit 14 Jahren erster Kontakt mit *Marihuana*, aber auch *Psylocybe* und *LSD* in größeren Abständen, immer zusammen mit Freunden. Zuerst war es *Neugier*, sie wollten *anders sein* als die Anderen, sich bewußt *abgrenzen*. Später Ausprobieren von allerlei Kräutern und Tees, z. B. *Belladonna-Beeren*, konnte danach eine Woche lang nicht mehr richtig lesen. Zunehmende Probleme in der Schule, Lehrer betitelte ihn dauernd als Versager; wechselte daraufhin die Schule. Gab schließlich seiner Mutter gegenüber den *Marihuana-Konsum* zu, aber nur den, alles andere nicht. Bestand mit Hilfe von *Cocain* seine Mittlere Reife. Danach war er ziemlich *orientierungslos;* das Einzige, was ihn wirklich interessierte, war seine Malerei. Die *Bilder* waren enorm *ausdrucksstark*, fast *genial.* In dieser Zeit mit Einverständnis der Eltern Auszug aus dem Elternhaus. Zu Beginn der einjährigen Berufsschulausbildung als Schreiner war er noch Zweier-Schüler, danach rutschte er immer mehr ab, verbrachte die Zeit mit Gleichgesinnten. Anschließend pausierte er für ein halbes Jahr, weil er keinen Ausbildungsbetrieb hatte finden können. In dieser Zeit auch Konsum von *Amphetaminen* und *Ecstasy*. Schließlich bekam er mühsam und mit Hilfe der Eltern, die er immer wieder aufgesucht hatte, doch noch eine Ausbildungsstelle. Dort traten bald in Verbindung mit *Klebstoffen, Lacken* und *Holzschutzmitteln* massive *Hautreaktionen* auf, die von einer Hautärztin als *Neurodermitis* diagnostiziert wurde.

Status: Neben den üblichen Symptomen einer ausgeprägten *Neurodermitis* am ganzen Körper mit *unerträglichem Juckreiz*, der ihn *fast zum Wahnsinn* trieb, traten noch zahlreiche andere massive Beschwerden auf. Vor allem große *innere Unruhe, Atembeschwerden* und *Herzschmerzen,* sowie *Angstzustände.* Hat das Gefühl von großem *Weltschmerz* wegen Kriegen, Hunger und Armut in der Dritten Welt einerseits und andererseits der Dekadenz und des Überflusses bei uns. Dabei *Verlorenheitsgefühl* mit der Tendenz zur *Selbstaufgabe* und *Verwahrlosung.* Dieser Zustand veranlaßte ihn, erneut die Hilfe seiner Eltern zu suchen.

Therapie: Fortsetzung der homöopathischen Behandlung, die zeitweise nur sporadisch stattgefunden hatte.

10.04.97: Wegen der totalen *Orientierungslosigkeit,* aber trotzdem Bemühen den *Kontakt* zu den Eltern, vor allem *zur Mutter* zu halten, sowie auffällig großem *Zärtlichkeitsbedürfnis,* wählte ich den Behandlungseinstieg über die *Muttermilch.* Maßgeblich dafür war auch die anamnestische Defizitsituation kurz nach der Geburt.

Therapie: *Lac-hum. weibl.* C 220/5 *(L)*

9.07.97: Besserung des Allgemeinzustandes, besonders der seelischen Lage: Haut gebessert, noch deutliche Unruhezustände, aber weniger Ängste. Orientierungslosigkeit deutlich weniger, Kontakt zu den Eltern normalisiert sich.

Therapie: *Lac-hum. weibl. C 220/5 (L)*

2.04.98: Weiterhin langsame stetige Besserung. Führt viele intensive Gespräche mit der Mutter. Hat in der letzten Zeit jedoch wieder größere Probleme, seine Arbeit zu machen und sich vernünftig mit seinem Chef auseinanderzusetzen. Nimmt weiterhin Drogen, gibt dies jedoch nicht zu.

Therapie: *Calc-p. XM (SN)*

29.06.98: Immer noch *instabil*, weiterhin regelmäßiger *Marihuanakonsum*, den er damit begründet, daß dies den *Juckreiz* auf der Haut verringere, der in der letzten Zeit wieder deutlich zugenommen habe. Verspürt *Sehnsucht* zu verreisen, allerdings nur, wenn er ein *Ziel* hat.

Therapie: *Olib. C 220/5 (E)*

20.08.98: *Haut* danach eine Woche lang sehr gut, *Juckreiz* fast verschwunden. Doch anschließend wieder extrem *gereizt*, sehr *wasserempfindlich, Juckreiz unerträglich, zum Verrücktwerden, Aufbrechen alter Wunden*, sowohl *körperlich* als auch *seelisch*, erinnert sich an Begebenheiten und *Verletzungen*, die ihm früher zugefügt wurden. Trotzdem fühlt er sich dadurch nicht bedroht, vielmehr verspürt er den Wunsch, sich damit *auseinanderzusetzten. Sucht* intensiver den Kontakt zu den Eltern, setzt sich mit Freunden *auseinander*, kann seine *Position besser vertreten*. Haut wird wieder besser, beruhigt sich. *Kann seine Meinung so sagen, daß sich andere nicht verletzt fühlen, hat das Gefühl verstanden zu werden.* Die *Verheimlichungen* werden immer weniger, *spricht ehrlicher* über seine *Drogenkarriere*. Will *Klarheit*, auch mit seinem Chef.

Therapie: *Olib. C 220/5 (E)*

2.12.98: Seit Ende November Haut wieder schlechter, vermehrter *Juckreiz*, kann *nachts schlecht einschlafen, wacht* des öfteren gegen *3.00 Uhr auf*, macht sich viele *Gedanken*, manchmal hat er starke *Gelenkbeschwerden*, auch *Muskelkater*, so als wäre er Tage gewandert, wieder diffuse *Angstgefühle*, fühlt sich *bedroht*.

Therapie: *Olib. C 650/5 (E)*

15.01.99: Haut beruhigt sich langsam, seelisch fällt er zunächst in *ein sehr tiefes Loch*, mit *starker depressiver Verstimmung*, tageweises *Abrutschen in alkoholische Exzesse*, fühlt sich *nicht geliebt*. In der zweiten Woche Stabilisierung des seelischen Zustandes, bekommt plötzlich *Klarheit*, sieht seine Situation und die Drogen *deutlich und realistisch*, will *etwas verändern*, hält jedoch *Verwirrung* und *Belastungen* kaum aus, zwischenzeitlich starker *Aktivitätsdrang*, danach *totaler Zusammenbruch*, ist *unruhig*, läuft ständig umher *wie ein Kater, sehr unruhig.*

Therapie: *Tub. XM (SN)*; seine Konstitutionsnosode

3.03.99: Nach dem Tod eines langjährigen, guten Freundes (aus der Anfangs-Kiffer-Clique), der in totaler Verwirrung (wahrscheinlich unter Drogen) von einem Lastwagen überfahren wurde, *große Traurigkeit mit Schuldgefühlen*, weil er ihn Tage zuvor *abgewiesen* hatte, als er bei ihm wohnen wollte. Er sucht Gespräche, vor allem mit seinem Vater, kann aber nicht zur Beerdigung, igelt sich ein.

Therapie: *Lac-hum. männl. C 100/4 (L)*

17.04.99: Sofort nach dem letzten Medikament wurde er seelisch stabiler, *weiß* jetzt mehr *was er will;* auch gegenüber seinem Chef, den er nun als verwirrt bezeichnet, wird allerdings auch *agressiver,* kann *Ungereimtheiten* oder *Unklarheiten* kaum ertragen. Ebenso geht es ihm mit seinen Freunden, hat jedoch die *Gabe*, einige davon *zu überzeugen*, ebenfalls mit den *starken Drogen* aufzuhören und den *Marihuanakonsum* wenigstens einzuschränken. Anfang April nimmt er mit zwei anderen "Drogenfreunden" an einer Verreibung (mit Therapeuten) von *Myrrhe* teil, was ihn sehr positiv beeinflußt: Bedürfnis sich mit dem *Tod* des Freundes *auseinander zu setzen.* Seit zwei Wochen wieder starker *Neurodermitisschub,* wohl wegen zu großen *psychischen Belastungen* (Probleme mit seinem Chef), aber vor allem durch *Belastung mit Lacken und Formaldehyd* in der Firma. *Ungeduld* ist wieder sein größtes Problem, geht in *Liebesdingen* eher auf *Distanz*, *reisen* würde er am liebsten, aber nur wenn er ein *Ziel* vor Augen hat, nicht als Zeitvertreib. *Angst* unter *Zeitdruck* zu geraten, vor allem wegen seiner bevorstehenden Prüfung. *Selbstvertrauen* ziemlich mies, Gefühl zuwenig gelernt, oder zu wenig beigebracht bekommen zu haben.

Therapie: *Olib. XM (SN)*

24.04.99: Fühlt sich sofort nach der Einnahme *psychisch sehr stabil*, aber die *Haut explodiert* förmlich, *kratzt* sich fast zu Tode, *leidet Höllenqualen*, will alles *ordnen*, *entwirren, regeln,* sofort und auf einmal, ohne *Geduld.* Lehnt alle *Drogen* ab, findet sie geradezu *schrecklich*, findet sich selbst *eklig*, ist übermäßig *aggressiv.*

Therapie: *Nux-v. C 220/4 (L)* als Zwischenmittel, um die überschießende *Olib.*-Wirkung etwas abzumildern.

29.06.99: Haut entspannte sich langsam, aber stetig. *Will,* daß seine *Mutter* bei ihm ist, *sucht Schutz* und *Hilfe*, aber mit *Respekt* vor seinen *Grenzen,* kann *ehrlichen*, aber nur wirklich *aufrichtigen Trost* annehmen, braucht viel *Zärtlichkeit* und *echte Zuneigung* in Form von *Streicheleinheiten* und diese richtig körperlich als *Massage.* Hat *Angst* vor *Auseinandersetzung, sucht* sie aber auf der anderen Seite, *sucht Nähe*, aber auch hier wieder die *Abgrenzung* und *Distanz.* Ist von großer *Klarheit,* was seine Zukunft angeht, fast *euphorisch*, *lernt* sehr *intensiv* für seine Prüfung, schafft den schriftlichen Teil schließlich mit 2,6. Nebenher arbeitet er noch mit Freunden bei der Planung und Durchführung eines großen Festivals, *arbeitet bis zur totalen Erschöpfung.* Das Festival wird ein großer Erfolg; es geht ihm und dem Großteil der Veranstalter, so sagt er, um den Versuch, auch ohne harte Drogen, nur mit Hilfe von *Musik, künstlerischen Darbietungen, Theaterspielen* und *Tanzen,* bei optischen *Lichteffekten* mitten in der *Natur* etwas wie *Erfüllung* ihrer *Sehnsüchte* zu erreichen; möchte *versuchen,* andere davon zu *überzeugen,* daß dies der *richtige Weg* ist, versucht seine *Träume in Realität* umzusetzten. Er meint, er habe kapiert, daß diese Umsetzung große psychische

Anstrengungen und enormen körperlichen Einsatz erfordern wird. Die andere *Realität* kommt während des Festivals in Form eines Sondereinsatzes der Polizei. Die Veranstalter schaffen es trotzdem, daß alles friedlich bleibt und dies bei etwa 2500 Besuchern.

Auszug aus der örtlichen Tageszeitung: "*Im Burghof gab es ein durchgehendes Programm, mit verschiedenen Life-bands, Kunstobjekten mit aufwendigen Laserprojektionen, von einer Gruppe junger Leute,* [...] *diese waren eine nicht alltägliche Faszination. Artistische Einzeleinlagen, fackelschwingende Jongleure, Open-Air-Kino, Schwarz-Weiß-Filme aus den zwanziger Jahren auf die Burgmauer projiziert* [...]. *Ziel ist es, eine Plattform zu schaffen, wo sich talentierte Künstler präsentieren können* [...]."

Eine andere Zeitung meldete unter der Überschrift: *Kulturspektakel entpuppte sich als große Haschparty: Insgesamt wurden durch die eingesetzten Polizeibeamten 53 Ecstasy-Tabl., gut 50 Gramm Haschisch, zirka 50 Gramm Marihuana und diverse Joints, einige Klemmbeutel mit geringen Mengen von Amphetamin und Speed, sowie mehrere Rauchgeräte und Rauschgiftutensilien sichergestellt.*[...]. Davon abgesehen zog die Polizei ein positives Fazit: Die Veranstaltung der rund 2500 Techno-Fans verlief ohne weitere Störungen.

Neben den Festivalaktivitäten mußte er noch sein Gesellenstück anfertigen. Ist total *abgeschlafft*, aber gleichzeitig *euphorisch* was seine weitere Zukunft angeht

Therapie: *Calc-p. C 200 (G)* als Ergänzungsmittel zu *Olib. XM vom 17.04.99.*

1.08.99: Er schafft die Prüfung, fängt danach an, seine weitere Zukunft in die Hand zu nehmen; hat das *Gefühl auf dem richtigen Weg* zu sein. Allerdings ist er sehr *schnell ermüdet*, muß sich öfter für längere Zeit hinlegen, es reicht kein kurzer Schlaf; *Haut* wieder etwas *schlechter, juckt* vor allem nach dem Duschen; Besprechungen in Gruppen *nerven* ihn, will nicht alles wiederkauen, möchte *lieber unterwegs* sein, *an der frischen Luft* sein und *sich bewegen; kein* großes Verlangen auf *Marihuana*.

Therapie: *Tub. XM (SN)*

8.09.99: Hat seit etwa 14 Tagen wieder vermehrt *Probleme mit der Haut*. Ab Mitte September fängt die *Schule* zur Vorbereitung auf die Fachhochschulreife an, aber *gleichzeitig* möchte er auch noch gerne endlich eine *Firma gründen*. Ist jetzt wieder dem *Alkohol* etwas *mehr zugeneigt*.

Therapie: *Lac-hum. männl. C 220/4 (L)* als Ergänzungsmittel

Der Weihrauch brachte bei diesem Fall, wie übrigens häufig bei Menschen mit Drogen- und Selbstfindungsproblemen den entscheidenden Durchbruch. Nachdem der

Weihrauch die **Klarheit** *wiederhergestellt hatte, die durch die Drogen vorher vernebelt war, brachte er dem Patienten auch ein Stück* **Wahrheit**. *Oder, wie er selbst es ausdrückte, eine* **Illusion war zerstört** *worden.*

Hier möchten wir auf den nächsten Fall "Fallbeschreibung einer etwas anderen Art" hinweisen, in dem wir nochmals versuchen, die Behandlung von und den Umgang mit Drogenabhängigen darzustellen. Wichtig ist auf jeden Fall deren Bereitschaft, Hilfe von außen überhaupt anzunehmen. Leider müssen manche sehr, sehr tief fallen, um dies zu erkennen.

Fallbeschreibung Olibanum III

Ein 25jähriger hat nach seiner Erfahrung mit der *Olibanum*-Verreibung, Einnahme der C 6-Potenz über einen längeren Zeitraum (wohl unbewußt auch als Haschisch-Ersatz) und Verräucherungen der Ursubstanz, sowie gezielter Einnahme von C 40/5 und C 220/5 als Therapie, seine Gefühle und Wahrnehmungen über *Olibanum* in einem sehr schönen, fast kindlichen Bild dargestellt. Dies ist für uns nicht überraschend, da *Olibanum*, wie wir meinen, sehr viel mit kindlichen Gefühlen zu tun hat. Man kann sagen, er hat *Weihrauch* nicht nur durchlebt, sondern auch verstanden, wie er uns in Gesprächen immer wieder mitgeteilt hat. Er konnte uns durch seine Erfahrungen mit den unterschiedlichsten Drogen auch den Vergleich zu diesen aufzeigen und uns die Welt der jungen Menschen, mit all ihren Problemen, Sehnsüchten und Wünschen sehr anschaulich vermitteln.

O

steht für **O***rdnung* machen, im Sinne von putzen und aufräumen, sowie reinigen, auch im Sinne von be-reinigen. **O***bszönitäten* ("obszön; Obszönitäten tangieren nicht". Neue Rubrik) **o***ffen* sein - sich **ö***ffnen*. Übrigens hat das **O** auch noch eine Schmetterlingsfigur in seinem "Bauch", diese steht für die Schmetterlingsgefühle, wie sie auch andere Prüfer wahrgenommen haben ("Gefühl von

Schmetterlingen im Bauch", aber auch "Gefühl von Schmetterlingen auf der Zunge". Neue Rubriken).

L

steht für die L*iebe,* im Sinne von Mutterliebe; reine L*iebe*, L*iebe* für einen Menschen, aber auch für Länder, andere Kulturen, Menschen und Natur. Aber auch für die L*ust* (Verlangen, Wünsche, Sehnsüchte nach Reisen, Spielen, Singen, L*achen*, Tanzen, Trinken, Rauchen und nach Sex.) L*iebe* und L*ust* sind beide zentrale, wichtige Symptome. Die L*iebe* findet ihre Fortsetzung im Herz auf dem **I**. Als körperliches Symptom: Akute L*umbago.*

I

steht für I*dentität* und Bestehen darauf, aber auch für I*deale* und die Suche danach. Im körperlichen Bereich I*schiasbeschwerden.* Auch für I*mpotenz* (und als weibliches Pendant die Frigidität).

B

steht für aufmerksame B*eobachtung* (auch von sich selbst, Selbstreflexion), im Sinne einer erhöhten Wahrnehmung. B*egreifen* von Zusammenhängen. Aber auch für das B*egehren* vieler Dinge. Zusätzlich für b*reit sein,* ein Begriff aus dem Sprachgebrauch der Jugend, was soviel bedeutet wie betrunken, benebelt, dicht, oder total gesättigt sein. Vor allem steht es aber für B*lockaden lösen* im Körperlichen (Muskelverspannungen), im Seelischen (im Sinne von emotional blokkiert) und im Geistigen (verkrustete Ideen).

A

steht für das A*chten,* A*ufpassen,* auch im Sinne von A*chtung* und Respekt, für sich selbst und für a*ndere;* auch für das A*kzeptieren* der Dinge und der A*nderen.* Weiterhin für das A*nnehmen* und A*ngenommen-Werden* ("fühlt sich aufgehoben und beschützt". Neue Rubrik).

N

ist der N*ebel*, der Schleier vor den Augen; auch als körperliches Symptom. Aber auch für die N*eugier*, sowie den N*eubeginn,* wenn die Klarheit sich durchgesetzt hat.

U

steht für die **U***ngeduld,* **U***nordnung,* **U***nruhezustände* und das **U***nstete,* das immer **U***nterwegs-sein* (vgl. Dromomanie), aber auch für den **U***mbruch* (Aktivitätsschübe, Vorwärtsdrang).

M

steht für **M***itteilungsbedürfnis,* **M***acht,* **M***ißbrauch* (in jeder Form auch sexuell, Drogen und Süchte) aber auch für **M***ut* zum **M***iteinander*; ebenfalls ein wichtiges neues Schlüsselsymptom: "es geht um das erlösende **M***iteinander*".

Inzwischen, versichert uns der "drogenerfahrene junge Mann", würde er keine harten Drogen mehr nehmen. *Olibanum* habe ihm die Gefahren dieser Drogen deutlich gemacht. *Weihrauch* sei eine *Wahrheitsdroge,* sie mache die Probleme sichtbar, entschleiere sie, womit sie natürlich noch nicht beseitigt seien.

Es ist nicht immer einfach mit der *Wahrheit,* oder ihrer *Ent-schleierung* umzugehen, nicht jeder kann sie verkraften und verarbeiten. Deswegen ist es um so wichtiger, nach Gaben von *Weihrauch* den Patienten weiterzubegleiten, eventuell sogar mit Hilfe drogensuchterfahrener Psychotherapeuten.

Jetzt bedarf es der **Liebe** im Sinne von Empathie, dosierter Zuwendung, aber auch gezielter Abgrenzung, um das nötige Vertrauen des Patienten zu erlangen und aufrecht zu erhalten. Hierzu schreibt die anthroposophische Ärztin *M. Glöckler* (Leiterin der medizinischen Sektion am Goetheanum in Dornach) in ihrem Artikel "*Sehnsucht nach Liebe*": "Die Sehnsucht nach Liebe hat im Zusammenhang mit der Sucht deshalb so große Bedeutung, weil sie die Hauptrolle bei der Behandlung von Suchtkrankheiten, die ursächlich mit den menschlichen Beziehungen zusammen hängen, spielt. [...] Die geringste Rückfallquote ist bei Hilfseinrichtungen zu verzeichnen, wo die Beziehungen zwischen Therapeuten und Suchtkranken auch nach der Entlassung noch weiter gepflegt werden. Woher kommt das? [...] Die menschliche Beziehung ist dafür das Missing Link, und zwar das ganz individuelle Moment der menschlichen Beziehung. [...] Haupteinstiegsmotivation in die Sucht ist die Sehnsucht nach Liebe, nach einer funktionierenden, tragfähigen Beziehung. Wenn die nicht gegeben ist, fungiert die Droge als Ersatzbeziehung. [...] Drogen vermitteln offenbar ähnliche Erlebnisse wie sie in einer guten Beziehung möglich sind: Die Gefühle von Geborgenheit, Aufgehobensein, Wärme, Heiligkeit, Sichangenommenfühlen, Verstandenfühlen, sich im Weltzusammenhang wichtig, interessant, aber auch gerechtfertigt erleben."

Nach *Olibanum* wird ähnlich wie nach *Sulphur* (wenn sie nicht selbst das Simillimum sind) oft das Konstitutionsmittel sichtbar. In vielen Suchtfällen hilft dann zusätzlich als wichtigstes Mittel *Lac-hum. weibl.* oder *männl.*, oder auch die *Zwillingsmilch* (männlich/weiblich). Wir gehen dabei von einem Defizit aus. Was macht ein Neugeborenes als Erstes, wenn es auf die Welt kommt? Es *sucht* nach Nahrung, nach *Nähe*, nach *Wärme*, nach *Zärtlichkeit*, nach der *Mutter*. Je nach Art und Weise des durchgemachten *Defizits* während der Schwangerschaft, der Geburt, im Babyalter oder der frühen Kindheit, später dann auch in der Pubertät kann *Lac-hum.* aus unserer Erfahrung zusätzlich zum *Olibanum* nötig werden. (Geprüft wurde Lac-hum. männl. und weibl. bereits durch *J. Bekker, W. Ehrler, R. Sankaran* und andere). Inzwischen haben wir auch die *Zwillingsmilch* von einem männlichen/weiblichen Zwillingspaar zusammen mit Hebammen, Familien- und Psychotherapeuten und total von der Homöopathie "unbeleckten" Personen geprüft.

Die Bereitschaft zur *Sucht* liegt wohl nicht allein in einer genetischen Komponente, sondern kann durch psychische Belastungen bereits während der Schwangerschaft, im Babyalter und später in der Pubertät maßgeblich geprägt werden. Ebenso kann sich durch eine Früh- oder Mangelgeburt eine Suchtkomponente ausbilden. Aber auch Kinder, die schwere Krankheit oder Tod der Mutter, oder des Vaters in der frühkindlichen Phase miterleben mußten, verbunden mit Muttermilchentzug, aus welchem Grund auch immer, sind vermehrt gefährdet. Ebenso Adoptiv-, Pflege- oder Heimkinder, wie auch vernachlässigte oder mißhandelte Kinder können in späteren Jahren zu *Süchten* neigen.

Auf der *Suche* nach nicht erhaltener oder früh entzogener Liebe kann es als Ersatzhandlung zum Griff nach Drogen kommen. Wenn die *Sehnsucht* nach Liebe, Zärtlichkeit und Zuwendung, aber auch nach Selbstbestätigung und Selbsterfahrung keine Erfüllung finden kann, liegt das Verlangen nach Drogen nahe und die Gefahr, nach immer härteren Drogen zu greifen, ist groß. So kann sich ein ausgeprägtes *Suchtverhalten* entwickeln. Hierbei sind Alkohol und Zigaretten genauso gemeint wie Haschisch, Lachgas, Kokain, LSD, Ecstasy, Speed bis hin zum Heroin und Crack. Nicht vergessen dürfen wir auch die verschiedenen Tees, Pilze, Räuchersubstanzen und unsere homöopathischen Hexenkräuter, womit sich unsere Kinder, fast unbemerkt von uns Eltern, antörnen.

Durch den Weihrauch werden die Sehnsüchte sichtbar.

An dieser Stelle möchten wir auf einen interessanten Artikel von *R. Verres* [94] aus der Heidelberger Universität hinweisen, der sich seit langem mit Drogenabhängigen befaßt. Der Beitrag heißt "*Sehnsucht und Erfüllung*": "Sehnsucht ist eine große seelische Kraft, nur müssen wir lernen damit umzugehen." Er zitiert die Schriftstellerin *Susanne Erzt*: "Millionen sehnen sich nach Unsterblichkeit, wissen aber nicht, was sie mit sich selbst an einem regnerischen Sonntagnachmittag anfangen sollen." *Verres* schreibt weiter unter der Überschrift *Innere Leere, Erinnerung und Hoffnung:* "Die Sehnsucht hängt ganz stark mit dem Wort suchen zusammen, es geht um die Suche nach Erfüllung." Und weiter: "wenn die Sehnsucht keine Erfüllung findet, kommt es zu Suchtverhalten."

Zurück zu unserem "ehemaligen Kiffer". Auf der an uns geschickten Postkarte klebte eine schöne Briefmarke: Eine kleine weiße (unschuldige) Kinderhand legt sich in eine dunklere große Erwachsenenhand. Dies zeigt das Vertrauen des Kindes in den Erwachsenen. Bei genauerem Betrachten der Briefmarke entdeckten wir am Rande den Text: "Internationales Jahr der Senioren". Der Absender bestritt, dies bemerkt zu haben. Nun, das ist die Revanche für unsere Bezeichnung "ehemaliger Kiffer" dachten wir und riefen uns ein wichtiges Prüfungssymptom in Erinnerung: *Gelassenheit - Seelenruhe* und *Annehmen was ist.* Vielleicht könnte man es auch als Hinweis an uns Ältere betrachten, unsere eigenen Erfahrungen mit unseren Wünschen und Sehnsüchten den jungen Menschen mitzuteilen. Aber nicht im Sinne von Belehren, sondern im Sinne eines vernünftigen Miteinander gegründet auf gegenseitigen Respekt und den Versuch den Anderen zu verstehen. Vielleicht aber auch mit dem Ziel, das Andere in uns selbst zu begreifen, sowie die Sehnsucht danach zu stillen und das vernünftige Umgehen damit.

Fallbeschreibung Olibanum IV

<u>Diagnose:</u> Multiple Chemical Sensitivity Disorder, rheumatoide Gelenkbeschwerden. (*Anmerkung*: in den USA wurde gerichtlich folgende Definition für MCSD anerkannt: Eine erworbene Störung, die charakterisiert ist durch rezidivierende Symptome, vorzugsweise an mehreren Organsystemen, die als Antwort auf nachweisbare Expositionen gegenüber vielen chemisch miteinander nicht verwandten Stoffen bei Dosen auftreten, die weit unter denen liegen, die

in der allgemeinen Bevölkerung für schädigend gehalten werden.) Mit diesen Diagnosen kam die Patientin nach einem Irrweg über die verschiedensten Therapieformen in meine Praxis.

53jährige Patientin, zweites Mal verheiratet, zwei Kinder (ein Adoptivkind). Aufgeschlossene, *freundliche, richtig nette* Patientin mit einer etwas *rauchigen* Stimme, kam zum ersten Gespräch mit der Aussage: "Seit langem suche ich schon einen homöopathischen Arzt, der richtig klassisch arbeitet." Sie sei lange Zeit mit Komplexmitteln behandelt worden und habe nur kleine Teilerfolge verspürt. Patientin ist sehr *offen, sagt unverblümt, was sie denkt* und *was sie fühlt.*

Spontanbericht: (Es folgen die Orginalworte der Patientin, da diese bereits viele Hinweise auf *Olibanum* enthalten). "Ich bin total "*umweltbelastet*", dies begann 1981 nach dem Tod meiner Mutter (mit der ich eine sehr symbiotische Beziehung hatte), damals kam der "Desinfektor", der uns das ganze *Haus vergiftete,* danach war ich total *matschig, depressiv, manisch.* Wegen dieses Zustandes war ich sogar in der Poliklinik zur stationären Abklärung. Habe eine lange *Irrfahrt* hinter mir, weil meine Beschwerden immer wieder auf die psychische Schiene und nur auf diese abgeschoben wurden. Ich mußte mich immer ziemlich zusammennehmen, um etwas auf die *Reihe zu kriegen*, bin oft *schwindelig, schwankend, wie unter Drogen, es erinnert mich an Cannabis.* Dann fängt auch der *Darm* an zu *grummeln,* ich kriege *Krämpfe.* Vielleicht fing auch alles schon an, mit dem Einzug in unser neues Haus 1979, mit den vielen Holzdecken die alle mit *Xyladecor* behandelt waren. Diese wurden 1990 schließlich alle entfernt; 1995 wurde auch noch der *Teppichboden* entfernt, dabei bekam meine Tochter einen *Asthmaanfall*, sie ist ähnlich *sensibel* wie ich. Bin so jemand, der alles *mehr aufnimmt* als *losläßt.* Ich kam als Acht-Monatskind auf die Welt und wurde mit *Lachgas* und *Äther* geboren."

Eigene Schwangerschafts- und Geburtsanamnese: Mutter, 39jährig, wollte dieses zweite Kind (sie) eigentlich nicht. Vater war kurz vor der Geburt zu Weihnachten auf Fronturlaub, mußte dann aber zurück in den Krieg an die Front nach Polen. Anfang Januar 1945 wurde sie geboren. Vater wurde kurze Zeit später als vermißt gemeldet. Bei der Geburt habe es überall gebrannt, die Engländer zogen als Besatzungsmacht ein, es war eine Hysterie da, Mutter drehte fast durch, sie wurde bei der Geburt sediert, mit *Äther* und *Lachgas.* Frühgeburt, untergewichtig, *nicht gestillt*, Mutter war dazu nicht in der Lage. *Sie hat sie von Anfang an abgelehnt.*

Familienanamnese: Vater: vermißt gemeldet; Mutter: Bronchialkarzinom, im Alter von 68 Jahren gestorben.

Eigenanamnese: Die ersten vier Monate litt sie unter starken Magen-Darm-Beschwerden. Impfsituation unklar, als Kind wohl Polio-Impfungen. Im Alter von sechs Jahren Scharlach, mit acht Jahren Mandeloperation unter *Äther-Narkose*. Menarche mit 13 Jahren. Später drei Jahre die Pille genommen, danach mehrmals Spiralen. Drei Fehlgeburten, alle im zweiten oder dritten Monat. 1975 während einer Schwangerschaft Toxoplasmose, die mit Antibiotika behandelt werden mußte, danach *Pilzinfektion* im Darm, die seit dieser Zeit immer wieder rezidivierte. 1980 mußten *Polypen an den Stimmbändern* entfernt werden. Rezidivierende *Zysten* an den *Ovarien*. 1982 Hysterektomie wegen *Uterus myomatosus*, dabei hatte sie nach Gabe von "Aspirin" und "Felden" einen anaphylaktischen Schock. "Bei dem Schock hatte ich so eine *Nah-Tod-Erfahrung*, wo mir heute noch *Schauer über den Rücken laufen*. Aber auch auf "Voltaren" bekam ich später ganz eigenartige Zustände: *Schwindel, wackelige Beine, Phantasien*, als hingen Figuren an den Bäumen, *wie unter Drogen*."

1982 ging die erste Ehe in die Brüche. "Ich *regredierte zum Kind, Gefühl von totalem Alleinsein;* ich hatte *starke rheumatische Beschwerden*, die immer stärker wurden, vor allem in den *Fingergelenken* und *Ellbogen*. Schon das *Riechen* von bestimmten *Wachsarten* ließ mich *kollabieren*. *Amalgam*-Entfernung ab 1993."

Status, am 27.11.97: "Habe schon immer ein schwaches Bindegewebe, *Rheumabeschwerden*, die bei *feuchtem Wetter* immer *schlimmer* werden. Eßgewohnheiten: sehr, sehr gerne *Zucker* und anderes *süßes Zeug*. Vorlieben: *warmes Gemüse, Brot, Joghurt* und *Quark*, aber *keine Milch*, Knoblauch vertrage ich gar nicht. *Omelette* sehr gern, mag alles *Warme und Weiche*, mehr als z.B. Salate. Trinke sehr viel, bis drei Liter täglich; *Kälte:* ist mir *unangenehm, friere sehr schnell* an Händen und Füßen, muß mich *warm einpacken*, auch *nachts*, oft mit Socken und gut *zugedeckt bis oben hin*, im Winter mit zwei *Decken*, aber das Fenster ist immer gekippt, brauche *frische Luft*. Am *Meer* fühle ich mich *am wohlsten*. Bin *religiös*, aber nicht in der Kirche. Pilze: hab' viele Erfahrungen mit *Psylocybe*, wobei dies natürlich nix mit *Sucht* zu tun hat!"

Therapie: *Olib. C 40/5 (E)*. Der Patientin wurde das Mittel nicht mitgeteilt.

8.12.97: Anruf: Patientin erkundigt sich zuerst nach meinem Wohlbefinden! Sie ist *unglaublich freundlich* und berichtet: "Zwei Tage nach der Medikamentengabe hatte ich das *Gefühl zu fliegen*, habe seit Samstag Erkältung, nachts bekam ich Fieber mit starken *Stirnkopfschmerzen, Gliederschmerzen, Schweißausbrüchen, fror* sehr stark, mußte mir eine *Wärmeflasche* machen. Die ganze *Haut* tat *weh*, war *überempfindlich*, vor allem an der *Kopfhaut*, hatte einen richtigen *Haarspitzenkartarrh*, vor einem Jahr hatte ich ähnliche Beschwerden. Das Fieber mit 37,9 °C war für mich etwas ungewöhnlich. Fühlte mich richtig *erschöpft* und *ausgelaugt,* wollte meine *Ruhe* haben, aber *Trost* fand ich gut, konnte in der *Nacht* nicht richtig *schlafen,* war *unruhig* wegen der verstopften Nase."

Therapie: *Puls. C 30 (G)* als Zwischenmittel.

18.12.97: "Es geht mir gut! Alles hat wie ein *Wunder* gewirkt, konnte wieder *schlafen* und hatte keine *Kopfschmerzen* mehr. *Kreuzschmerzen* bekam ich zunächst starke, hab' dann noch den dritten Globulus genommen, danach war es weg. Am 16.12.97 hatte ich folgenden Traum: "von einer *Vergewaltigung* im Auto; ich fing an zu schreien, kriegte die Tür auf und rief andere Menschen um *Hilfe*, keiner reagierte oder kümmerte sich um mich, *dann half ich mir selbst,* was schließlich auch gelang. Dazu fiel mir der leichte *Mißbrauch* seitens meines Onkels ein, den ich als Kind erlebte." Überhaupt bin ich manchmal wieder sehr *traurig* und *wünsche mir jemanden zum Ausheulen.* Insgesamt wird seit der ersten Medikamentengabe soviel *alter Kram aufgearbeitet,* womit ich aber bisher gut zurecht komme."

Anmerkung: Die Patientin hatte sich kurz nach dem Besuch bei mir *Weihrauch* gekauft und damit das ganze Haus ausgeräuchert. Dies hatte sie noch nie gemacht; sie wußte nicht welches Medikament sie bekommen hatte!

Therapie: Keine erneute Medikamentengabe, *Olib.* vom 27.11. muß weiter wirken.

3.02.98: "Kann nun besser die *Gerüche aushalten*, habe das Gefühl, sie kommen nicht mehr so an mich ran, machen mir keine *Angst* mehr, aber mein Körper zeigt immer noch Reaktionen. Ich mache auf meine Umwelt eigentlich immer so einen gesunden Eindruck, daß ich Probleme habe, meine Zustände den *anderen* Menschen zu erklären, habe dann manchmal ein richtig *rigides* Verhalten *anderen* gegenüber."

Therapie: *Olib. C 40/5 (E)*

12.03.98: "Kurz nach dem letzten Medikament hatte ich oft das Gefühl wie ein Doppsball, manchmal wie auf *Wolken,* mal wie *elektrisiert,* aber alles machte mir keine *Angst* mehr, kenne solche Zustände ja auch von früher. *Geruchsinn* ist extrem *empfindlich* geworden, schlechte Luft in Basel zwang mich zum Rückzug in den Schwarzwald."

Therapie: *Olib. C 40/5 (E)*

26.03.98: "Habe seit Montag Halsweh, wie wund, brennend, friere leicht, brauche aber frische Luft."

Therapie: *Ars. C 30 (G)* als Zwischenmittel

7.05.98: "Wenn ich Türen und Fenster öffnen kann, komme ich inzwischen mit den *Gerüchen* zurecht, was früher ganz schlimm war. Immer noch schrecklich sind jedoch die *Autoabgase*, können Sie mich bitte nicht auch da langsam desensibilisieren? *Cappuccino* vertrage ich nicht mehr, bekomme Magenschmerzen. Beim Gynäkologen wurden wieder *Zysten* festgestellt, dieser gab 5 Spritzen Apis comp."

Therapie: *Olib. C 100/5 (E)*

23.06.98: "Im Prinzip geht's mir doch deutlich besser. Auch alle Magen-Darm-Beschwerden sind viel besser geworden. Mein *Denken* dreht sich nicht mehr nur um meine extremen Duftwahrnehmungen, kann's abhaken, werde nicht mehr *panisch* oder *hysterisch*, *Appetit gut*, *Schlaf gut*. *Zysten* waren bei Kontrolle nicht mehr da."

Therapie: *Olib. C 100/5 (E)*

24.11.98: "Am linken unteren 4er Zahn wurde mit *Komponenten-Kleber* das Keramikinlay befestigt. Danach kriegte ich wieder alle meine üblichen Zipperlein: *Gelenkschmerzen*, vor allem bei *Feuchtigkeit* und in *Ruhe*, bei *Bewegung* besser. *Pilze* habe ich wieder in Darm und Scheide, was höllisch *juckt*. Stimmung ist etwas *ärgerlich und gereizt*."

Therapie: *Olib. C 650/5 (E)*

1.12.98,Tel.: "*Gelenkschmerzen* sehr stark, *wache nachts* davon auf, werde langsam *grantig*."

Therapie: viel Bewegung, viel Trinken.

12.01.99: "Hatte bis etwa 10.12.98 noch starke Schmerzen, einen *Ganzkörperschmerz*. Wir fuhren dann in die Toskana, dort wurde es langsam wieder besser. Kaum zurück, wurde wieder alles schlimmer, habe den Verdacht, daß es immer noch am Haus liegt. Morgens beim Aufstehen ist's ganz schlimm, bis ich in Bewegung bin."

Therapie: *Rhus-t. C 40/4 (L)* als Zwischenmittel

18.01.99, Tel.: "Zunächst deutlich schlechter, dann am nächsten Tag war alles gut."

11.02.99: "Knochen- und Gelenksschmerzen gut hingekriegt, aber nun ist mein *Geruchsempfinden* wieder verstärkt. Brauche sehr viel *Wärme*, muß mich immer gut *zudecken*, *Nerven* sind ganz gut."

Therapie: *Olib. M (SN)*

22.04.99: "Zahnarzt hat oben rechts wohl einen toten Zahn entdeckt. Psychisch teilweise sehr durcheinander, wegen der anstehenden Entscheidung mit Umzug und Neubau unseres 'Umwelthauses'."

Therapie: *Myrrhe M (SN).* Myrrhe wurde von uns im April 1998 erstmals im Yemen geprüft und inzwischen mit mehreren Gruppen verrieben. Die Ergebnisse werden nach diesem Buch veröffentlicht. *Myrrhe* und *Weihrauch* wechseln sich sehr oft ab. Sie haben viel Ähnlichkeit miteinander. Entscheidend für die Mittelwahl war der *tote Zahn* und die *Trennung* von der üblichen *Lebenssituation.*

22.06.99: Termin abgesagt wegen Tod des Schwiegervaters.

8.07.99: "Seit ca. 2 Wochen geht es mit den *Gelenken* wieder gar nicht so gut, alles wirkt *verspannt,* vor allem im *LWS-Bereich.* War zur Akupunktur bei einer Ärztin in meiner Nähe, aber dadurch hat sich alles nur verschlechtert und ist in den BWS-Bereich raufgezogen. Natürlich hing das Ganze auch mit dem Tod meines Schwiegervaters zusammen. Mein *Geruchsempfinden* ist auch seit einem Monat wieder stärker, aber im Vergleich zu früher von Skala 10 liegt es jetzt bei 4."

Therapie: *Olib. M (SN)*

17.08.99: "Mit den *Knochen* ist es wieder wesentlich besser, laufe nicht mehr wie eine *alte Oma* umher. Nach Aufenthalt in einem sechs Wochen zuvor wegen *Termiten chemisch* behandeltem Ferienhaus war es wieder ganz schlimm. Zunächst *verschleierte Augen*, gesamte Gesichtsmuskulatur war *verspannt,* dies überträgt sich auf den ganzen Körper. Werde dann ganz *unruhig ,hektisch,* komme mir vor wie ein angeschossener Bär. Besserung durch viel *kaltes Wasser* und *heftige Bewegung* an *frischer Luft,* aber leider bin ich seither wieder deutlich empfindlicher im psychischen Bereich geworden.Trotzdem ist *Geruchsempfinden* im Vergleich zum Anfang ganz, ganz wunderbar, aber noch nicht ganz normal."

Therapie: *Olib. XM (SN)*

Anmerkung: Bei dieser Patientin ist **Weihrauch/Olibanum** *sicherlich das Konstitutionsmittel, das sie danach noch zweimal in der XM bekam und wohl auch in den nächsten Jahren immer wieder brauchen wird. Als Erbnosode wird irgendwann* **Tuberculinum** *gegeben werden müssen.*

Fallbeschreibung Olibanum V

Im Juli 1999 kommt eine 38jährige Patientin mit folgenden Diagnosen zu mir: Multiple-Chemical-Sensitivity-Disorder; chronische Holzschutzmittelintoxikation; Infektanfälligkeit; allergische Diathese; Heuschnupfen; Chronical-

Fatigue-Syndrome; vegetative Stigmatisation; Zustand nach Bandscheiben-Operation wegen Prolaps.

Eigenanamnese: Beschwerden im *allergischen Bereich* seit der Pubertät. Im 25. Lebensjahr wohl eine *entzündliche ZNS-Erkrankung* durchgemacht mit *Lähmung des linken Beines.* Seit 15 Jahren morgendliche *Muskelsteife,* so daß sie kaum aus dem Bett kommt, muß sich langsam einlaufen. Mit 16 Jahren mußte sie zusammen mit ihrer Mutter, die danach selbst sehr krank wurde (Hochdruck, Schleimhautentzündung, Herzbeschwerden und schwere Depression), wochen- und monatelang alle Holzdecken im Haus mit *Xyladecor* streichen. Rücken fing vor zwei Jahren an, Probleme zu machen, bei L5/S1 ein großer Prolaps, zunächst konservative Behandlung, dann wurde zweiter Prolaps bei L4/L5 festgestellt, so daß sofort operiert werden mußte. Eine deutliche Besserung dieser Beschwerden trat aber erst nach Cortisoneinnahme ein.

Eigene Schwangerschafts- und Geburtsanamnese: Mutter, 25jährige I. Para, der es während der gesamten Schwangerschaft sehr schlecht ging, hat nur erbrochen, wog am Ende der Schwangerschaft noch 45 kg. Geburtseinleitung mit Orasthin, danach komplikationslose Spontangeburt.

Status am 6.07.99: Beschwerden verlaufen in richtigen Schüben, beginnen etwa eine Woche vor der Periode mit *Schwindelzuständen* (Schwankschwindel) wie vor einer *Ohnmacht,* sowie *Schweißausbrüchen* und *Atembeklemmung.* Auch die Blase ist dann entzündet, so daß sie alle zehn Minuten auf die Toilette muß. Dann Darmkrämpfe mit Wechsel zwischen Durchfall und Verstopfung. *Hautausschlag* am linken Unterarm, *juckt* und *brennt,* wurde als Herpes zoster diagnostiziert. Während der Blasenentzündung brennen alle Schleimhäute im gesamten Genitalbereich. Auslöser für diese Symptomenlawine sind oft *Kaffee, Wein, Sekt* (ganz arg), aber auch *Bier*; überraschenderweise nicht klarer Schnaps. Anfang der *Pollenallergie* schon im Januar mit Haselnuß, dann Birke; bekommt dann richtige *asthmatische Zustände,* weswegen sie seit 1993 regelmäßig 5 mg Hydrocortison einnimmt. "Inzwischen ist die Krankheit so mächtig, meine *Lebenskraft* so *geschwächt,* daß ich kaum noch meiner Arbeit nachgehen kann." *Kinderwunsch* schon immer sehr groß. Fängt dabei ganz arg an zu weinen. Sehnsüchte: *(tiefes Einatmen)* "ich hätte gerne eine ganz normale Familie mit Kindern und Tieren. Am liebsten draußen auf dem Land, würde alle gerne *hegen* und *pflegen* und dafür *sorgen.*" Gegen Luftzug sehr empfindlich, Kälte macht nichts, solange *trocken*, schlimm ist Kombination mit *Feuchte. Hitze* verträgt sie gut, wenn trocken. Rückenschmerzen nur unter Cortison auszuhalten. Voltaren vertrug sie gar nicht, bekam davon Magen-Darm-Beschwerden bis hin zu Blutungen, nahm stattdessen Ibuprofen-Tropfen. Zum Abschluß sagt sie: "Gefühlsmaßig sitze ich oft zwischen zwei Stühlen, fühle mich dann *wider-*

sprüchlich, wie *zwei Seelen* in meiner Brust. Mache mir Sorgen, wie ich alles überhaupt noch schaffen soll."

Therapie: *Olib. Q 1 (G)* 1 Tropfen zunächst zwei Wochen lang täglich, danach umtägig.

19.07.99 Telefonat: "Hatte in der ersten Woche *grippeartige* Symptome, aber kein Fieber. Trotz der verstärkten körperlichen Symptome fühlte ich mich im psychischen Bereich besser. Habe inzwischen das Cortison abgesetzt, bekam dann rund um den Mund einen *Herpes,* der allerdings schon wieder nachläßt. Ihr Medikament nehme ich weiterhin ganz regelmäßig."

Therapie: *Olib. Q 1 (G)* wie bisher.

27.07.99 Telefonat: "Seit Mitte letzter Woche tagelang rasende *Kopfschmerzen,* auch der ganze *Rücken* war *verspannt.* Gestern *Fieber 38 °C,* kriege ich sonst nie. Cortison seit 20 Tagen abgesetzt. Trost mag ich nicht, ziehe mich zurück, will meine Ruhe haben." Weinen? "Ja, ganz viel, aber nur für mich."

Therapie: *Nat-m. C 12 (D)* 10 Glob. in Wasser gelöst, 4 - 5 Schluck als Zwischenmittel.

29.07.99: "Insgesamt bin ich immer noch ziemlich aufgewühlt, mit *Schwindel, Schmerzen und Hautausschlag um den Mund* (*), *Müdigkeit* und *Unruhe.* Dachte eine Zeitlang, ich kriege wieder eine *Allergie* im NNH-Bereich und am ganzen Kopf, kam aber nicht. Cortison nahm ich weiter nicht. Momentan sind die *Gliederschmerzen* sehr stark,vor allem in *Ruhe* und *nachts*; bei starker Bewegung stärker, bei langsam vorsichtiger Bewegung besser. Schlimm der *Muskelkater* in den Oberschenkeln, auch der *Nacken-Schulter-Bereich* ist wie steif. Es kostet mich sehr viel Mühe, den Kopf zu tragen. In meiner Ur-Familie galt der Grundsatz, nur wenn man den *Kopf unter dem Arm* trägt, ist man *wirklich krank* (*). Schlaf ist leichter geworden. Insgesamt fühle ich mich schon fitter. In der letzten Woche, als ich die ganzen körperlichen Symptome hatte, war ich psychisch sehr gut drauf. In der zweiten Woche eher umgekehrt. Habe große *Hoffnung* (*), daß Sie mir *helfen können.*" (*) Erzählt jetzt, was sie von ihrer Mutter über die Schwangerschaft und ihre Geburt erfahren hat, daß nämlich ihre Mutter danach nie wieder schwanger werden wollte, weil sie so fürchterlich gelitten habe. Früher als Jugendliche war die Beziehung zu ihrer Mutter sehr, sehr schwierig, fühlte sich erdrückt, nicht aus Liebe, eher von der Kontrolle; konnte sich kaum entziehen. Ihre Mutter habe jetzt mit 64 Jahren immer wieder schwere *Schwindelattacken* und gebe der Tochter dafür hintergründig immer *Schuldgefühle* (*). Sie selbst hat nun das *Gefühl*, daß ihre *Beschwerden* und die ihrer Mutter sich sehr *ähnlich* (*) sind.

Therapie: *Myrrhe Q 1* (G) umtägig.

(*) Anmerkung: Hier wird ganz deutlich der Unterschied zwischen *Weihrauch* und *Myrrhe. Weihrauch* wurde hier eingesetzt als "*Öffner*", das heißt zum *Sichtbarmachen*, was hinter allem steckt, zusätzlich als *Reiniger*, wegen der vielen chemischen Medikamente und der Belastung durch *Xyladecor.* Wie wir aus bisherigen Prüfungen und Fallbeispielen wissen, hat *Myrrhe* ganz viel mit Leid, im Sinne von durchlebtem Leid und gleichzeitig aber auch viel mit Hoffnung zu tun. Ebenfalls mit Schuldgefühlen und Trennungsproblematik. Doch nun weiter zu unserem Fall:

10.08.99.: "*Hab rechtsseitig im Körper mehr Beschwerden (*)*, wo doch sonst alles nur links ist. Hinter dem Zungengrund geschwollen, könnte etwas mit dem Fischessen am letzten Wochenende zu tun haben. Alle Symptome kenne ich im Prinzip von früher."

Therapie: Zwei Tage *Myrrhe*-Pause, wenn besser, dann nur noch 2 x wöchentlich 1 Tr. *Myrrhe Q 1* (G).

16.09.99: "Es ging mir recht gut. Seit der Rückkehr aus dem Urlaub vermehrt Beschwerden in meinem Rücken und in Verbindung damit auch wieder *Brennen* beim *Wasserlassen.* Beim Sitzen hab ich wieder das Gefühl, an meiner alten Operationsstelle aufzubrechen (Nov. 98). Insgesamt hatte ich vom ersten Medikament einen besseren Eindruck, da war ich mehr *euphorisch.* Das jetzige Mittel macht mich eher depressiv."

Therapie: *Ign. Q 2*; 4 Tage lang täglich, danach umtägig.

Anmerkung: *Ignatia* ist aus unserer bisherigen Erfahrung für *Weihrauch* und *Myrrhe* ein gutes Ergänzungs- aber auch Folgemittel.

11.11.99: Patientin meldet sich, um den nächsten Termin abzusagen. Sie habe soviel Persönliches zu regeln. Es gehe um räumliche und berufliche Veränderungen. Sie brauche jetzt erstmal eine gewisse Zeit, um dies alles auf die Reihe zu bekommen. Sie könne sich im Augenblick kaum Gedanken über ihre Krankheit machen. Wenn alles geregelt sei, melde sie sich wieder.

Auffallend bei dieser Fallbeschreibung ist die Ähnlichkeit zu den vorher beschriebenen Fällen. Ebenso der Zusammenhang zwischen den Beschwerden durch den Kontakt mit Lösungs-oder Holzschutzmitteln.

Olibanum/Weihrauch - Kurze Fallbeschreibungen

Olibanum-Gabe nach der Geburt

Mutter: rheumatische Gelenkbeschwerden, rezidivierende Ovarialzysten, Mißbrauchsgeschichte im Kindesalter, allergische Diathese, Heuschnupfen.

Schwangerschaftsanamnese: 31jährige I. Para, I. Grav. In der 23. SSW wegen vorzeitigen Wehen und Verdacht auf EPH-Gestose Aufnahme in die Klinik. Gabe von Partusisten für drei Wochen.

Geburtsverlauf:

7.06.98: Zwei Einleitungsversuche kurz vor dem errechneten Geburtstermin scheiterten. Erst beim dritten Versuch setzten die Wehen ein. Nach acht Stunden war der Muttermund vollständig, die Mutter allerdings total *erschöpft*. Kein Preßdrang, Kind noch in Beckenmitte. Versuch der Hebamme mit Kristellern hatte keinen Erfolg. Wegen Herztonabfall mußte dann ein Kaiserschnitt (in Intubations*narkose*) durchgeführt werden. Das Mädchen kam am 8.06.98 auf die Welt; Apgar: 5,10,10; ph-Wert 7,17; Geburtsgewicht 3020 Gramm; keine Übertragungszeichen. Das Neugeborene wurde kurzzeitig beatmet.

Therapie: *Olib. C 40/5 (E)*

22.11.98: Hatte sich die ganze Zeit über sehr gut entwickelt, wird *voll gestillt*. Jetzt aber seit zwei bis drei Tagen schreit sie nur, *will ganze Aufmerksamkeit der Mutter*. Nase beidseits verstopft, so daß sie viel durch den *Mund atmen* muß.

Therapie: *Cham. C 30 (D)*

1.12.98: schreit eigentlich unverändert weiter, sobald sie wach ist. Mutter ist total *erschöpft* und ratlos. Nachts schreit sie nicht, jedenfalls solange sie schläft, also von 21.00 - 7.00 h. Aber tagsüber schreit sie fast dauernd. Besonders gegen Abend macht sie eine Stunde lang schlimmsten *Terror*, ist wie *blockiert*. Auffallend sind ganz arg *trübe Augen*, wie *benebelt* oder *verschleiert*. Stuhlgang seit *Abstillversuch* nur noch jeden zweiten Tag. *Impfung* (vom Kinderarzt) gegen DPT vor zwei Wochen. Danach ging das Geschrei ja los.

Therapie: *Olib. C 100/5 (E)*

3.12.98: Mutter berichtet: "Es ist wie ein *Wunder*, kaum zu glauben. Sie ist wie ausgewechselt. Man konnte fast zusehen, wie sie sich *veränderte*. Sie hat wieder *ganz klare Augen*. Es ist als sei ein *Schleier von ihren Augen gefallen*. Sie ist *ruhig* und *ausgeglichen*. Haben Sie vielen, vielen Dank."

Kommentar: *Die erste Gabe von* **Olibanum** *nach der Geburt erfolgte wegen des großen Geburtsstresses und vor allem wegen der Narkose beim Kaiserschnitt. Zweite* **Olibanum**-*Gabe wegen der hinweisenden Symptome, aber auch im Zusammenhang mit der Impfung.*

Olibanum zur Klärung einer "späten" Liebesgeschichte.

65jährige Patientin, seit 20 Jahren verwitwet, seit sechs Jahren in meiner Behandlung wegen diverser Nahrungsmittelunverträglichkeiten, Magen-Darm-Störungen, vegetativer Stigmatisation (chronischer Kummer), Gelenkbeschwerden. Behandelt wurde sie seither mit *Nat-m., Lyc., Sil., Psor., Tub., Ars., Ign.* Zuletzt vor vier Monaten mit *Thuj. XM.*

Nun kommt sie mit folgenden Beschwerden: "Etwas Ziehen *linke Hüftgegend, linkes Schienbein, linke Hand Mittelfinger* und *Daumen.* Mache mir Sorgen, weil ich nicht lauter solche Knubbel kriegen will. *Herz rumpelt* in den letzten Wochen wieder durch die Gegend vor allem beim *Liegen. Sexualität* ist wieder *erwacht,* unglaublich, hätte das nie für möglich gehalten und es macht mir sogar *großen Spaß.* Es hat mich richtig *froh* gemacht, daß ich noch *lebendig bin.* Ich habe mich in einen 49jährigen Mann *verliebt.* Ich weiß um die Gefahren dieser Beziehung, will sie aber trotzdem erleben. Meine *Sehnsucht* ist eine ganz normale, *stabile Beziehung.* Meine alten *Sehnsüchte in ferne Länder zu verreisen, andere Menschen* und *Kulturen* kennenzulernen, sind auch wieder ganz stark, denn dies ist für mich das Interessanteste. Insgesamt: Ich *fühle mich wie neugeboren.* Die Behandlung durch die Homöopathie gibt mir ein Gefühl von *Freiheit* und *Geborgenheit* zugleich."

Therapie: *Olib. XM (SN)*

2 Monate später: "Es ging mir die ganze Zeit körperlich und seelisch sehr gut. Bin jedoch seit kurzer Zeit *emotional sehr labil und empfindsam*; hat mit dieser *Liebesbeziehung* zu tun. Er hatte eine Andere bei sich und ich wurde sehr eifersüchtig und bekam es prompt wieder *ans Herz.* Wenn Sie mich danach fragen, muß ich weinen."

Therapie: Zwischenmittel: *Puls. C 30 (D)*

Ein Monat später: "Ich sehe die Situation mit dem neuen Mann nun *sehr klar.* Er *sucht eine Mutter,* die ihn versorgt. Ich betrachte die *Wiederentdeckung* meiner *Sexualität als Geschenk.* Will mich aber nicht benützen lassen."

Kommentar: *Es besteht eine tiefe und interessante Beziehung zwischen Thuja und* **Olibanum**. *Thuja, das Heimliche, Verschleierte, Versteckte, hat in diesem Fall etwas wiederbelebt, das im Verborgenen schlummerte, nämlich die Sexualität. Dies* *vermag* **Olibanum** *in einem noch größeren Maße. Es hat darüber hinaus die Fähigkeit Klarheit in die Angelegenheit zu bringen. Allerdings ist die dabei sich zeigende Wahrheit nicht immer leicht zu ertragen und macht oft zusätzliche therapeutische Gespräche nötig. Ebenso gibt es eine intensive Beziehung zu Pulsatilla, das sowohl ergänzen, als auch nachfolgen kann. In unserem Fall konnte Pulsatilla die überschießende Wirkung des* **Weihrauchs** *auf der emotionalen Ebene dämpfen.*

Olibanum - Akutbehandlung bei einer anderen "Liebes-Leid-Geschichte"

Anmerkung: Die *kursiv* gedruckten Symptome mit * sind Myrrhe-Symptome.

35jährige Patientin, seit 5 Jahren in meiner Behandlung.

Diagnosen: Neurasthenie, vegetative Labilität, Allergien, (sexueller Mißbrauch als Kind). Behandlung bisher mit *Staph., Lyc., Thuj., Ign., Sep., Nat-m.,* in *Q*-Potenzen. *Lac-h. weibl.,* bis *220/5 (L).* Letzte Medikamentengabe: *Ign. 220/4 (L)* vor zwei Monaten.

"Vor zwei Wochen starb mein Großvater. Habe nun alle meine zusätzlichen *Krücken* (wie *Zigaretten* und *Alkohol*) weggeworfen. *Schlaf* war ganz massiv *gestört.* Habe oft nächtelang nicht geschlafen, bin dann erst vor *totaler Erschöpfung* eingeschlafen. Schweiß hatte ich fast den ganzen Sommer über *nachts* oft *klitschnaß; Herzklopfen* und *Unruhegefühl* ist wieder besser, nachdem ich mit dem *Rauchen* aufgehört habe. *Tod* des Großvaters hat mich sehr *beeindruckt,* mir etwas meine *Todesangst** genommen. Vor der Periode: *Wut**, *Schmerzen* und *Depressionen**. Es gab eine *unglückliche Liebesgeschichte**, die nicht ausgelebt wurde, sie ist auch *nicht lebbar.*"

Therapie: *Olib. 220/5 (E).*

Die Patientin wollte unbedingt wissen, was sie bekommen hat. Ihr Kommentar: "Na, dachte ich mir's doch, nachdem ich bei der Beerdigung den *Weihrauch* gerochen habe." Zwei Monate später bekam sie dann *Myrrhe.*

Kommentar: *Die Patientin bekam aufgrund der oben (kursiv) angegebenen Symptome, aber auch wegen ihrer Vorgeschichte* **Olibanum**. *Liebesgeschichten, Phantasielieben und Sehnsucht nach reiner Liebe, die in auffälligem Gegensatz zu den in der Kindheit erfahrenen Verletzungen und Defiziten stehen, sollten unbedingt an* **Olibanum** *denken lassen. Dadurch kommt es zur Klärung von alten Zusammenhängen, Verwirrungen, Verwicklungen und Verstrickungen, so daß die Liebe spürbar werden kann. Im geschilderten Fall kann man sehr deutlich den Übergang und die Verwandschaft zur Myrrhe sehen. Myrrhe ist die Verarbeitung von Leid,*

Schmerz, Trennung und Ablösung. Myrrhe und **Weihrauch** *brauchen sich oft gegenseitig oder wechseln sich ab.*

Nachbemerkung: *Obwohl die Daten in dieser Fallbeschreibung verändert sind, die Patientin bereits mündlich ihre Zustimmung gegeben hatte, wollten wir ihr den Bericht (vor allem wegen des Zusatzes sexueller Mißbrauch in der Kindheit) vor der Veröffentlichung mitgeben. Zwei Wochen später meldete sie sich und berichtete, daß es ihr ganz eigenartig ergangen sei, und sie habe jetzt auch das Bedürfnis, darüber zu sprechen: Nach dem Lesen des Berichts habe sie ihn versteckt, wohl unbewußt. Jedenfalls habe sie ihn dann erstmal nicht mehr finden können. Den Hauptgrund sehe sie darin, obwohl sie ja selbst im therapeutischen Bereich arbeite und oft auch mit Frauen, die Mißbrauch erlebt haben, zu tun habe, daß es jetzt um sie ging und dies plötzlich schwarz auf weiß zu lesen war. Ihr sei klargeworden, daß diese Geschichte halt immer noch ein Thema für sie sei, vor dem sie nicht flüchten könne und zu gegebener Zeit zusätzlich zu der intensiven homöopathischen Behandlung wieder wegbegleitende Gespräche benötige.*

Olibanum als Aphrodisiakum bei einem 70jährigen Patienten

70jähriger Patient hat seit fast 15 Jahren massive Potenzprobleme. Angefangen hatte alles mit Herzsymptomen. Sehr viel Streß in seinem Beruf, war in gehobener Position mit sehr viel Verantwortung bei Risikogeschäften tätig. Zusätzlich hatte er Bluthochdruck. Beides wurde mit chemischen Medikamenten behandelt. Während dieser Zeit ging sexuell überhaupt nichts mehr. Alles fand nur im Kopf statt. Er war äußerst angespannt. Zusätzlich brauchte er in dieser Zeit jeden Abend Bier oder Sekt, um einigermaßen abschalten zu können. Trotzdem Unruhezustände in der Nacht. Tagsüber großer Aktivitätsdrang, schnell gereizt und aggressiv. Ging dann zu einem homöopathischen Arzt. Nach einiger Zeit verbesserte sich sein Allgemeinzustand so, daß alle chemischen Medikamente nach und nach abgesetzt werden konnten. Der Blutdruck wurde normal, ja eher hypoton, die Herzbeschwerden verschwanden fast ganz, nur ab und zu noch Herzklopfen. Allerdings gab es hinsichtlich der Impotenz keinerlei Fortschritte, was ihm sehr zu schaffen machte. Er hatte des öfteren Phantasien von Frauen, besonders Frauen mit großen Brüsten zogen ihn magisch an. Zeitweise stark depressive Verstimmungen.

Status: Er wirkt trotz seiner 70 Jahre noch irgendwie *jugendlich*, vor allem geistig. *Nette, freundliche* Art, teilweise *verschmizt, charmant*. Seine *depressiven Verstimmungen* versucht er für sich zu behalten, will nicht, daß jemand anderes davon weiß. Manchmal gehen ihm die *Dinge sehr nah*. Er ist sehr *mitleidend, möchte helfen*. Hat dann manchmal Probleme sich *abzugrenzen*. Gelegentlich starke *Gelenkbeschwerden*, mit *Verhärtungen in den Fingergelenken. Schwitzt bei der geringsten Kleinigkeit*, obwohl ihm *trockene Hitze keine Probleme* bereitet. In letzter Zeit hat er ein ständiges *Kratzen im Hals*, muß sich deswegen des öfteren *räuspern*. *Sehnt* sich nach *Zärtlichkeit, Streicheleinheiten* und *echter Zuneigung* auch auf *sexueller* Ebene, doch dies kann er ja wohl vergessen. *Verreist* sehr viel, ist immer *unterwegs* und lernt gerne *neue Menschen* kennen. Überhaupt *braucht* er den *Kontakt* zu den Menschen. Auffallend ist in letzter Zeit, daß er oft *zum Umfallen müde* ist.

Therapie: Nach und nach *Olib. C 40/5, Olib. C 220/5 (E)*, bis zur *M* gesteigert. Immer wieder wurde *Olib.* zwischen anderen Mitteln nötig. Es ging ihm gut, er machte allerdings kaum Äußerungen bezüglich seiner Sexualität.

Zweieinhalb Monate nach der letzten *Olib. M* war *Thuja* indiziert. Kurz nach der Einnahme von *Thuja* hatte er noch ein Gespräch mit meiner Frau. Dieser vertraute er dann verschmitzt an, daß es ihm seit der Behandlung bei mir auch in anderen Bereichen sehr gut gehe. Er habe eine Freundin und im *sexuellen* Bereich gehe es so gut wie schon lange nicht mehr. Er habe es nicht mehr für möglich gehalten. Seine Freundin sei gut 20 Jahre *jünger*. Er fühle sich manchmal wie ein *junger Gott*.

Kommentar: *Die stark aphrodisierende Wirkung von* **Olibanum** *haben wir bei mehreren Verreibungen, sowie bei den Einnahmen der verschiedensten Potenzen beobachten können. Auch Patienten haben berichtet, daß ihr Sexualleben einen enormen Aufschwung genommen habe. Männer in mittlerem Alter berichteten über die Fähigkeit, bis zu viermal an einem Tag Geschlechtsverkehr zu haben. Interessant ist auch hier wieder die Verbindung zwischen* **Olibanum** *und Thuja.*

Olibanum - Akutbehandlung einer Lumbago

61jähriger Patient (Therapeut), seit fünf Jahren in meiner Behandlung.

Diagnosen: Rez. Herpes, Warzen, Vitiligo, Gastropathie-Syndrom, Migräne, Herzbeschwerden.

Bisherige Behandlung: *Sulph., Sep., Nat-m., Thuj., Med., Ars.* jeweils bis zur *XM*.

Kommt zur Routinebehandlung, hat aber zusätzlich seit zwei Tagen rechts und links einen Hexenschuß, wohl durch Kälte.

Therapie: *Phos. XM (SN)* und Ohrakupunktur.

Zwei Tage später: Hexenschuß war besser, wollte die geplante Reise zu einem Seminar, das ihm *sehr unangenehm* war, mit dem Zug durchführen, doch die *Eiseskälte* auf dem Bahnsteig ließ ihn umkehren.

Therapie: *Sil. C 30 (G)*

Am nächsten Tag: "Seit heute eher schlimmer geworden, kann mich *kaum* noch *bewegen*. Irgendwie ist mir so *wehleidig ums Herz,* aber andererseits auch das Gefühl, wie wenn ich *neben mir stünde; krampfartige Schmerzen.*" Kommt zur Akupunktur: kurz danach leichte Besserung. Gebe ihm 3 Glob. *Olib. C 220/5 (E)* jedoch mit der Anweisung, sie erst nach erneuter Rücksprache einzunehmen.

Telefonische Beratung am Nachmittag: Akupunktur hat letztendlich doch nichts verbessert.

Therapie: 2 Glob. *Olib. 220/5 (E)* soll er sofort einnehmen, aber sicherheitshalber doch noch einen Orthopäden konsultieren. Dieser konnte weder einen eingeklemmten Nerv noch einen Bandscheibenvorfall diagnostizieren. Verordnete aber zusätzlich Feldenkrais-Behandlung.

Therapie: 1 Glob. *Olib 220/5* am nächsten Tag.

Fünf Tage später Anruf des Patienten: Es gehe ihm gut, auch im *psychischen* Bereich.

Kommentar: *Ausschlaggebend für die Gabe von Olib. war die starke psychische Komponente der Beschwerden. Der Patient ist selbst Therapeut und ein Mensch, der sehr viel von sich gibt. Er ist sehr offen und spricht auch von sich aus über seine Sexualität. Es gibt da eine Liebesgeschichte mit einer jüngeren Frau. Er benötigt wahrscheinlich noch eine höhere Dosis* **Olibanum** *und später wohl auch noch Myrrhe.*

Weihrauch - Akute Lumbago nach Weihrauch-Verräucherung

40jährige Patientin (Therapeutin), seit zwei Jahren in meiner Behandlung. Hatte uns letztes Jahr vor Weihnachten um ein kleines Stück *Weihrauch* gebeten.

Kurz vor den Feiertagen Anruf der Patientin: hatte so starke Rückenbeschwerden, daß sie zum Orthopäden mußte, der einen Wirbel einrenkte. Sie meinte die alleinige Ursache sei wohl, daß sie draußen Kälte abbekommen habe. Zuhause habe sie dann über einer Kerze unseren *Weihrauch* geräuchert. Es sei herrlich gewesen, dabei habe sie sich *wohlig warm gefühlt*, eigentlich auch richtig *entspannt*. Bei einer kleinen, ungeschickten Bewegung in der Küche habe sie sich dann diese *Lumbago links* zugezogen, habe dies jedoch nicht mit der Verräucherung in Zusammenhang gebracht. Die starken Schmerzen waren nach dem Einrenken weg, allerdings sei alles noch wie wund. Auffallend seien jetzt noch sehr kalte Hände. Sie *brauche sehr viel Wärme, auch innerlich.* Hatte eine Auseinandersetzung mit dem Partner, dies schmerze noch immer und müsse noch bearbeitet und dann *geheilt* werden. Sie habe große *Sehnsucht nach Liebe,*

Wärme und *Zuneigung*. Habe am Wochenende ein Seminar abzuhalten, bräuchte eine *Krücke*, damit sie es bewerkstelligen kann.

Therapie: schicke *Olib. C 40/5* mit der Empfehlung, es aber nur einzunehmen, wenn sich die Beschwerden bis zum nächsten Tag nicht gebessert haben.

Ein Tag später: "Es geht mir besser, auch im psychischen Bereich, heute ist der erste beschwerdefreie Tag. Habe das Medikament nicht gebraucht. Es war aber gut, es als *Notfallmedikament* bei mir zu haben."

Kommentar: *Nach Einnahme von* **Olib.** *in verschiedenen Potenzen hatten wir bei den Probanden mehrfach Lumbalgien. Bei Räucherungen in der Kirche und auch aus dem arabischen Raum sind uns Husten, Übelkeit, Schwindelzustände bis hin zum Kreislaufkollaps als Negativauswirkungen bekannt. Allerdings handelt es sich dabei um stärkere Räucherungen. Bei der Gruppen-Verreibung in Gössenheim wurde* **Weihrauch** *als 1. Hilfe-Medikament herausgearbeitet.*

Weihrauch - Kreislaufkollaps durch Kauen von Weihrauch - Fallbeschreibung I

45jährige Frau, lebte fünf Jahre im Yemen und hatte von dort *Weihrauch* mitgebracht. Sie wußte, daß die yemenitischen Frauen ihn zum Reinigen ihrer Zähne und der Mundschleimhaut kauen. Also nahm sie ein erbsengroßes Stück in den Mund und fing an zu kauen. Nach etwa 10 Minuten wurde ihr ganz eigenartig zumute. Sie hatte das Gefühl von *Abwesenheit ihrer selbst,* ihr war *übel* und unglaublich *schwindelig*. Sie bekam *Angst* und plötzlich *klappte* sie zusammen. Konnte sich wohl noch auf den Boden setzen, denn dort fand sie sich wieder. Wie lange sie da gelegen hatte, wußte sie nicht. Allzulange konnte es nicht gewesen sein. Seit diesem Zeitpunkt sagt sie, habe sie einen Heidenrespekt vor *Weihrauch*.

Weihrauch - Kreislaufkollaps durch Kauen von Weihrauch - Fallbeschreibung II

57jährige, sehr aktive, mit der Naturmedizin und Homöopathie vertraute Ärztin hatte eine ähnliche Erfahrung mit *Weihrauchkauen*.

Vorausgegangen war am Tage zuvor eine *anstrengende* Fahrt durch den Süd-Yemen, danach folgte eine mit *intensiven Gesprächen* durchgemachte Nacht, wo es um sehr *Persönliches* ging. Eigentlich aber entsprach dies alles ihrer üblichen Lebensweise: immer *aktiv*, immer auf der *Suche* und *unterwegs*, Schlafen und Ausruhen kannte sie nur als *Notfallprogramm*. Sie war *zäh* und *ausdauernd*, nicht *kleinzukriegen*, immer auf der *Suche* nach *neuen Erkenntnissen* und *Erfah-*

rungen. Sie *reiste* für ihr Leben gern, *liebte* den Umgang mit *fremden Menschen*, besaß die *Gabe*, anderen *zu helfen*.

Nach dieser nun fast *schlaflosen Nacht* nahm sie am nächsten Vormittag an einem Ausflug in den Suq der Hafenstadt Al-Mukalla teil. Der größere Teil der Mitreisenden hatte sich wegen der *Hitze* eine *Ruhepause* im Schatten der Bäume der Hotelanlage oder beim Baden im kühlen, türkisblauen Indischen Ozean gegönnt, andere lagen noch *erschöpft* von der anstrengenden Reise durch wüstenartige Gebiete auf den Betten ihrer klimatisierten Zimmer. Unsere *neugierige* Probandin jedoch wollte sich natürlich den Besuch im Gewürz- und Kräutersuq, sowie in einigen traditionellen Apotheken nicht entgehen lassen. Sie war richtig *euphorisch* was die Aussicht anging, etwas *hinter die Geheimnisse* dieser Kultur *schauen* zu können. Prompt entdeckte sie dann auch die interessantesten Dinge. *Kaufte Unmengen* von *Weihrauch*, Myrrhe und Amuletten. Irgendwann kam sie auf die Idee, es war inzwischen kurz nach 11 Uhr mittags und die Stadt war *eingehüllt* in klebrig-feuchte, *dunstige Hitze*, es wie die yemenitischen Frauen zu machen und ein Stückchen *Weihrauch* zu kauen. Bereits nach etwa zehn Minuten wurde ihr *ganz eigenartig*: so als würde ihr der *Boden unter den Füßen weggezogen*, dazu kam eine so starke *Übelkeit*, die sie im nachhinein nur als *speiübel* und *sterbensschlecht* beschreiben konnte. Sie wurde *kreidebleich* und hatte einen *starken Schweißfilm* auf der Stirn. Sie konnte sich gerade noch mit Hilfe ihrer Begleiterin auf eine nahegelegene Treppe *retten*. Dort *sank* sie erstmal *in sich zusammen*. Die Begleiterin hob ihre Beine an, spritzte ihr Wasser ins Gesicht und fächelte ihr Luft zu.

Am Nachmittag nahm sie sich dann endlich die ihr vom Reiseleiter verordnete *Ruhezeit* unter einem Sonnendach direkt am Indischen Ozean. Dieser *Kollaps* mitten in der Stadt hatte ihr doch einen gehörigen Schreck eingejagt. So *übel* und so schlecht habe sie sich das letzte Mal vor 40 Jahren gefühlt, im Alter von 17 Jahren. Als katholische Christin mußte sie zur Messe, sie ging damals immer zur Spätmesse. Sie durfte wegen der Heiligen Kommunion kein Frühstück einnehmen. Da sie immer Probleme mit den *Weihrauch*-Räucherungen hatte, nahm sie sicherheitshalber einen Platz in der hintersten Reihe der Kirche ein. Um 11 Uhr begann die Räucherung und ca. 10 - 15 Minuten danach wurde ihr so *übel*, daß sie die Kirche verlassen mußte. Draußen setzte sie sich dann auf die Kirchenstufen, weil ihr zusätzlich auch *schwindelig* war.

<u>Kommentar:</u> *Die drei geschilderten Fälle über die Räucherung und auch das Kauen von* **Weihrauch** *und die sich daraus ergebenden Folgen werfen natürlich die Frage auf, warum die Yemeniten anscheinend problemloser als wir räuchern und kauen können. Denn gerade in den heißen Regionen im Landesinneren und auch an der Küste wird* **Weihrauch** *sehr intensiv auch zum Vertreiben der Malaria-Moskitos*

verräuchert. Wir haben jedoch erfahren, daß auch die Yemeniten mitunter **Weihrauch** *nicht so gut vertragen. Allerdings nicht in so einem Ausmaß, wie in unseren Fällen. Außerdem denken wir, daß es schon darum geht, den* **Weihrauch**, *bei dem es sich zwar um eine "weiße Droge" handelt, doch so zu handhaben, wie man es mit Drogen immer tun sollte: Mit Vorsicht und Zurückhaltung. Zusätzlich wird der* **Weihrauch** *immer mit etwas Heiligem in Verbindung gebracht: Dies bedeutet aber, daß man den* **Weihrauch**, *in welcher Form auch immer, mit großer Ehrfurcht benutzen und daß man das, was durch den* **Weihrauch** *hervorgebracht wird, dann auch respektieren und achten sollte.*

In der Gruppen-Verreibung in Gössenheim, die aus Zeitgründen nicht mehr in unsere Prüfung miteingearbeitet werden konnte, wird von einer Auszeit gesprochen. Vielleicht ist dieses Umfallen (Kreislaufkollaps) ein Zeichen, sich Ruhe gönnen zu müssen, mal innezuhalten, sich eine Auszeit zu nehmen. Im Übrigen wurde in dieser Gruppe vom **Weihrauch** *auch als einem Erste-Hilfe-Mittel gesprochen.*

Bei dieser Gelegenheit soll bereits auf die Ähnlichkeit und Übergänge zur *Myrrhe* hingewiesen werden, was wir jedoch bei der Veröffentlichung der *Myrrhe*-Prüfungs-Ergebnisse im nächsten Jahr detaillierter darstellen werden. Wir wollen nur vorab ein wenig versuchen, dies auf der geistig-psychischen Ebene zu erklären: Unsere bisherigen Erfahrungungen sprechen dafür, daß *Myrrhe* mehr ein Medikament für Frauen ist. Myrrhe hat viel mit Leid und Durchleiden, Schmerz, Trennung, Ablösung, Schmutz, Elend zu tun, aber auch der Hoffnung. *Weihrauch* ist der Reiniger, davor oder danach.

Oft wechseln sich *Weihrauch* und *Myrrhe* ab. Vielleicht kann man es so sagen, wenn es der *Liebe* bedarf, man die *Sehnsucht* danach spürt, ist *Weihrauch* erstmal nötig, um mehr *Klarheit* zu bringen, wohin der *Weg* gehen soll. Wenn der *Weg* zu schwierig wird, bedarf es zusätzlich zur *Liebe* der *Hoffnung*, das heißt für uns der *Myrrhe*, um diesen *Weg* gehen zu können und als letztes mit Sicherheit den *Glauben* daran. Die körperlichen Symptome sind dann wichtig, um die Entscheidung der richtigen Reihenfolge der Medikamentenwahl von *Weihrauch* und *Myrrhe* treffen zu können.

Olibanum - Träume

> *"Der Traum ist ein Versuch, uns Dinge assimilieren zu lassen, die wir noch nicht verdaut haben. Es ist ein Heilungsversuch."*
> *C. G. Jung* [56]

Vorbemerkung: Die Trauminhalte werden den Synthesis-Rubriken aus dem Kapitel *Träume* zugeordnet.

Bei der Beurteilung und Einordnung von Träumen ist es wichtig, den Träumer selbst zu fragen, wie er seinen Traum sieht. Die Interpretation ist vorerst lediglich dem Träumer erlaubt. Aus diesem Grunde haben wir nochmals gesondert nachgefragt und dieses in den Kommentaren aufgeführt.

A. Träume von ProbandInnen

1. Traum:

"Lustiger Traum, der vor 30 Jahren spielt, aber wiederum realistisch ist und mir Klarheit verschafft."

"Er spielt vor etwa 30 Jahren. Bin etwa 25 Jahre alt und mit 2 jungen Frauen auf Kneipentour. Die eine Frau ist blond und die andere schwarzhaarig und beide sind sehr attraktiv. Ich konnte mich einfach nicht entscheiden, welche mir besser gefiel. Wir waren gerade dabei, uns in einem Restaurant an einen Tisch zu setzten. Da kam der Ober, ein gutaussehender typischer Italiener und fing sofort an, mit beiden Frauen zu flirten. Ihnen bot er einen bequemen Sessel an, mir selbst nur einen einfachen Stuhl. Als ich mich setzte, bemerkte ich leider zu spät, daß er mir einen Stuhl ohne Sitzfläche gegeben hatte. Ich fiel durch den Stuhl auf den Boden. Die Blonde stand auf, mit erschrockenem Gesicht, kam auf mich zugeeilt und kümmerte sich um mich. Die Schwarzhaarige stand nur da und lachte. Jetzt wußte ich, für welche ich mich entscheiden sollte." (Code H011 - nach der C 1-Verreibung)

Träume - Klar: fl-ac.

Täume - Lustig: ant-t. ars. caust. dig. dros. grat. lach. laur. mag-c. mag-m. **Op.** palo. ph-ac. phos. squil.

Träume - Hellsichtig: **Acon**. adam. asaf. bov. *Cann-i.* carc. cortico. m-arct. mang. ph-ac. phos. rad-br. rad-met. *Sulph.*

Träume - Jugend, von der: gink-b. sil.

Kommentar: Der Träumer kommentierte später selbst den Traum so: Er empfinde diesen Traum als hellsichtig, weil er ihm zeigte, daß er sich damals für die Richtige entschieden hatte. Für ihn habe Hellsichtigkeit immer etwas mit einer vorausschauenden oder voraussehenden Fähigkeit zu tun, d.h. es werde eine Situation beschrieben, die später tatsächlich eintreffe.

2. Traum:

Prophetischer Traum: "Kümmere dich um dich selbst."

"Bin mit meinem Mann in einem Hotel. Er schläft friedlich in seinem Bett, als ich ins Zimmer komme. Quer durch den Raum steht ein riesengroßer Tisch, an dem eine italienische Großfamilie feiert. Sie sind sehr laut und fröhlich. Eine richtig lustige Runde. Eigentlich hätte ich Lust mitzufeiern, doch dann entschließe ich mich, zu schimpfen, weil sie die Ruhe meines Mannes stören. Dabei schläft dieser doch friedlich weiter. Noch im Traum denke ich, daß dieser Traum mir meinen Weg zeigen will. Er mir sagen will, kümmere dich erstmal um dich selbst." (Code H021 - nach der C 1-Verreibung)

Träume - Klar: fl-ac.

Träume - Prophetisch: **Acon.** asaf. bov. *Cann-i.* cortico. m-arct. mang. ph-ac. phos. rad-br. *Sulph.*

Träume - Visionär: (45, davon 13 zweiwertig:) *Anh. Calc. Carb-v. Con. Kali-c. Kali-n. Lach. Lyc. Nat-m, Nux-v. Op. Petr. Sil. Spong.*

Träume - Wegweisende

Kommentar: Die Probandin beschreibt den Traum selbst als prophetisch und wegweisend. Sie sagt folgendes: "Ich nahm ihn sehr ernst, er gab mir eine Erklärung für mein bisheriges Verhalten und erschien mir fast wie eine Vision."

Anmerkung: Träume, die als prophetisch, visionär, oder wegweisend geschildert werden, finden wir sehr häufig bei Patienten unter *Weihrauch.*

3. Traum:

"*Realistischer, klarer Traum.*"

"Habe einen Traum ohne traumtypische Brüche, über unbehebbare Angelegenheit, die mich seit vielen Jahren begleitet: Führe ein Gespräch mit Schuldner und habe dabei klare Einsicht, daß dieser seine Schulden nie bezahlen wird. Dies regt mich aber gar nicht mehr auf." (Code H061- nach der C 1-Verreibung)

Träume - Klar: fl-ac.

Träume - Klar - Aufschluß über unerklärliche Angelegenheit, gibt ihm: acon.

Träume - Hellsichtig: **Acon**. adam. asaf. bov. *Cann-i.* carc. cortico. m-arct. mang. ph-ac. phos. rad-br. rad-met. *Sulph.*

Kommentar: Der Proband bestätigte uns ca. ein Jahr nach diesem Traum, daß der Schuldner seine Schulden immer noch nicht bezahlt habe.

4. Traum:

"*Träume vom Fliegen mit anderen durch die Pariser U-Bahn.*"

"Traum vom Fliegen in der U-Bahn von Paris. Denke dabei immer: "Vorsichtig sein, nicht an die Oberleitung kommen." Fühle viel Klarheit und Verantwortungsgefühl." (Code N01 C 40-Einnahme; am 13. Tag nach Einnahme)

Träume - Klar: fl-ac.

Träume - Fliegen: adam. *Apis* asc-t. atro. bell. choc. convo-d. indg. lyc. nat-s. *Rhus-g.* stict. xan.

Träume - Vernünftig: aur.

Kommentar: Der Träumer selbst empfand diesen Traum, obwohl er durch die Pariser U-Bahn geflogen ist, durchaus als etwas Vernünftiges. Immerhin habe er stets an die Gefahren gedacht.

Anmerkung: Verantwortungsgefühl finden wir in den Träumen, sowie auch in den Gemütssymptomen immer wieder. Trotz "Abgehobenheit" hat *Weihrauch/ Olibanum* immer wieder Verantwortungsgefühl und das Bemühen die Realität nicht zu verlieren und vernünftig zu handeln. Da im Synthesis unter den Träumen "Verantwortungsgefühl" nicht vorhanden ist, haben wir ihn unter vernünftig eingeordnet.

5. Traum:

"*Träume vom Fliegen mit zwei anderen Personen einmal tief auf Kniehöhe, dann immer höher. Alles erscheint recht klar.*"

"Träume mit zwei Personen zu fliegen, zuerst auf Kniehöhe schwebend. Langsam und vorsichtig steigen wir immer höher hinauf. Alles nehmen wir sehr klar und deutlich in uns auf. Es geht uns sehr gut dabei." (Code Q_01, *Olib. C 6*, 3 x 5 Glob. / Tag; am 7.Tag)

Träume - Klar: fl-ac.

Träume - Fliegen: adam. *Apis* asc-t. atro. bell. choc. convo-d. indg. lyc. nat-s. *Rhus-g.* stict. xan.

Träume - Schweben, zu: hell.

Träume - Angenehm (136, davon 7 dreiwertig): **Calc. Nat-c. Op. Puls. Sep. Staph. Viol-t.**

Anmerkung: Träume vom Fliegen, da mehrfach aufgetreten, wurden als zweiwertig eingeordnet. Die Aussage der Träumerin, "es geht mir gut dabei", wurde als angenehm bewertet und von der Träumerin auch als solches Gefühl bestätigt.

6.Traum:

"Bin eine Kurtisane, lebe in zwei Welten, drehe einen Film als Schauspielerin, fliege mit einem Drachen und versuche meine Blöße zu verdecken - wache gegen 2 Uhr auf."

"Spiele in einem Film oder Theaterstück eine Kurtisane, verführerische Frau von etwa 30 Jahren. Die Handlung spielt zuerst in einer Burg in Deutschland und dann aber auch wieder im Orient - lebe in zwei Welten. Habe ein Kleid an wie in der Rokokkozeit - bei diesem Kleid entdeckt man bei näherem Hinsehen, bei bestimmten Bewegungen, daß es das Hinterteil frei läßt. Unter den Schauspielern habe ich damit keinerlei Probleme, jeder respektiert den anderen. Plötzlich jedoch befinde ich mich im Orient. Die Kulisse verändert sich. Es sind keine Schauspieler mehr da, ich laufe durch die Gassen und halte krampfhaft meine Röcke zusammen, damit niemand entdeckt, was für ein Kleid ich trage. Ich habe mich in einer orientalischen Burganlage verirrt. Der Weg wird schmutzig, komme an eine Stelle wo der Schlamm und Dreck sehr hoch ist. Männer legen mir Bohlen auf den Weg, damit ich mein Kleid nicht beschmutze. Sie merken nicht, daß ich unter dem Kleid nackt bin. Sie sind mir behilflich und behandeln mich sehr respektvoll. Dann schicken sie mich an eine Stelle, wo eine Art Abschußrampe zu sehen ist. Dort wartet eine Menge junger Männer, wohl Abiturienten oder Studenten. Sie steigen alle auf eine Art Fluggestell, drachenartig. Mit den Füßen steht man auf einer Art schmalen Stange und oben ist eine Halterung für die Hände, sonst nichts. Eigenartigerweise habe ich keine Angst vor dem Fliegen, oder Angst, auf dieses Gestell zu steigen, sondern nur Bedenken, wegen meines Kleides, daß es sich öffnen könnte und die jungen Männer könnten entdecken, daß ich darunter nackt bin. Also muß ich mich mit der rechten Hand oben am Gestell festhalten und die linke hält mein Kleid zusammen, um meine Blöße zu bedecken. Irgendwann merke ich, daß ich so nicht weiterfliegen kann, da ich keine Kraft mehr habe, mich nur mit einer Hand zu halten. Jetzt nehme ich die linke Hand zu Hilfe und halte mich sicher fest, das Kleid geht natürlich hinten sofort auf. Die jungen Männer schauen interessiert zu, ich fühle mich aber dabei ganz in Ordnung. Allerdings stürzt ein junger Mann dabei ab, das heißt, er kippt nach links aus meinem Gesichtsfeld. Als ich nach unten schaue und denke, jetzt ist ihm etwas passiert, sehe ich, daß er nur viel tiefer fliegt, ganz ruhig als sei gar nichts geschehen. Dadurch war ich sehr erleichtert, fast glücklich. Wache gegen 2 Uhr auf." (Code Q 01, *Olib. C 6* 3 x 5 Glob. / Tag; am 23. Tag)

Träume - Drachen: op.

Träume - Beschämend: acon. alum. am-c. arn. *Asar.* con. erech. hydrog. led. mag-m. *Mosch.* mur-ac. staph. tub.

Träume - Fliegen: adam. *Apis* asc-t. atro. bell. choc. convo-d. indg. lyc. nat-s. *Rhus-g.* stict. xan.

Träume - Erotisch: (207, davon 21 dreiwertig) **Am-m. Ant-c. Canth. Con. Graph. Hyos. Ign. Lach. Nat-c. Nux-v. Olnd. Op. Ph-ac. Plat. Puls. Sabad. Sep. Sil. Staph. Thuj. Viol-t.** (42 zweiwertig, darunter) *Cann-i.*

Träume - Erotisch - Nachts - Mitternacht - nach: cann-s. des-ac. paeon.

Träume - Historisch: acon. am-c. ant-t. brom. caust. *Cham.* cic. croc. graph. hell. hyos. m-arct., *Mag-c.* merc. *Phos.* sel. *Sil.* stram.

Träume - Vernünftig: aur.

Träume - Phantastisch: (57, davon dreiwertig) **Calc. Carb-an. Lach. Nat-m. Op.**

Träume - Verirren, sich zu: adam. irid-met. mag-c. mag-m. nat-c. sep.

Träume - Schmutzig - Straßen: apis

Träume - Schauplätze, neue: calc-f.

Träume - Orte - öffentliche - verändern sich häufig: all-s. led. lyc.

Träume - Orient

Kommentar: Die Träumerin sagt über ihren Traum, daß sie ihn erotisch empfunden hatte, gleichzeitig habe sie deswegen noch während des Traumes etwas wie Scham empfunden. Trotzdem war sie der Meinung, daß sie in diesem Traum durchaus vernünftig gehandelt habe, indem sie die linke Hand zum Halten benutzte, bevor sie von dem Drachen abstürzte. Alles sei in diesem Traum enthalten, schöne Plätze in den verschiedensten Gegenden, sie findet ihn einfach phantastisch.

Anmerkung: Sie finden den Bezug zum Orient interessanterweise auch bei dem letzten Patiententraum, den Sie am Schluß dieses Kapitels lesen können. Aus diesem Grunde wurde das Symptom als neue Rubrik aufgenommen.

7. Traum:

"*Angstträume*"

Der Proband gibt an, am zweiten Tag nach der *C 40/5*-Einnahme mehrere Angstträume gehabt zu haben, die er bis auf einen nicht näher beschrieb. (Code N02, C 40-Einnahme; am 2. Tag)

8. Traum:

"*Ungeheuer kommen und wollen einen wegtragen.*"

Kommentar: Dieser Traum habe ihn sehr beschäftigt und teilweise gefangen gehalten. (Code N02, C 40-Einnahme; am 2. Tag)

Träume - Ungeheuer: aloe. hydr.

9.Traum:

"*Träume vom Putzen, Aufräumen und Ordnung machen.*"

"*Träume von unvorstellbarem Schmutz.*"

(Code K14; am 1. Tag nach C 1-Verreibung)

Anmerkung: Diese Träume hatte die Probandin kurz hintereinander in der Nacht nach der C 1-Verreibung. Vorausgegangen war nach der C 1-Verreibung ein hitziger Streit mit der Tochter wegen deren Unordnung: "Es wurde mir bewußt, wie unverschämt sie ist und frech. Ich lasse es mir nicht mehr gefallen. Habe danach ein gutes Gefühl."

Träume - Schmutz: kreos. prun.

10. Traum:

"*Träume von vor 30 Jahren verstorbenem geliebten Bruder.*"

(Code R01- am 25.Tag nach C 220/5-Einnahme)

Träume - Verstorbenen, von - Verwandte: caust. ferr. fl-ac. hydrog. kali-c. mag-c. mag-s. rheum sars.

B. Träume von Patienten, die auf Olibanum hinweisen

(Diese Träume wurden nicht in die Auswertung übernommen.)

64jährige Patientin, verwitwet.

Traum 1: "Ich bin nochmal schwanger geworden."

Traum 2: "In einer Kirche im Eingangsbereich liegt sehr viel Schmutz, den ich versuche wegzuräumen, dabei entdecke ich unter einem Tisch eine Zinkwanne, in dem ein nacktes Baby liegt, habe Angst, daß es ertrinkt, nehme es an mich und drücke es an meine Brust. Dies tat ich ganz selbstverständlich, ohne große Aufregung, danach war die Unordnung ganz unwichtig."

Träume - Schwanger zu sein: choc. granit-m. hydrog. neon pic-ac.

Träume - Liebevoll: androc. coc-c.

Träume - Vernünftig: aur.

Träume - Schmutz: kreos. prun.

42jährige Patientin, die nach einer Mammographie, bei der ein zweifelhafter Befund festgestellt wurde, folgendes schilderte: "Zuerst fror ich vor Angst ganz schrecklich, so daß ich mich zu Hause hinlegen mußte. Ich schlief prompt ein und hatte einen wunderschönen Traum, in dem ich die Frage stellte: "Was ist denn dieser Knoten in der Brust?" Es kam die Antwort: "Es ist nicht mit dem

Körper verwoben." "Und ist es Krebs?" "Es ist nichts Fressendes!" Anschließend kriegte ich nach diesem Traum ein Gefühl von riesengroßer, warmer Erleichterung. Ein riesiger Knoten aus Schmerz und Verzweiflung war gelöst worden. (Zwei Wochen später erfuhr die Patientin, daß der Knoten gutartig war.) Sie selbst sagt, sie empfand diesen Traum als prophetisch und hellsichtig."

Träume - Prophetisch: **Acon.** asaf. bov. *Cann-i.* cortico. m-arct. mang. ph-ac. phos. rad-br. *Sulph.*

Träume - Visionär: (45, davon 13 zweiwertig:) *Anh. Calc. Carb-v. Con. Kali-c. Kali-n. Lach. Lyc. Nat-m, Nux-v. Op. Petr. Sil. Spong.*

Träume - Hellsichtig: **Acon.** adam. asaf. bov. *Cann-i.* carc. cortico. m-arct. mang. ph-ac. phos. rad-br. rad-met. *Sulph.*

Kurz danach hatte sie noch einen anderen Traum:

"Ich war zu Besuch in einer fremden, fast orientalischen Stadt und hatte mich nach einem Rundgang in ein Café gesetzt, das zur Straße hin offen war. Ich beobachtete von dort aus die Menschen auf der Straße. Es war so schön, dort zu sitzen. Ich wollte mir mein Buch aus dem Hotel holen; ein alter Kolonialbau. Ich stieg die breiten, mit dunklem Teppich belegten Treppen hinauf. Im 1.OG, sah ich vom düsteren Gang aus am Ende des Flurs einen kleinen Aufzug. Ich dachte mir, daß ich ihn einfach ausprobiere, obwohl ich nicht wußte, ob er für Gäste war. Eine ängstliche Frau schloß sich mir an. Der Aufzug endete auf einem Flachdach und es war klar, daß er nicht mehr hinunterfahren würde und Treppen oder ähnliches gab es auch nicht. Die Frau regte sich fürchterlich auf, aber mir war klar, es gab keinen Grund zur Besorgnis. Plötzlich befand ich mich auf einer Hängebrücke, die etwa ein Meter breit war und schwankte. Unter dieser Brücke floß ein braunes Gewässer, eine dicke langsam fließende Brühe und ich wußte, daß es der Zufluß zu einer Kläranlage war. Ich stellte mir noch vor, wie schrecklich es sein müßte, in diese Brühe zu fallen, wußte aber, daß es nicht passieren würde, solange ich nicht stehenblieb. Je weiter ich auf dieser Brücke ging, desto sauberer wurde das Wasser. Am Ende war es ein traumhaft schöner, klarer Bach mit Wasserpflanzen darin, und das Wasser hatte eine grünblaue Färbung. Es war so anziehend, daß ich am liebsten noch etwas geblieben wäre, aber ich mußte weiter und jetzt befand ich mich an einem großen Sandfeld mit knietiefem Sand, in dem vereinzelt Exkremente waren, was ich als sehr eklig empfand. Ich sah auch das Ende bzw. das Ziel vor mir, das eine Art Rampe war, auf die die Menschen von rechts und links zustrebten. Manche Menschen sahen aus, als hätten sie Staubwüsten oder Ähnliches durchquert, sie sahen sehr durstig aus. Ich sah, daß es keine andere Möglichkeit für mich gab, als durch das Sandfeld zu waten. Ich sah noch an mir herunter und hatte ein Kleid an für das Fest, das hinter der Rampe stattfinden würde und dachte noch, daß ich bestimmt total verdreckt aus dem Sandfeld komme. Ich ging auf das Sandfeld zu, und es ging viel leichter und schneller, als ich gedacht hatte. Mein Kleid war bis auf einen kleinen Fleck erstaunlicherweise ganz sauber geblieben, und ich roch auch nicht nach den Exkrementen, die im Sand waren. Ich ging auf die Rampe zu mit vielen anderen Menschen, die zum Teil weite Wege hinter sich hatten und ich dachte noch, daß die Wirklichkeit nie so schlimm ist, wie meine Vorstellung davon."

Kommentar: Die Patientin bezeichnet selbst beide Träume nicht nur als prophetisch, sondern auch als visionär. Sie sagt: "Auch dieser Traum ist für mich ein phantastischer, schöner, aber auch eine Art prophetischer Traum gewesen. Er spielt in einer total anderen Welt und irgendwie auch in einer anderen Zeit. Ich hatte ganz stark das Gefühl, als wolle der Traum mir auch sagen: es kann schlimm kommen, aber es gibt immer wieder eine Möglichkeit, einen Weg, mit schwierigen Situationen fertig zu werden."

Träume - Prophetisch: **Acon.** asaf. bov. *Cann-i.* cortico. m-arct. mang. ph-ac. phos. rad-br. *Sulph.*

Träume - Phantastisch (57, davon dreiwertig): **Calc. Carb-an. Lach. Nat-m. Op.**

Träume - Wüste: sil.

Träume - Wasser - fauliges: *Arg-n.*

Träume - Farbig: adam. bamb-a. gink-b. hydrog. nat-m. neon saroth. sulph.

Träume - Orte - öffentliche - verändern sich häufig: all-s. led. lyc.

Träume - Schauplätze, neue: calc-f.

Träume - Wegweisende

Träume - Orient

Eine Geburt mit Olibanum

Mutter: 35jährige, *zarte, sehr sensible* Patientin, Haarfarbe blond, Augenfarbe blau. *Freundliche* Frau, *liebevolle Mutter,* mit *zarter, sanfter Stimme.* Manchmal ist in dieser Stimme aber auch ein *leidender Ton.*

Sie ist seit 1991 mit der gesamten Familie in meiner Behandlung.

4. Para, Grav. V, vorzeitige Wehen, Cerclage bei allen Kindern. Starke *Nachgeburtsblutungen* und *Darmblutungen* beim ersten Kind. In den nachfolgenden Schwangerschaften starke *Nachgeburtsblutungen.*

Eigenanamnese: Mißbrauchgeschichte im Alter von 4 - 5 Jahren. Menarche mit 14 Jahren. Als Kind Otitiden. Impfungen: Polio, Diphtherie, Tetanus, Pocken und BCG. Hatte nach der letzten Tetanus-Auffrisch*impfung* (mit 18 Jahren) eine starke Reaktion mit *Schmerzen im Bein und Fieber bis 40 ° C.*

Vom 16.- 20. Lebensjahr Antibabypille. Vom 18. - 23. Lebensjahr *Haschischkonsum.* Mit 23 Jahren geheiratet. Mittelgaben: *Puls., Sil., Thuj., Psor., Nat-m., Sep., Ign.* bis *XM.* Ehemann hat eine 20jährige *Suchtkarriere* hinter sich: *Nikotin, Alkohol, Haschisch, LSD, Heroin* und Ersatzmittel wie *Valoron, Mandrax.* Sein Konstitutionsmittel ist *Sulphur.* Seit 1998 mehrmals Gabe von *Olib.* bis zur *C 220/5.*

Geburtsbericht - orginaltreu von Patientin per Fax zugeschickt

"Einen Tag vor dem errechneten Geburtstermin am 10.7. wurde die Cerclage entfernt. Nahm am 11.7. *2 Glob. Olib. C 220/5,* was mir ein sehr *gutes Gefühl* gab, war sehr *entspannt und gut gelaunt.* Ein paar Tage später fing ich an, sehr viel zu weinen. Am 20.7. nahm ich nach telefonischer Rücksprache mit Ihnen 1 Glob. Puls. D 30. Am 21.7. um 22.30 Uhr fingen die Wehen an und ich nahm nochmals *1 Glob. Olib. C 220/5.*

Die Wehen waren *ganz sacht,* mit langen Pausen und blieben die ganze Nacht über in dieser Weise. Ich konnte mich während der *Pausen sehr gut entspannen.* Es war eine *wunderschöne, entspannte, ruhige, liebevolle und freudige Atmosphäre.* Morgens um 8.00 Uhr war der Muttermund 5 cm geöffnet und ich stieg in unser vorbereitetes großes Wasserbecken. Die Hausgeburtshebamme hatte es uns schon vor einigen Wochen zum Aufbau gegeben. Es waren ca. 1000 l Wasser und 10 kg Meersalz in diesem Wasser. Bis 7 cm Muttermund ließen sich die Wehen gut aushalten mit *Atmung* und Gesang. Dann wurde es ca. eine Stunde recht anstrengend. Vor dieser Übergangsphase hatte ich Angst, da die Schmerzgrenze überschritten wird und ich es einfach geschehen lassen muß. Doch schließlich war auch der letzte Saum des Muttermundes verstrichen und ich konnte das Baby kniend und hockend im Wasser heraus schieben. Der kleine Bursche hatte die Nabelschnur recht straff um den Hals, war aber, als er *ausgewickelt* war, gleich voll da. Mein *Glücksgefühl* und die *Liebe,* die sofort zu diesem kleinen Menschen floß, vermag ich kaum in Worte zu kleiden. Ca. fünf Minuten nach der Geburt fing ich recht stark an zu *bluten**. Ich wurde aus dem Wasser geholt, blutete aber an "Land" weiter. Nachdem die Plazenta gekommen war, ließ es nach. Ich war dann *müde, blutleer, schlapp und glücklich.* Ich konnte weder *stehen noch laufen* und *kippte* beim ersten Toilettengang fast um. Das wurde aber von Tag zu Tag besser. Ich blieb allerdings *eine ganze Woche im Bett* ** und schluckte Kräuterblut und Ferr. D 6. Sie hatten recht, die *Nachwehen* waren wirklich durchaus zu ertragen. Kein Vergleich zu den anderen Geburten. Nach zwei Tagen *floß die Milch.* Stimmungsmäßig ging es mir folgendermaßen: *Glücklich* und völlig *durchflutet von Liebe,* nach einigen Tagen ein wenig *sorgenvoll** (werde ich dies alles schaffen?). Der Wochenfluß ist jetzt nach dreieinhalb Wochen nur noch spärlich, der Damm *verheilt* gut. Ich habe ein wenig *Sorge** darum, wie ich den Alltag schaffen soll und darum, ob auch keiner *zu kurz kommt**. Ich bin immer noch ein wenig *empfindlich* und sehr *empfänglich* für *liebe, nette* Worte. Ich fühle mich noch *offen* und *verletzbar**. Ich würde gerne mal wieder *Ausflüge machen,* fühle mich aber *im Hause am sichersten**. So - alles weitere mündlich. Kürzer konnte ich mich nicht fassen, über diese Geburt in Stichworten zu schreiben, brachte ich nicht fertig.

Mit ganz lieben Grüßen Ihre ...."

<u>Therapie:</u> 2 Glob. Myrrhe C 220/5

<u>Anmerkung:</u>

* Myrrhe-Symptome, die uns bereits aus den bisherigen Myrrhe-Prüfungen vorliegen.

** Im Yemen ist es Tradition, der Wöchnerin nach jeder Geburt eine 40tägige "Ruhepause" zu gönnen. In dieser Zeit sind ihre Wünsche und Bedürfnisse für alle Familienangehörigen erstes Gebot.

<u>Nachtrag:</u> Patientin hat uns nach drei Monaten noch einen detaillierteren Geburtsbericht zukommen lassen. Er ist allerdings so ausführlich und persönlich, daß wir nur noch die wichtigsten zusätzlichen *Olibanum*-Symptome schildern wollen:

"Wir liegen im Bett und *freuen* uns: ja Baby, du *darfst jetzt kommen* - ich werde mich für Dich *öffnen* und Dir *helfen* [...] ich mag *Licht, mich bewegen* [...] in den Wehenpausen *unterhalte* ich mich mit all den *lieben Menschen* um mich herum [...] *Angst* habe ich allerdings vor der *Übergangsphase* [...] habe jegliches *Zeitgefühl verloren* [...] *friedvolle Stille* [...] außer meinem *fließenden Atem* [...] die Wehen sind *freundlich* zu mir [...] wundere mich später über meine *Hellsichtigkeit* was meine anderen Kinder angeht, weiß, wo sie den Tag verbringen werden, ohne daß mir das gesagt wurde [...] spüre eine *erhöhte Wahrnehmung*, ohne daß ich dabei den Kontakt nach außen verliere [...] ganz intensiv habe ich das Gefühl: *alles ist richtig* [...] die Hebamme sagt, *ich sähe heilig* aus [...] ich glaube ihr [....] *so ganz von dieser Welt fühle* ich mich im Augenblick nicht mehr [...] ich nehme allerdings jetzt nur mich und *meinen Körper wahr, ich bin ganz bei mir und in mir* [...] aber *jetzt geht's zur Sache* [...] jetzt wird die Phase kommen, wo ich nur noch schreien, schreien kann [...] aber es ist *wunderbar* - ich habe *ewig lange Wehenpausen* [...] ich kann mich *fallenlasssen* [...] zwischendurch spüre ich *Freude, Freude* auf mein Baby [...] ich *spreche es aus* und nehme wahr, daß alle im Raum die *Freude mit mir teilen* und ich bin *unendlich dankbar*."

Die gesamte Familie kommt nach drei Monaten zur Behandlung. Uns fällt die klare Schönheit der 35jährigen Mutter/Frau auf und dies trotz der vielen Arbeit. Die Familie wirkt sehr intakt. Als ich den Mann und die Frau ansehe, denke ich bei mir: das ist ein wirkliches *Paar*.

Die Mutter bekommt *Myrrhe XM* und sie sagt, sie freue sich richtig darauf; bereits die Myrrhe-Gabe direkt nach der Geburt habe ihr so sehr gut getan. Der kleine, neue Mensch ist ein unglaublich *ruhiges* und *freundliches* Kind. Die ganzen vier Stunden, die die Familie hier ist, war er *ruhig* und *zufrieden, lachte* und schien sich zu *freuen*. Das einzige, was er nicht mag und dabei fürchterlich Terror macht, ist Autofahren.

Zusätzliche Weihrauch-Verreibungen

Beispiel einer Weihrauch-Gruppenverreibung

Eine Gruppe von 12 ApothekerInnen, ÄrztInnen und HeilpraktikerInnen. Durchführungsort: Gössenheim. Datum: 29.10. - 31.10.99 (Allerheiligen). Die Symptome dieser Gruppen- Verreibung gingen aus zeitlichen Gründen nicht mehr in die Repertoriumsrubriken ein. Sie waren uns jedoch so wichtig und aufschlußreich, daß sie in unsere Überlegungen zum Arzneimittelbild einflossen. Es handelt sich hier lediglich um unsortierte Auszüge; je Proband ein Absatz:

C 1- Gruppen-Verreibung

Berauschender Geruch - linkes Auge tränt - Wärme am ganzen Körper - leichter Schweißfilm am ganzen Körper, vorne und am Kopf - Husten, mit leichtem Auswurf - Müdigkeit ist weg - Geschmack bittersüß - Aufmerksamkeit ist reduziert - Mittel für innere und äußere Verletzungen - Sodbrennen bis zum Kehlkopf - drückender Kopfschmerz linke Augenbraue - das Medikament hat viel mit zärtlicher Liebe zu tun.

Heißer Kopf - Druck auf Ohren und Augen - Schmerzen rechtes Knie und linker Oberkiefer - flaues Gefühl im Magen (d.h. Schwäche) - Gefühl, sanft berührt worden zu sein - Höre Stimme: gelassen und mehrfach heil - Druck auf beiden Schläfen - das Sehen wurde klarer - zwei Finger legten sich sanft auf die Haut (wie zur Segnung, zum Taufen oder zum Kreuzschlagen) - Mittel, das tröstet - meine motorischen Probleme haben sich gebessert. [Der Proband hatte M. Parkinson.]

Lockere, kariöse Zähne im Kiefer empfunden - höre Stimme: "ich helfe das Leid hinwegzunehmen" - viel Trost, sehr viel Trost - Sauerstoffmangel mit starker Beklemmung, kurz danach eine große Weite im Brustkorb - meine Augen wurden klarer, wie wenn ein Schleier weggezogen wäre - Bild: sauber gekleidete Nonne im Klostergarten, die ihre Heilkräuter pflegt und vor den Toren tobt die Pest und die Cholera - starkes Herzgefühl mit grüner Farbe.

Gegensatz zwischen dem herrlichen Duft des *Weihrauchs* bei der Verreibung und dem Muff-Geruch in der katholischen Kirche.

Gefühl von Violett umgeben zu sein, das aber in der Mitte zum Grün drängte - demutsvolles Gefühl mit dem Satz: "Vielen Dank lieber Gott, daß du uns zusammengeführt hast (hatte mich das letzte Jahr ganz weit von Gott entfernt)" - sehnsuchtsvolles Gefühl, aber nicht schmachtend - vor der Verreibung drei Tage lang kotzübel, anfangs wieder da, dann wie Befreiung, Übelkeit ist weg - sah

Dreieck mit drei Augen in der Spitze und dahinter einen dunklen Raum - unheimlich schweres Atmen, etwas wie Sterben - reibe total ohne Anspannung.

Luft erscheint so dick, daß ich kaum atmen kann - fühle große Wärme und später Schüttelfrost - bin in karger Landschaft und suche nach Wegmarkierung - werde schwer, müde, wie betäubt - Gefühl, Kopf sei doppelt so groß wie in Realität - Bild: Angst vor Betäubung, weil ich einbalsamiert werden soll, kann durch die Binden immer schwerer atmen; dachte, die müßten doch merken, daß ich noch lebe, aber ich kann mich nicht wehren, war Opfer, wie betäubt - es ist eine Droge!

Viel lebendige Wärme im Gesicht und am ganzen Körper - der Duft war ganz schön, konnte gar nicht genug kriegen - unbestimmte Sehnsüchte - Gefühl, muß beten für uns alle, daß es gut geht; dann höre ich den Kanon: "Wann und wo sehen wir uns wieder?" - Assoziation: Harz ist Blut des Baumes und hat sehr viel mit unserem Blutsystem zu tun - die schmerzvollsten Trennungen kommen in der Heilung - große Liebe, die heilen kann, eigentlich alles, was leidet - ich schäme mich fast, so enorm glücklich zu sein - Gefühl: es geschieht ein höherer Wille, nicht meiner.

Stechender Schmerz im Kopf, überall - Bilder: von Lanzen und Pfeilen und Verletzungen - Bild: dauernd Christus am Kreuz als Opfer.

Gefühl: müßte Brille abnehmen (mehrere Probanden), auch Uhren und Schmuck und alles andere ablegen, es stört nur; ("seid nackt wie die Kinder") - meine Augen waren danach ganz anders anzusehen, größer und klarer - Gedanke: Schmuck hat etwas mit Schein (-heiligkeit) zu tun.

<u>Anmerkung:</u> Viele haben intuitiv ihren Schmuck (vor allem Silber) abgelegt.

Wollte nur ganz sanft reiben.

Es geht um das Thema Liebe, wenn wir die nicht haben, können wir nichts tun - alle anderen Motive werden eingeschlossen und weggesperrt, also irgendwas Scheinheiliges - man kriegt eine höhere Instanz eingepflanzt, so daß man nur noch gut und edel handeln kann.

Der *Weihrauch* erzeugt eine neue Art der Religion, von Nächstenliebe, macht uns zu zahmen Lämmern - er schafft das Heilige in der Welt, im Gegensatz zur Großen Göttin - dem *Weihrauch* müssen wir unsere dunkle Seite opfern, es ist die heile Welt nach dem Silber - das Göttliche ist nicht mehr unter uns, sondern in uns - wir müssen uns auf die Suche nach dem höheren Selbst in uns selber machen.

C 2 Gruppen-Verreibung

Ist es wirklich nur Friede, Freude, Eierkuchen? - Meine Schrift ist ganz verwakkelt - Gehör ist geschärft - war es anfangs Demut, so nun Wehmut - könnte gerade losheulen, weil die Welt doch nicht so schön ist, wie sie sein könnte - Kopf wie benommen, kann nicht richtig denken - werde plötzlich unheimlich müde - stechender Kopfschmerz in der linken Schläfe, wie Nadel - völliger Zeitverlust - weiß nicht mehr, in welcher Runde wir reiben - natürlich kann man nach diesem schönen Einklangsgefühl süchtig werden - Gottergebenheit ins Schicksal - jetzt verstehe ich auch das Jugendwort "breit" - alle sind total müde.

Total erschöpft und müde, weil ich mich gegen etwas Unbekanntes gewehrt habe - Bild: es war dunkel und ein Strauch stand in strahlender Sonne - Bild: bin in einem dunklen Raum mit einer Teufelsgestalt, dann geht die Tür ins gleißende Licht auf und es gelingt mir, den Teufel hinauszujagen.

Bild: helles Licht scheint auf meinen Körper wie eine Aura, aber nur auf die rechte Seite, die linke Körperseite bleibt ohne Licht - Friede und Sanftheit nehmen stark zu - starkes Engegefühl im O-Bauch, weil ich Angst habe - Gedanke: ich kann mich nicht öffnen - Herzgefühl: kurz vor dem Weinen, dann Nasenlaufen - dunkler Strahl, der immer größer wird, sobald ich die Augen schließe; macht mir Angst, besser durch Augenöffnen - als Ausweg werde ich müde (d. h. ich kann das Gefühl nicht aushalten).

Bild: Engel schickt in mein Scheitelchakra einen hellblauen Strahl, der unten am Wurzelchakra blau wieder herauskommt, muß solange einstrahlen, bis es unten auch hellblau rauskommt.

Bild: Stand unter einem Wasserfall, um mich zu reinigen, alles Negative abzuwaschen; dann war ich wie gehäutet, erneuert, das Dunkle war weg; am Rande lag meine alte Hülle.

Bild: Badete in einem See mit rotorangem, aber klarem Wasser, wunderbar anzusehen; mußte zur Mitte schwimmen, weil dort die Wahrheit lag.

Nein, so geht's nicht! Mir paßt nix mehr; aber ich war zu unbeweglich, etwas zu verändern, denn ich befand mich in einem Zustand der angespannten Entspannung, oder der entspannten Anspannung.

Fühle Enge in der Brust, d.h. mein Potential kann sich nicht entfalten.

C 3 Gruppen-Verreibung

Wie wollen wir kleinen Menschen das Heilige emotional erfassen? Auf diesen Augen sind wir einfach blind; genauso verhält es sich mit der Liebe - auch wir hier unterliegen wieder dem Mißverständnis, alles (auch die emotionale Ebene) verstehen zu können, verstehen zu müssen - kommt wirklich jede Krankheit aus einer Wunde?

Es gibt nix mehr zu sagen, außer daß wir nicht in der Lage sind, zu kapieren, daß das Allerheiligste hinter dem Vorhang ist.

Bild: Stand über einem tiefen Abgrund, der sehr dunkel war, dann schwebte ich im Licht in diesen Abgrund hinein bis zum Grund, an dem ein ganz dunkler, teerartiger Fluß floß, in den ich hineinstieg und dadurch klebrigschwarz wurde; mußte durch eine Höhle hindurch und auf der anderen Seite war erneut ein Abgrund, unter dem sich aber eine ganz herrliche, grüne Landschaft ausbreitete, über die ich dann auch noch hinschwebte. Beim 2. Mal tauchte ich wieder hinab zu dem dunklen Fluß, stieg erneut hinein, aber diesmal war es ganz klares Wasser, in das ich hinabgezogen wurde, hinein in eine Luftblase, in der eine andere Gestalt in weißem Gewand mich belehrte; dann mußte ich erneut durch diese Höhle, die aber diesmal von Feuer loderte; danach schwebte ich zusammen mit einem weißgekleideten Engel über eine Wüstenlandschaft in die Wolken hinauf.

Bild: Glasklares Kindheitserlebnis: kriegte zunächst lauter bunte Bonbons geschenkt, die ich in aller Ruhe auspacken konnte; dann Szene in eintönigem Grau; danach tauchte ich in einen glasklaren See, wo ich am Boden unheimlich schöne farbige Geschenke hatte, über die ich frei verfügen konnte; u.a. ein "Buch des Wissens".

Wenn ich an meine Wunde komme, dann tauche ich meistens in einen Opium-Zustand ein - hatte unheimlich zärtliche Gefühle zu fast allen hier im Raum, ganz persönlich und liebevoll, aber ganz natürlich.

Bild: Kirche und gegenseitige Beweihräucherung, im tiefen Mittelalter; Mönche in dunklen Kutten; Mysterien damals, die uns nicht mehr zugänglich sind, die uns verloren gegangen sind; kann der *Weihrauch* uns dahin zurückführen?

Große Erleichterung, weil Unzufriedenheit weg war - der *Weihrauch* gibt mir die Gnade einer Auszeit, damit ich meine geheime Wunde bearbeiten kann oder auch nicht, weil's Zeit hat.

Viele Liebesbeziehungen, die sehr vom Herzen bestimmt wurden, wie z.B. "Romeo und Julia", "Dornenvögel"; aber das Ende bleibt immer offen.

C 4 Gruppen-Verreibung

Man müßte den Begriff "heilig" neu definieren - unser Problem ist, daß wir die Liebe immer viel zu hoch hängen, sie muß wieder was ganz Alltägliches werden, dann wird sie auch die C 2-Ebene wieder spürbarer werden lassen - dann fällt auch die entspannte Anspannung weg - fast alle fahren wir mit dem Hochrad, dem Zug oder dem Auto immer im Kreis um unseren "Seelensee", weil wir uns nicht hineinzutauchen trauen; dabei hilft uns der *Weihrauch*!

Wir fliehen dauernd vor der C 2-Ebene in die C 4-Ebene, als ob es leichter wäre, die Liebe auf der spirituellen Ebene zu erleben, als auf der emotionalen, wo sie ja nun wirklich hingehört; wir haben unser Verhältnis zur Liebe viel zu kompliziert gemacht, wir müssen sie auf die C 2-Ebene zurückholen.

Wir sollten keine Angst haben, daß die Liebe profanisiert wird; das wird sie vielmehr von den anderen Kräften dieser Welt. Es geht um die allumfassende, alltägliche Liebe: in jedem Moment, zu jedem Ding, Pflanze, Tier oder Mensch, zur ganzen Natur und zum ganzen Leben; und davor hilft keine Flucht, weder mit dem Auto, noch mit dem Zug, noch mit dem Hochrad oder auch zu Fuß.

Bild-Phantasie: Bin in einem dunklen Raum (Kirche?) - wir verreiben Schaf-Fell, um unsere Sinne zu verfeinern - ich möchte gerne viel wissen oder besser verstehen - ich weiß einfach nicht, wohin mein Weg führt!

Bild: Aus dem Milchzucker steigt eine Nabelschnur zum Himmel hinauf (!). Vision: Engel schwebten vom Himmel in Fallschirmspringerformation, die dann in die Häuser ausschwärmten, an denen "Zimmer frei" stand - dann sah ich einen Steuer-Raum, in dem die Energie für die Erde hergestellt wird - dann kam die Nachricht: "nichts ist festgelegt" - Botschaft des *Weihrauchs*: ihr könnt aus dem Leid erlöst werden, durch einen göttlichen Gnadenakt; dafür müssen wir allerdings in unserem Haus ein Zimmer frei machen.

Im Grunde ist im *Weihrauch* eine ganz traurige Nachricht: Gott hat uns eine zu hohe Aufgabe gestellt, die wir gar nicht bewältigen können - *Weihrauch* ist das höchste Erste-Hilfemittel vom Himmel, dies ist die neue Definition von Heiligkeit - damit ist uns mit Hilfe der Engel ein echtes Nothilfeprogramm an die Seite gestellt, wenn's gar nicht mehr weiter geht, dies ist die Auszeit, die uns von Gott gewährt wird.

Bild: Ich bin in der Kirche und werde getauft, dabei wird das Taufwasser zu Feuer und die ganze Kirche bzw. alle Menschen brennen und werden zu Aschehaufen, dann fühle ich mich natürlich wieder schuldig - danach meine Frage: was ist heilig? Es ist die Vereinigung von eigentlich unvereinbaren Dingen, für jeden Menschen wird das vermittelt, was er gerade braucht - der *Weihrauch* ist der große Vermittler und Verbinder - ohne *Weihrauch* könntest du das Gold niemals verstehen - die Aschehaufen zeigen nur die Transformationen der Menschen - danach ging meine Tauf-Feier unverändert weiter und die Menschen waren wieder heil.

Bild: Inkarnieren: sah einen Bischof und das Auge des Horus, dann eine grüne Schlange und einen Schwefelsee - die Wegkreuzung war sonnenbeschienen, der rechte Weg lag im Schatten und ich wußte, ich muß nach links gehen.

Ich muß mein drittes Auge aktivieren - ich kann meinen Lebensweg selbst bestimmen - Bild: Ich stehe an einem hohen Abgrund mit einer wunderschönen Landschaft unter mir, plötzlich stürze ich hinab und habe riesige Angst, aber mitten im Sturz wachsen mir Flügel und ich war gerettet.

Der *Weihrauch* zeigt uns die Richtung zu unserem Lebensweg: "Ich nehme dich an die Hand und führe dich zu dem richtigen Weg, hab keine Angst" - Den *Weihrauch* finde ich so kostbar und heilig, daß es mir fast etwas gegen den Strich geht, wie wir mit dieser Pflanze oder ihrem Harz umgehen und ich wünschte mir, wir könnten auf noch sanftere Weise an ihre Geheimnisse kommen; dieses Mittel brachte mir soviel inneren Frieden.

Bild: Die Engel vermehrten sich in unübersehbarer Menge, daß sie schließlich mit ebenso vielen Schornsteinfegern versöhnt und vermischt waren, schließlich fingen sie auf einer Bühne an, einen Choral zu singen, in dem es darum geht, daß jeder Mensch seinen eigenen Weg finden kann und muß: suche deinen Weg, du hast die Zeit dazu!

Keiner von uns kam wirklich an irgendein Ziel - am Schluß kam nur noch: lieb dich selbst und verzeih dir selbst - dann kamen meine Engel und sagten mir Lebewohl: "Du brauchst uns nun nicht mehr, später kommt dann ein einziger Engel, wenn du ihn wirklich brauchst."

Ein Weg muß beendet werden und ein neuer Weg muß gefunden werden.

Weihrauch C 5 - Verreibung

Ausschnitte einer Mitteilung einer Probandin der "Gössenheimer-Gruppe" über ihre C 5-Verreibung:

"Nach der C 4 -Verreibung von *Weihrauch* schien für mich die Sache rund zu sein. Es war aber deutlich spürbar, daß das Kollektiv der Meinung war, es sollte bis C 5 verrieben werden. Als ich nachhause kam, hatte ich ausgesprochen schlechte Laune, mein Mann machte mir nichts recht, ich war hochgradig gereizt und konnte mich selber nicht ausstehen. Irgendwie verstand ich selber nicht wieso ich in diese schlechte Laune gerutscht war, es gab eigentlich keinen Anlaß. Am nächsten Tag war diese Stimmung immer noch da - und so entschloß ich mich *Weihrauch* auf C 5 zu verreiben.

[...] Sehe eine Abendmahlzeit: Jesus bricht das Brot: Das ist mein Leib. Dann der Wein: Das ist mein Blut. Dann eine Schale *Weihrauch:* Das steht für meine Liebe zu euch. Meine Stimmung verändert sich schlagartig und mir ist leicht ums Herz: Es ist die Liebe!! Nächstenliebe! verreibe nun sehr schwungvoll spüre in mir Liebe zu anderen Menschen, denke an Menschen, die viel Liebe ausstrahlen, z.B. Dr. Gawlik. Ich bin nach der Verreibung wieder in guter Stimmung und kann mich meinem Mann liebevoll zuwenden."

Beispiel einer Weihrauch-Einzelverreibung

Verreibung einer 45jährigen erfahrenen homöopathischen Ärztin aus Wien. Auch deren Symptome sind nicht in die Repertoriumsrubriken aufgenommen worden, allerdings wurden sie bei der endgültigen Erstellung des Arzneimittelbildes mitberücksichtigt.

Die Ärztin hat uns freundlicherweise ihre gesamten sehr persönlichen, umfangreichen Aufzeichnungen überlassen. Daraus wollen wir hier nur einen Teil veröffentlichen, die Symptome sind unsortiert.

Auszüge aus der C 1-Verreibung

Fühle mich angenehm leer - wunde Stelle in rechter Nase brennt - schmerzt ungewöhnlich stark - trockenes Gefühl in der Nase - friedliche Stimmung - große Duftwahrnehmung - Gelassenheit - Absichtslosigkeit - Erinnerung an Kreistanz - friedliche Stimmung - Gedanken - Phantasie: man sollte den *Weihrauch* über die ganze Welt verteilen. Bild einer Mutter mit ihrem Kind auf dem Schoß - höre immer wieder die Worte: Dein Wille geschehe - lächeln - Kirche in Venedig - Stadt der Liebe, um eine schal gewordene Liebe zu erneuern - wohltuend - heimelig - friedlich - Vereinigung der Gegensätze - im Herzen verbunden sein - Segen ist mit uns allen - Ite missa est - Freude und Frieden.

C 2-Verreibung

Offene Leere - Gelassenheit - Räuspern - ich spüre mich offen und friedlich - Erinnerung an Sommerliebe, es ist keine Kränkung mehr da - unbestimmte Sehnsucht, ungerichtet und freischwebend - keine Schuld - Liebe zwischen Mann und Frau - ich sehne mich nach Wärme, Zärtlichkeit und Liebe - einander zärtlich liebend - Überschwang der Liebe, unschuldig, absichtslos - ganz bei sich und ganz beim Du - untereinander müssen wir absichtslos sein, dann gibt es keine Schuld - absichtslose Ordnung - fühle gute Wärme in meiner Mitte - möchte einfach von einem Mann umarmt werden, in Unschuld - Heilige Hochzeit - Adam und Eva liebet euch! Maria und Josef liebet euch! *Weihrauch* und Myrrhe liebet euch! - ihr seid euch so ähnlich wie Mann und Frau und so verschieden wie sie um jenen kleinen Unterschied, der zum lebendigen Austausch gehört - daraus entsteht Leben - Mann und Frau gemeinsam sind der Mensch - unschuldig lieben in tiefster Vereinigung.

C 3-Verreibung

Wärme - Heiterkeit - Kribbeln rechte Hand wie leichter Strom - überall Wärme und Licht - Gedanke: wenn ihr nicht werdet wie die Kinder - ihre naive Schlichtheit - ihr Lachen - ihre Unschuld - mir geht alles zu rasch - ich spüre Traurigkeit und Zorn - Phantasie: ich bin Kaspar, steige auf mein Pferd und reite im Galopp davon, durch die Wüste, das Licht wird unerbittlich heiß, flirrende Hitze, Dürre, heller Sand, zäh, mühsam, Füße sinken ein, jeder Schritt schwer, Schmerz und Schweiß - hinter uns Gemetzel, Eisenklirren, Blut, Schreie, Weinen - die Zeiten des Friedens sind vorbei - ich fühle mich traurig und bestürzt - Gedanke: in die Wüste gehen - alle sind heiter und fröhlich und ich fühle mich wie getrennt.

C 4-Verreibung

Kindliche Verspieltheit - Unschuld verlieren - Gedanke: was die Arznei bringt, das heilt sie auch - plötzlicher Zorn - gehetzt und das Gefühl sich beeilen zu müssen - niemand kümmert es, daß noch jemand schreibt - ich möchte hinausbrüllen: es gibt die Schuld! - ohne Würdigung der Schuld gibt es keine Vergebung - spüre Zorn, Zorn, Haß, Feindschaft - es geht um die Würdigung der Schuld, Würdigung des Schmerzes und des menschlichen Leids - Kraft, starke Kraft des Zorns - wenn ich könnte, würde ich jetzt Reibschale und Pistill zerbrechen - es ist etwas Verzweifeltes - Nichtwürdigung heißt: sich nicht Zeit nehmen bis ein Prozeß zu Ende kommt, es nicht aushalten, nicht dabeibleiben, es nicht zulassen wollen; Schmerz und Leid weghaben wollen, wegschauen, ihn beseitigen - Bedürfnis nach Rückzug - ich werde nichts vorlesen, nichts mitteilen, alles für mich behalten - was soll beweihräuchert werden, wenn *Weihrauch* nicht der Reinigung dient? - Schmerz bis zur Unerträglichkeit - es ist Segen - Hilflosigkeit, Dunkelheit, ich weiß nicht, was ich tun soll, *Weihrauch* hilf! Ein alter Mann kommt - er kniet vor allen nieder [...] vergib mir meine Schuld [...] Tränen [...] Erlösung [...] Liebet das Leben! Liebet! Liebet euer Geborensein. Liebet einander, liebet!

Anstelle eines Schlußwortes - Worte von Edward Whitmont

An die Teilnehmer der 150. Jahrestagung
des Zentralvereins Homöopathischer Ärzte

Es ist mir eine Ehre und Freude, Ihrer Tagung meine Grüße senden zu dürfen, wenn auch zugleich mit dem Bedauern, daß mein Alter die Strapazen des langen Fluges nicht mehr verkraften kann und so meine persönliche Teilnahme verhindert.

Da das Thema der Tagung auf die Zukunft der Homöopathie ausgerichtet ist, möchte ich eine mir wesentlich erscheinende Betrachtung über die Vergangenheit und deren mögliche Bedeutung für die Zukunft vorstellen.

Als ich meine Praxis als homöopathischer Arzt vor nunmehr 57 Jahren hier begann, wurde ich unfreiwilliger Zeuge des damaligen Niedergangs der Homöopathie in Amerika, der sich erst vor kurzem wendete. Meines Erachtens war dieser Niedergang in hohem Maße eine "Nebenwirkung" des Bestrebens, sich der offiziellen Schule als "hoffähig" und akzeptabel zu erweisen. Der Versuch der Angleichung führte zur Gleichschaltung. Die ursprünglich homöopathischen Institutionen sind heute alle allopathisch. Das Hahnemann Hospital in Philadelphia behielt wie zum Hohn seinen Namen. Soll sich dies nicht weltweit wiederholen, müssen wir darauf bestehen, unsere Eigenart zu bewahren.

Vielmehr obliegt es uns, die grundsätzliche Beschränktheit der offiziellen Wissenschaft zu erkennen, beim Namen zu nennen und ihr die Eigenart und Einzigartigkeit unserer Erfahrung gegenüber zu stellen, als Forderung der Erweiterung ihres engen Horizonts. Kooperation ja, aber Einordnung oder gar Unterordnung um der "Einheit" willen, nein. Nur so können wir unseren heute so dringend erforderlichen Beitrag leisten, eine neue Sicht des Menschen zu schaffen, die in ihm mehr sieht als eine brauchbare biologische Maschine. Eine Sicht, in der Biologisches und Geistig-Seelisches als gleichwertige, gegenseitige Spiegelungen in ihren physiologischen, pathologischen und ethischen Manifestationen präzise erfaßt und geheilt werden können.

Zu diesem Anliegen sende ich Ihnen meine wärmsten Wünsche.

Edward C. Whitmont

Literaturverzeichnis

1. Beek, G. W. van: *Frankincense and Myrrh.* Bibl. Arch. 23/3, Baltimore 1960.
2. Beyer, R.: *Die Königin von Saba. Engel und Dämon. Der Mythos einer Frau.* Lübbe, Berg. Gladbach 1987.
3. Berendes, I.: *Die Pharmazie bei den alten Kulturvölkern.* Halle 1891.
4. Berendes, I.: *Des Pedanios Dioscurides von Anazarbos Arzneimittellehre.* Stuttgart 1902.
5. Breasted, J. H.: *A History of Egypt.* Hodder + Stoughton, London 1905.
6. Breasted, J. H.: *Ancient Records of Egypt.* London 1906.
7. Brunner, H.: *Die Begegnung mit den Arzneien im Potenzierungsprozeß.* In: Homöopathie 150 Jahre nach Hahnemann (Hrsg. R. Appell). Haug, Heidelberg 1994.
8. Bührer, E. M.: *(Hrsg.) Große Frauen der Bibel.* Herder, Freiburg 1993.
9. Carter, H. J.: *A discription of the frankincense tree of Arabia.* J. Royal Asiatic Society (Bombay-Branch), 2 (1848), S. 380 - 390.
10. Celsus, A. C.: *De medica libri octo.* Übers. u. erläut. von E. Schneller, Braunschweig 1906.
11. Crown, A. D.: *The knowledge of drugs in Ancient Israel.* Austral. J. For. Sci., June 1969.
12. Diederichs, I.: *(Hrsg.) Märchen aus dem Land der Königin von Saba.* Diederichs, München 1993.
13. Diez, S. el al.: *Ranunculaceae: Die Familie der Hahnenfußgewächse.* In: Documenta Homoeopathica 19. Maudrich, Wien 1999.
14. Dörre, E.: *Die homöopathische Erforschung der 12 Edelsteine der Apokalypse.* Novalis, Schaffhausen 2/97.
15. Dümichen, J.: *Die Flotte einer ägyptischen Königin.* Hinrich, Leipzig 1868.
16. Ebers, G. M.: *Papyros Ebers: Das Hermetische Buch über Arzneimittel der alten Ägypter.* Leipzig 1875.
17. Eitrem, S.: *Opferritus und Voropfer der Griechen und Römer.* J. Dybward, Kristiania 1915.
18. Encyclopaedia Judaica: *Keter Publ. House.* Jerusalem 1972.
19. Erman, A.: *Die Literatur der Ägypter.* Hinrich, Leipzig 1923.
20. Erman, A.: *Die Religion der Ägypter.* De Gruyter, Berlin u. Leipzig 1934.
21. Fabricius, B.: *Der Periplus des Erythräischen Meeres.* Leipzig 1883.
22. Fährmann, H.-G.: *Harze und ihre therapeutische Anwendung in der Medizin.* Diss. Med. Fak. der Fr.-Schiller-Univ. Jena 1949.
23. Flückiger, F. A.: *Pharmakognosie des Pflanzenreiches.* Berlin 1891.
24. Fritze, H. von.: *Die Rauchopfer bei den Griechen.* Berlin 1894.
25. Frohne, D., Jensen, U.: *Systematik des Pflanzenreiches.* Wissenschaftliche Verlagsgesellschaft, Stuttgart 1998.

26. Galen: *Die Werke des Galenos.* Übers. u. erläut. v. E. Beintker und W. Kahlenberg, Bde. 1 - 5. Stuttgart 1939 - 1954.
27. Germer, R.: *Untersuchung über Arzneimittelpflanzen im Alten Ägypten.* Diss. Univ. Hamburg 1979.
28. Germer, R.: *Flora des pharaonischen Ägypten.* v. Zabern, Mainz 1985.
29. Germer, R.: *Die Pflanzenmaterialien aus dem Grab des Tutanchamun.* Gerstenberg, Hildesheim 1989.
30. Germer, R.: *Persönliche Mitteilung* 1999.
31. Ghazal, E.: *Der Heilige Tanz: Orientalischer Tanz und sakrale Erotik.* Simon und Leutner (Edition Herzschlag), Berlin 1993.
32. Gildemeister, E. + F. Hoffmann: *Die Ätherischen Öle.* Bd. V. Akademie-Verlag, Berlin 1959.
33. Goethe, J. W.: *West-östlicher Divan.* Insel, Frankfurt u. Leipzig 1998.
34. Groom, N. St. J.: *Frankincense and Myrrh.* Longman, London 1981.
35. Grün, A.: *Weihnachten - Einen neuen Anfang feiern.* Herder, Freiburg 1999.
36. Hahnemann, S.: *Organon der Heilkunst.* Ausgabe 6 B, 2. Aufl., Haug, Heidelberg 1978.
37. Hahnemann, S.: *Die Chronischen Krankheiten.* Organon, Berg 1983.
38. Hahnemann, S.: *Reine Arzneimittellehre.* Haug, Heidelberg 1989.
39. Hahnemann, S.: *Apothekerlexikon.* Unveränd. Nachdr. d. Erstausg. Haug, Ulm 1966.
40. Halbey, O.: *Über das Olibanum.* Diss. Phil. Fak. d. Univ. Bern 1898.
41. Hansel, J.: *Ephedra und die Zauberpflanzen.* Hahnemann Institut, Greifenberg 1998.
42. Haran, M.: *The Use of Incense in the Ancient Israelite Ritual.* Vetus Testamentum X, 1960.
43. Heine, H.: *Sämtliche Schriften.* Hrsg. von K. Briegleb. DTV, München 1997.
44. Herodot: *Historien.* Dt. Ges. Ausg. 4. Aufl. Kröner, Stuttgart 1971.
45. Hepper, F. N.: *Arabian and African frankincense trees.* J. of Egyptian Archaeology, London 1967.
46. Hepper, F. N.: *Pflanzenwelt der Bibel.* Deutsche Bibelgesellschaft, Stuttgart 1992.
47. Higazy, S. A.: *Egypt. Food Sci.* 1 (1973), 203; 2 (1974) 29.
48. Hippokrates: *Sämtliche Werke.* Übers. u. komment. v. R. Fuchs, Bde. 1 - 3, München 1895 - 1900.
49. Howes, F. N.: *Age old resins of the Mediterranean Region.* Economic Botany 1. New York 1950.
50. Al-Hubaishi, A. u. K. Müller-Hohenstein: *An introduction to the vegetation of Yemen.* GTZ, Eschborn 1984.
51. Jacobus de Voragine: *Die Legenda Aurea.* Aus d. Lat. übers. v. R. Benz. Gütersloher Verlagshaus, Gütersloh 1999.

52. Joachim, H.: *Papyros Ebers. Das älteste Buch über Heilkunde.* Reimer, Berlin 1890.
53. Jung, C. G. et al.: *Der Mensch und seine Symbole.* Walter, Olten/Freiburg i. Br. 1968.
54. Jung, C. G.: *Gesammelte Werke.* 20 Bde, hrsg. v. Lilly Jung-Merker et al. Walter, Olten/Freiburg i. Br. 1971 ff.
55. Jung, C. G.: *Erinnerungen, Träume, Gedanken.* Aufgezeichnet von Aniela Jaffé. Walter, Olten/Freiburg i. Br. 1987.
56. Jung, C. G.: *Traumanalyse.* Hrsg. W. McGuire. Walter, Olten/Freiburg i. Br. 1991.
57. Jung, C. G.: *Analytische Psychologie.* Hrsg. W. McGuire. Walter, Solothurn/Düsseldorf 1995.
58. Kast, V.: *Paare. Beziehungsphantasien oder Wie Götter sich in Menschen spiegeln.* Kreuz, Stuttgart 1994.
59. Kaster, H. L.: *Die Weihrauchstraße.* Handelswege im alten Orient. Umschau, Frankfurt a. M. 1986.
60. Krumm-Haller, A.: *Osmologische Heilkunde.* Die Magie der Duftstoffe. Schikowski, Berlin 1955.
61. Krumm-Haller, A.: *Vom Weihrauch zur Osmotherapie.* Wißecker, Berlin 1934.
62. Lieblein, J.: *Handel und Schiffahrt auf dem Roten Meer in alten Zeiten.* Christiania 1886.
63. Lohmeyer, E.: *Vom göttlichen Wohlgeruch.* C. Winters Univ.-Buchh. Heidelberg 1919.
64. Mandaville, J. P.: *Frankincence in Dhofar.* Interim Report. Oman Flora and Fauna Survey, Dhofar, Oman, Min. of Info, 1979.
65. Martinetz, D. et al.: *Weihrauch und Myrrhe.* Akademie, Berlin 1989.
66. Martinetz, D.: *Rauschdrogen und Stimulantien.* Urania, Leipzig 1994.
67. Maupetit, P.: *Perfumer and Flavorist.* 9 (1985), 6, 19.
68. Meissner, B.: *Babylonien und Assyrien.* Heidelberg 1920.
69. Monod, Th.: *Les arabes a encens dans le Hadramaout.* Bull. Mus. Nat. Hist. Nat. (Paris), 4. Reihe, Sektion B, 3 (1979), S. 131 - 169.
70. Müller, W.: *Notes on the use of frankincense in Southern Arabia.* Proc. Sem. f. Arab. Stud. (London, Inst. of Archaeol.), 6 (1976), S. 124 - 136.
71. Nerval de, G.: *Reise in den Orient.* Artemis u. Winkler, München 1986.
72. Nielsen, K.: *Incense in Ancient Israel.* E. J. Brill, Leiden 1986.
73. Paulys: *Realencyclopädie der classischen Altertumswissenschaft.* Suppl.-Bd. XV, S. 700 ff, Druckmüller, München 1978.
74. Peters, U. H.: *Wörterbuch der Psychiatrie und medizinischen Psychologie.* Urban & Schwarzenberg, München 1977.
75. Pritchard, J. B.: *(Hrsg.) Salomon and Sheba.* London 1994.

76. Rätsch, C.: *Enzyklopädie der psychoaktiven Pflanzen.* AT-Verl., Aarau 1998.
77. Ar-Razi, A. M.: *Drogenkunde und Toxicologie im "Kitab al-Hawi" (Liber continens) unter Berücksichtigung der Verfälschungs- und Qualitätskontrolle.* Diss. von Mohamed M. Kanawati, Marburg 1975.
78. Reinhardt, L.: *Kulturgeschichte der Nutzpflanzen.* E. Reinhardt, München 1911.
79. Roeder, G.: *Urkunden zur Religion des alten Ägypten.* Diederichs, Jena 1915.
80. Rohr, R., A. Ebert: *Das Enneagramm. Die neun Gesichter der Seele.* Claudius, München 1999.
81. Schmidt, A.: *Drogen und Drogenhandel im Altertum.* Barth, Leipzig 1924.
82. Schneider, H.: *Kultur und Denken der alten Ägypter.* Leipzig 1907.
83. Schopen, A.: *Das Qat. Gesch. + Gebr. des Genussmitt. Catha ed. Forsk. i. d. Arab. Rep. Yemen.* Wiesbaden 1978.
84. Schopen, A.: *Traditionelle Heilmittel im Jemen.* Steiner, Wiesbaden 1983.
85. Schwartz, O.: *Flora des tropischen Arabien.* Hamburg 1939.
86. Schweinfurth, G.: *Arabische Pflanzennamen aus Ägypten, Algerien und Jemen.* Berlin 1912.
87. Sherr, J.: *Die homöopatische Arzneimittelprüfung.* Fagus, Rösrath 1998.
88. Stelzner, M.: *Die Weltformel der Unsterblichkeit.* V.A.P., Wiesbaden 1996.
89. Theophrastos: *De historia et causis plantarum.* Dt. Übers. u. Erläut. v. K. Sprengel, Altona 1822.
90. Thulin, M., A. M. Warfa: *The frankincense trees of Northern Somalia and Southern Arabia.* Kew Bull. (London), 42 (1987), S. 487 - 500.
91. Tschirch, A.: *Handbuch der Pharmakognosie.* Tauchnitz, Leipzig 1909/10.
92. Tschirch, A., O. Halbey: *Arch. Pharm.* 236 (1898), S. 487.
93. Tschirch, A., Stock, E.: *Die Harze.* Bornträger, Berlin 1933 - 36.
94. Verres, R.: *Sehnsucht und Erfüllung.* Studium-Generale-Vortrag zum Thema Sucht. Univ. Heidelberg, 1998.
95. Vertesy, L.: *Untersuchung neutraler Sesqui - und Triterpene.* Diss. Rhein. Friedr.-Wilhelms-Univ., Bonn 1966.
96. Wachsmuth, G.: *Bilder und Beiträge zur Mysterien- und Geistesgeschichte der Menschheit.* Eymann, Dresden 1938.
97. Wehmer, C.: *Die Pflanzenstoffe.* Fischer, Jena 1931.
98. Weinreb, F.: *Buchstaben des Lebens.* Thauros, Weiler 1990.
99. Weinreb, F.: *Psychologie der Sehnsucht.* Thauros, Weiler 1996.
100. Wiedemann, A.: *Das alte Ägypten.* Heidelberg 1920.
101. Wolff-Berlin, H.: *Die natürlichen Harze.* Wiss.-Verlag-Ges., Stuttgart 1928.
102. Zeller, E.: *Grundriss der Geschichte der griechischen Philosophie.* Scientia, Aalen 1971.
103. Zohary, M.: *Pflanzen der Bibel.* Calwer Verlag, Stuttgart 1995.

Über die Autoren

Carmen Wachsmuth, geboren 1950 in Heidelberg. Kaufmännische Ausbildung (Kaufmannsgehilfenbrief), Ausbildung zur medizinisch-praktischen Assistentin, Tätigkeit bei Internist und Frauenarzt, Hebammenausbildung (Examen 1973).

Jörg Wachsmuth, geboren 1944 in Heidelberg, Medizinstudium in Heidelberg, Wien und Paris. Arzt für Allgemeinmedizin, Tropenmedizin, Naturheilverfahren und Homöopathie.

Heirat August 1973. Vier Kinder, zwei davon äthiopische Adoptivkinder.

Gemeinsamer Einsatz (1973-1976) als DED-Entwicklungshelfer in Äthiopien während der ersten großen Hungerkatastrophe in der Provinz Wollo: Basisärztliche Tätigkeit, Rückführung der Katastrophengeschädigten in ihre Heimatdörfer, Planung und Aufbau eines Distriktkrankenhauses für In-und Outpatients.

C. W.: Nach Rückkehr Mitarbeit in Frauenberatungszentrum, Geburtsvorbereitungskurse für Paare. Beginn der Beschäftigung mit der Homöopathie.

J. W.: Vierjährige Weiterbildung im Bereich Innere Medizin und Neurologie. 1979 Erlangung des Diploms für Tropenmedizin und Parasitologie am Bernhard-Nocht-Institut in Hamburg. Seit 1976 Beginn der homöopathischen Ausbildung.

Von 1980 -1989 gemeinsam für die GTZ im damaligen Nordyemen tätig. Davon zwei Jahre in einem Mutter- und Kindgesundheitszentrum in der Altstadt von Sana'a. Ab 1983 Leitung eines regionalen Basis-Gesundheitsentwicklungsprojektes in der Sub-Provinz Amran. Mit den Schwerpunkten: Ausbildung von Barfuß-Ärzten und Dorf-Hebammen, aber auch Straßen- und Toilettenbau, Wasserversorgung und Abfallbeseitigung. Zusätzlich Beschäftigung mit der traditionellen Medizin im Yemen.

J. W.: Während der Tätigkeit im Yemen regelmäßige Teilnahme an homöopathischen Fortbildungsveranstaltungen bei Dr. H. Barthel. Ab 1989 intensive Aus- und Weiterbildung als homöopathischer Arzt vor allem bei Drs. H. Barthel, W. Gawlik, J. Künzli von Fimmelsberg, G. Lang, J. Becker, R. Sankaran, J. Scholten und anderen. Seit 1991 tätig als Arzt für Klassische Homöopathie, Akupunktur und Naturheilverfahren in einer Privatpraxis in der Nähe von Heidelberg. Beschäftigung mit ethnomedizinischen Fragen und interkulturellen Aspekten sowie tiefenpsychologischen Dimensionen von Mythen und Archetypen verschiedener Kulturkreise und ihrer Verbindung zu uns. Mitherausgeber und Autor des Buches: "Homöopathische Archetypen bei Homer". Dozententätigkeit in der homöopathischen Weiterbildung. Leitung diverser Arzneimittelselbsterfahrungsgruppen im In- und Ausland. In ständiger Kooperation und Erfahrungsaustausch mit einem yemenitischen Kollegen, der den Drei-Monats Homöopathiekurs in Augsburg absolvierte. Aufbau eines homöopathischen Behandlungszentrums im Yemen.

C. W.: Seit 1991 Mitarbeit in der homöopathischen Arztpraxis des Ehemannes. Hauptbetätigungsfelder: Beratung, Erhebung von Schwangerschafts-,Geburts- und gynäkologischen Anamnesen. Organisation von und Mitarbeit bei Arzneimittelselbsterfahrungs-Gruppen im In-und Ausland. Besuch von homöopathischen Kursen und Vorlesungen in Freudenstadt und Baden-Baden. Beginn einer dreijährigen berufsbegleitenden Ausbildung am Samuel-Hahnemann Lehrinstitut für Klassische Homöopathie in Heidelberg (erstmals sind dort seit diesem Jahr auch Hebammen zugelassen).